全国一级建造师执业资格考试红宝书

建筑工程管理与实务

历年真题解析及 2020 预测

主　编　左红军
副主编　闫力齐　薛　芳　曾　义
主　审　龙炎飞　李佳升　王树京

机械工业出版社

本书亮点——以一级建造师考试大纲为依据，以现行法律法规、标准规范为根基，在突出实操题型和案例题型的同时，兼顾40分客观试题。

本书特色——以章节为纲领，以考点为程序，通过一级建造师、二级建造师、监理工程师、造价工程师经典考试真题与考点的呼应，使考生能够极为便利地抓住应试要点，并通过经典题目将考点激活，从而解决了死记硬背的问题，真正做到60分靠理解，30分靠实操，只有6分靠记忆。

主要内容——通用管理：各个专业实务考试的通用内容，招投标管理为起点，合同管理是全局，造价管理是重心，进度管理是难点；专业管理：质量管理重在实体项目，安全管理重在措施项目，现场管理重在文明施工；专业技术：施工的前提是设计，施工的源头是材料，施工的依据是规范。

本书适用于2020年参加全国一级建造师执业资格考试的考生，同时可作为二级建造师、监理工程师考试的重要参考资料。

图书在版编目(CIP)数据

建筑工程管理与实务历年真题解析及2020预测/左红军主编.—北京：机械工业出版社，2019.12（2020.4重印）
全国一级建造师执业资格考试红宝书
ISBN 978-7-111-64272-5

Ⅰ.①建… Ⅱ.①左… Ⅲ.①建筑工程－工程管理－资格考试－自学参考资料 Ⅳ.①TU71

中国版本图书馆 CIP 数据核字（2019）第 266875 号

机械工业出版社（北京市百万庄大街22号 邮政编码100037）
策划编辑：何月秋 王春雨 责任编辑：何月秋 王春雨
责任校对：王 欣 李 杉 封面设计：马精明
责任印制：郜 敏
河北鑫兆源印刷有限公司印刷
2020年4月第1版第2次印刷
184mm×260mm・16.75印张・410千字
5001—8000 册
标准书号：ISBN 978-7-111-64272-5
定价：69.00元

电话服务 网络服务
客服电话：010-88361066 机 工 官 网：www.cmpbook.com
　　　　　010-88379833 机 工 官 博：weibo.com/cmp1952
　　　　　010-68326294 金 书 网：www.golden-book.com
封底无防伪标均为盗版 机工教育服务网：www.cmpedu.com

本书编审委员会

主　　编	左红军				
副 主 编	闫力齐	薛　芳	曾　义		
主　　审	龙炎飞	李佳升	王树京		
编写人员	左红军	闫力齐	薛　芳	曾　义	陈建武
	王德卫	唐小芬	张崇雷	王建锋	金丽敏
	郑冰莲	崔庆民	闫齐峰	邹德艳	杨寒秋
	张姗兰	卢里芬	魏世明	周正席	申彦函
	王蕾蕾	张永乐	王亚波	何明兴	秦占敏
	李合兴	李本华	曾智颖	侯满义	王立微
	陆正东	沈强虎	张生龙	胡靖宇	林贤兵
	赵姗姗	章志荣	雷　铮	张　泉	周勇慧
	黄　露	高　凰	张羽根	冯　吴	刘何攀
	周　俊	马千代	李丁雷	李　杰	
	张　林			张　伟	

前 言
——96 分须知

本书严格按照现行的法律、法规、部门规章和标准规范的要求，对历年真题进行了体系性的精解，从根源上解决了"会干不会考，考场得分少"的应试通病。

历年真题是实务考试科目命题的风向标，也是考生顺利通过 96 分的生命线，在搭建框架、锁定题型、实操细节三部曲之后，对历年真题中的关键模板反复精练 5 遍，96 分就会指日可待。所以，历年真题精解是考生应试的必备宝典。本书的主要内容概括如下。

一、框架纲领

1. 第一章——通用管理

1）招标投标管理：以阶段为纲领，以程序为主线，以找错为主打题型。
2）施工合同管理：以合同构成为纲领，以义务责任为主线，以八个简答为主打题型。
3）工程造价管理：以清单计价为纲领，以工程价款为主线，以施工成本为主打题型。
4）流水施工管理：流水施工作为施工现场组织施工的基本方式，其体系性极强，要求从体系框架到实操细节，从两类时间参数到四类基础题型，在 4 周内全部到位。
5）网络计划管理：网络计划作为进度计划的一种表达方式，其最突出的特点是逻辑关系明确，通过"高铁进站法"可以瞬间确定各项工作的 6 个时间参数，作为重要的实操题，既可进行工期优化和资源优化，也可进行费用索赔和工期索赔，训练时间 6 周。

2. 第二章——专业管理

专业管理包括三大支柱：针对实体工程进行的质量管理，针对措施项目进行的安全管理，针对文明施工进行的现场管理，作为实操题和案例题的最重要的题根，要求考生对这三个部分精益求精。

质量管理以验收规范为主线，安全管理以检查标准为纲领，现场管理以文明施工为重心，进行全过程、全方位、全要素的全面专业管理。

3. 第三章——专业技术

工程设计的聚焦点是建筑设计和结构设计，工程材料的聚焦点是结构材料和装修材料，工程施工的聚焦点是五大分部工程和质量通病的防止。

专业技术部分是建筑实务应试命题的支撑体系，85% 的客观题来自专业技术，部分实操题和案例题也来自专业技术，分值在 65 分左右。

二、客观试题

1. 单项选择题（20 分）

1）规则：4 个备选项中，只有 1 个选项最符合题意。
2）要求：在考场上，题干读 3 遍，细想 3 秒钟，看全备选项。

3）例外：没有复习到的考点，先放行，可能案例部分对其有提示。

4）技巧：设置计算题的目的在于通过数字考核概念；设置图形题的目的就是考核现场应知应会；综合单项选择题在于考核专业语感；有正反选项的单项选择题，其正确答案必是其中一个；偏题的 B、C 选项概率高。

2. 多项选择题（20 分）

1）程序规则：①至少有 2 个备选项是正确的→②至少有 1 个备选项是错误的→③错选，不得分→④少选，每个备选项得 0.5 分。

2）依据①：如果用排除法已经排除三个备选项，剩下的 2 个备选项必须全选！

3）依据②：如果每个备选项均不能排除，说明该考点基本上已经掌握，但没有完全掌握到位，怎么办？在考场上你应当怎么办？必须按照②规则执行！

4）依据③：如果已经选定了 2 个正确的备选项，第三个不能确定，在考场上你应当怎么办？必须按照③规则执行！

5）依据④：如果该考点是根本就没有复习到的极偏的专业知识，在考场上你应当怎么办？必须按照④规则执行！

上述一系列的怎么办，请考生参照历年真题解析中的应试技巧，不同章节有不同的选定方法，但总的原则是"胆大心细规则定，无法排除 AE 并，两个确定不选三，完全不知 C 上挺"。该原则也适用于公共课的多项选择题。

三、主观试题

1. 分值分布

满分 120 分；前三个题，每题 20 分；后两个题，每题 30 分。

2. 前提背景

每个案例分析中的第一段称之为前提背景，一级建造师建筑实务早些年的题目，除了招投标和危险性较大的分部分项工程外，前提背景不设问，与核心背景也没有关系，但近五年有部分题目的前提背景开始作为隐性条件在答案中必须考虑。

3. 核心背景

1）2014 年以前，每年案例分析中共设置 24 个事件，从 2015 年开始事件增加到 32 个，题量突增导致多数考生答不完题，这也是控制通过率的一项重要措施。每个案例题中，事件与事件之间以不关联为原则，有关联为例外。

2）事件与事件之间以不关联为原则的含义：第一问针对事件一、第二问针对事件二，事件一是招投标的问题，事件二是施工方案的问题，相互没有任何关系。

3）有关联为例外的含义：在回答事件二的设问时，应当考虑前提背景和事件一对事件二的影响。网络索赔、流水施工、清单计价三大管理体系的事件可能相互关联；基础工程、主体结构、防水工程三大技术体系的事件也可能相互关联。

4. 收尾背景

案例分析题可以有收尾背景，也可以罗列几个事件或几个段落后，戛然而止。如果设有收尾背景，则是工程验收条件、工程资料管理、工程档案管理和竣工备案管理四个方面之一。

四、基本题型

根据问题的设问方法和答题模板，把案例分析题型划分为六大类："实操找错三主打，简答计算三类图"。

1. 实操题

建筑实务考试的实操题体现在三个方面：

1) 通用管理：主要表现为横道图和网络图的绘制，通过历年真题的归类，总结出画图题的经典题目，然后用7天时间深入研究进度计划的基本理论，这样不仅解决了建筑实务中4~6分的实操题，同时为项目管理试卷中的12分客观试题奠定了基础。

2) 专业管理：主要表现为施工现场的围挡、大门、道路、堆场、宿舍、消防设施、临时管网、临时用电等的平面布置图，基坑监测点平面布置图，模板支撑立面布置图，脚手架立面布置图，垂直运输设备的立面布置图。

3) 专业技术：钢筋力学试验图形，三类试块试验结果的处理，装配式混凝土预制构件连接节点构造图，基坑支护结构立面图，雨季施工基坑平面布置图，工程桩施工及检测的相关图形，大体积混凝土测温点布置图，混凝土结构施工质量验收规范及施工质量技术规范的检测点布置图及检测结果计算，地下室防水混凝土细部构造图，幕墙节能节点构造图，幕墙防火节点构造图。

2. 开口找错题

找错题分为两类，首先是开口找错题，即：指出不妥之处（或错误之处、违规之处、不足之处、存在的问题及类似语句），说明理由并写出正确做法。

1) 1分论：问题中只是"指出不妥之处"，没有让你说明理由并写出正确做法，你只需要找出不妥之处，无须说明理由，也无须写出正确做法，这就是有问必答、没问不答的应试准则。

2) 2分论：问题设问的是"指出不妥之处，并说明理由"，你就要严格按照历年真题中的答题模板训练，但无须写出正确做法。

3) 3分论：问题设问的是"指出不妥之处，说明理由并写出正确做法"，你就必须严格按照历年真题中3分题的答题模板训练。

4) 事件：84个考点中的64个考点均能够以找错题的形式出现在案例中，可以是文字找错，可以是图形找错，或是表格找错。

5) 原则：究竟需要找几个错？有的题是很明确的，但多数题可以拆分或合并，这就涉及答题中的模板问题；再就是本来对的做法，只是语言不够规范，如果按"错误"的答题模板作答了，标准答案中没有这个答案，原则是不扣分的，但不能因此得出多多益善的结论，一是考虑答题时间不允许，二是找错的个数超过标准答案太多时，判卷人员则会认为你在胡乱作答，当然也不能少找，否则，会丢分。至于找多少个才合适，考生可反复研读历年真题解析，务必掌握提笔就要拿分的大原则。

3. 闭口找错题

找错题的另一类是闭口找错题，即：是否妥当（或是否正确、是否违规、是否齐全及类似语句），说明理由（或不妥当的，说明理由）。闭口找错题与开口找错题的答题模板基本相同，其差异在于开口找错题具有一定的柔性，而闭口找错题则是刚性答案。

1)是否妥当?说明理由。这类设问的答题模板:妥当与不妥当均需说明理由,考生在答题时,不妥当的,说明理由较为简单,而妥当的,说明理由则不易下手,这就需要按题型对历年真题进行百问训练。对一级建造师《建筑工程管理与实务》考生而言,这类题目是主打题目,是力求多拿分的题目,必须达到无意识作答的程度。

2)是否妥当?不妥当的说明理由。如果是这种问法,妥当的,就无须再回答理由了。考生对历年真题进行训练时,应精准掌握闭口找错题两种设问的差异。

3)考生在考场认定不了某种行为或做法是否妥当时,说明平时对该考点没有精准掌握,或是该考点"超纲",或是该考点语言不规范,如何处理?没有万全之策,需要考生结合事件中的上下文背景和已经找出的妥当与不妥当的个数,在考场综合判定。特别需要注意的是"惯性思维分数低",命题人一定会揣摩考生的惯性思维。

4)不论开口题还是闭口题,都必须进行七天的专题训练,这是一级建造师《建筑工程管理与实务》的主打题型,通过历年真题的反复研读,形成建筑专业的第一个定式。

5)找错题针对的对象是事件中某方主体的行为、做法、观点,或专业技术中的流程、构造,或通用管理中的依据、内容、程序等。

4. 简答题

简答题是一级建造师《建筑工程管理与实务》的主打题型,其范围包括84个考点中的69个考点,每个考点中又有几个可能作为简答题的命题点,考虑到公共课的可能性,合计约320个考点。这是绝大多数考生无法全部掌握的,所以,迫切需要在整个学习过程中,通过历年真题的演练、演变和延伸,掌握30个左右的简答题,更重要的是根据历年真题的答案和上下文背景,固定简答题的思维方式。

1)纯粹简答题:一级建造师考试的早些年,每年均有3个纯粹简答题,比如钢筋隐蔽工程验收的内容、质量验收不合格的处理等,教材中写了几条,你就必须回答出几条,因为写1条得1分。很多考生最害怕这类题,实际上通过历年真题的演练,这类题有着极强的规律性。

2)补齐简答题:在考场上,绝大多数考生对这类题型感觉无从下手,教材某个章节中写了10条,试卷上给了7条,让你补齐剩下的3条。这种题从2010年至今每年均设3问左右,仔细分析本书中的历年真题,就会发现回答这类问题的技巧。

3)补不齐的简答题:教材中超过10条以上的命题点,定义为补不齐的简答题,需要在平时通过较长时间的揣摩,找出该类多条款命题点的内在规律,比如从时空角度、主体角度、模块角度。对于没有掌握到位的考点,在考场上就必须根据已经给出的条款进行不确定性的推定。

4)程序性的简答题:这类问题是管理考点的常见题型,比如项目管理实施规划的编制程序,项目部施工成本管理的程序,质量、安全、环保、合同、风险等的管理程序。这类题目要找出前、中、后的规律,有很强的逻辑性,当然,也有一些异类程序需要在平时学习中归类总结,比如噪声扰民后的项目经理处理程序、基坑验槽时发现软弱下卧层的处理程序、隐蔽工程完成后的验收程序等。

5)工艺流程简答题:这类题目在2020年考试中需要特别注意,这是一级建造师《市政公用工程管理与实务》的主打考题,建筑通过模仿市政的题型控制通过率已是大趋势,诸如坑底触探工艺流程、桩基施工工艺流程、各类装修子分部的工艺流程等。

6)施工现场简答题:这类题目在2020年考试中也需要特别注意,没有标准答案,需要对若干知识点进行整合，是施工现场应知应会的内容，这类题目称之为作文题，要靠平时日积月累，形成思维定式。

5. 填空题

填空题工艺流程简答题简化后演变出的一类题型，背景中给出一个较大的工艺流程，其中有几个步骤以①、②、③、④表示，然后问你①、②、③、④分别是什么？比如泥浆护壁成孔灌注桩的工艺流程、有黏结预应力施工的工艺流程等。

6. 计算题

一级建造师《建筑工程管理与实务》的计算题背景主要依附着五大管理体系：清单计价规范、施工成本管理、成本要素管理、现场流水施工、网络进度计划。体系性的计算题需要参照历年真题投入一定的精力，因为体系知识的逻辑性极强，考前冲刺对体系题目是没有效果的，要么放弃，要么学精，体系的放弃就意味着明年的同一时间、同一地点我们还会再见。

计算题是能否顺利通过考试的瓶颈题目，历年真题具有很强的借鉴意义。建议考生按框架体系整理历年真题中的计算题，带着系列问题去学习每个体系中的每个考点。

五、考生注意

1. 只背书肯定考不过

在应试学习过程中，只靠背书是肯定考不过的。切记：实操是基础、理解是前提、归纳是核心、记忆是辅助，特别是非专业考生，必须借助历年真题解析中的大量图表去理解每一个知识体系的模块。

2. 只勾画教材考不过

从 2014 年开始通过勾画教材进行押题的神话已经成为"历史上的传说"，一级建造师考题的显著特点是以知识体系为基础的"海阔天空"，试题本身的难度并不大，但涉及的面太大。考生必须首先搭建起属于自己的知识体系框架，然后通过真题的反复演练，在知识体系框架中填充题型。

3. 只听不练难通过

听课不是考试过关的唯一条件，但听了一个好老师的讲课对你搭建体系框架和突破体系难点会有很大帮助，特别是非专业考生。听完课后要配合历年真题进行精练，反复校正答题模板，形成题型定式。

4. 区别对待不同体系

在历年真题总结归纳的基础上，区别对待不同的知识体系：费用控制和进度控制应当在知识体系的基础上固定题型，质量控制和安全管理则应当在熟悉题型的基础上按照一定的程序精读体系条款，招投标的关键是程序，合同管理的核心在索赔，信息管理是偶然，综合管理是意外。

5. 细节决定考试成败

一方面我们强调前期知识体系和历年真题的重要性，另一方面更要聚焦考点，因为细节决定成败，最终要用 32 个事件和 72 个考点量化你的考试分数。

6. 先实务课后公共课

《建筑工程管理与实务》考题最大的特点是融合了三门公共课：《建设工程项目管理》

的整个课程体系是实务教材的宏观框架;《建设工程经济》中的第三章是造价计算的法定基础;《建设工程法规及相关知识》中的三法两条例是采购管理、合同管理、质量管理、安全管理的法定依据。但公共课的授课方式完全是从本科目的角度堆砌单项选择题和多项选择题,而不是知识体系的贯通,这就需要以实务为龙头形成体系框架,在此基础上跟进公共课的选择题,从而达到实务课与公共课相互融合的目的。

7. 有问必答自建序号

一定要知道:你在应试,不是在写论文,固定的答题模板就像乒乓球训练一样:答题——校正——重答题——再校正。不同知识体系的题型,要形成不同的答题模板:计算题要有过程,找错题一二三步,补齐题四五六条等,通过历年真题的训练,完整地形成六大题型的答题定式,同时兼顾公共课的选择题,因公共课的选择题实际上就是实务课中的找错题。

8. 真题答案的说明

纵观历年真题的命题规律,重复一次的事件占到82%,重复两次的事件占到68%,索赔、总分包、违法分包几乎年年出现,但问题的答案差异很大,这称之为真题答案的动态性,本书力求在言简意赅的基础上,按最新的标准规范,给出不丢分的答案。

六、超值服务

凡使用机械工业出版社出版的正版《建筑工程管理与实务 历年真题解析及2020预测》的考生,扫描封面二维码即可加入左红军老师专业团队授课群,专享一对一的学习顾问服务,并免费获取包括36节视频课程在内的配套资料包。建筑QQ群号:738334532,市政QQ群号:QQ640841240。

本书在编写过程中得到了业内八大名师的大量启发和帮助,在此一并表示感谢!由于时间和水平有限,书中难免有疏漏和不当之处,敬请广大读者批评指正。

愿我们的努力能够帮助广大考生一次性顺利通关取证!

微信扫描下面二维码,免费获得独家解析。

编 者

目 录

前言——96分须知

第一章 通用管理 / 1
 第一节 招标投标管理 / 1
  一、案例及参考答案 / 1
  二、2020考点预测 / 6
 第二节 施工合同管理 / 6
  一、案例及参考答案 / 7
  二、2020考点预测 / 16
 第三节 工程造价管理 / 17
  一、案例及参考答案 / 17
  二、2020考点预测 / 37
 第四节 流水施工管理 / 37
  一、案例及参考答案 / 37
  二、选择题及答案解析 / 47
  三、2020考点预测 / 51
 第五节 网络计划管理 / 51
  一、案例及参考答案 / 51
  二、选择题及答案解析 / 59
  三、2020考点预测 / 66

第二章 专业管理 / 67
 第一节 质量管理 / 67
  一、案例及参考答案 / 67
  二、2020考点预测 / 83
 第二节 安全管理 / 83
  一、案例及参考答案 / 83
  二、2020考点预测 / 101
 第三节 现场管理 / 101
  一、案例及参考答案 / 101
  二、2020考点预测 / 117

第三章 专业技术 / 118
 第一节 工程材料 / 118
  一、案例及参考答案 / 118
  二、选择题及答案解析 / 118
  三、2020考点预测 / 138
 第二节 工程设计 / 139
  一、选择题及答案解析 / 139
  二、2020考点预测 / 148
 第三节 工程施工 / 149
  一、案例及参考答案 / 149
  二、选择题及答案解析 / 173
  三、2020考点预测 / 210

附录 2020年全国一级建造师执业资格考试《建筑工程管理与实务》预测模拟试卷 / 211
 附录A 预测模拟试卷（一） / 211
 附录B 预测模拟试卷（二） / 226
 附录C 预测模拟试卷（三） / 241

第一章 通用管理

第一节 招标投标管理

考点一：招标准备阶段
考点二：招标投标阶段
考点三：决标成交阶段

一、案例及参考答案

案例一

背景资料（2016 年真题）
某工程总承包单位按市场价格计算的报价为 25200 万元，为确保中标最终以 23500 万元作为投标价，经公开招标，该总承包单位中标，双方签订了工程施工总承包合同 A，并上报建设行政主管部门。建设单位因资金紧张提出工程款支付比例修改为按每月完成工作量的 70% 支付，并提出今后在同等条件下该施工总承包单位可以优先中标的条件。施工总承包单位同意了建设单位这一要求，双方据此重新签订了施工总承包合同 B，约定照此执行。

问题： 双方签订合同的行为是否违法？双方签订的哪份合同有效？施工单位遇到此类情况时，需要把握哪些关键点。

【参考答案】
（本小题 4 分）
（1）双方签订合同的行为违法。 (1 分)
（2）双方签订的合同 A 有效。 (1 分)
（3）需要把握的关键点：工期、造价、质量、支付方式、履行期限、施工方案等实质性内容不得改变。 (2 分)

案例二

背景资料（2011 年真题）
某市政府投资一建设项目，法人单位委托招标代理机构采用公开招标方式代理招标，并委托有资质的工程造价咨询企业编制了招标控制价。
招投标过程中发生了如下事件：
事件一： 招标信息在招标信息网上发布后，招标人考虑到该项目建设工期紧，为缩短招标时间，而改为邀请招标方式，并要求在当地承包商中选择中标人。
事件二： 资格预审时，招标代理机构审查了各潜在投标人的专业技术资格和技术能力。

事件三：招标代理机构确定招标文件出售时间为 3 日；要求投标保证金为招标项目估算价的 5%。

事件四：开标后，招标代理机构组建了评标委员会，由技术专家 2 人、经济专家 3 人、招标人代表 1 人、该项目主管部门主要负责人 1 人组成。

事件五：招标人向中标人发出中标通知书后，向其提出降价要求，双方经多次谈判，签订了书面合同，合同价比中标价降低 2%。招标人在与中标人签订合同 3 周后，退还了未中标的其他投标人的投标保证金。

问题：
1. 说明编制招标控制价的主要依据。
2. 指出事件一中招标人行为的不妥之处，说明理由。
3. 事件二中还应审查哪些内容？
4. 指出事件三、事件四中招标代理机构行为的不妥之处，说明理由。
5. 指出事件五中招标人行为的不妥之处，说明理由。

【参考答案】
1. （本小题 3.0 分）
（1）工程量清单计价规范、计量规范；　　　　　　　　　　　　　　　　　　　　（0.5 分）
（2）技术标准、技术文件；　　　　　　　　　　　　　　　　　　　　　　　　　　（0.5 分）
（3）设计文件、相关资料；　　　　　　　　　　　　　　　　　　　　　　　　　　（0.5 分）
（4）拟定的招标文件；　　　　　　　　　　　　　　　　　　　　　　　　　　　　（0.5 分）
（5）国家、行业发布的定额。　　　　　　　　　　　　　　　　　　　　　　　　　（0.5 分）
（6）造价管理机构发布的造价信息。　　　　　　　　　　　　　　　　　　　　　　（0.5 分）

2. （本小题 3.0 分）
（1）不妥之一："改为邀请招标方式"。　　　　　　　　　　　　　　　　　　　　（0.5 分）
理由：政府投资的建设项目应当公开招标，如果因项目技术复杂、受自然地域条件限制等原因，经有关主管部门批准方可进行邀请招标。　　　　　　　　　　　　　　　　　（1.0 分）
（2）不妥之二："要求在当地承包商中选择中标人"。　　　　　　　　　　　　　　（0.5 分）
理由：招标人不得限制或排斥外地区、外系统的投标人或潜在投标人，不得对投标人或潜在投标人实行歧视待遇。　　　　　　　　　　　　　　　　　　　　　　　　　　（1.0 分）

3. （本小题 2.0 分）
（1）营业执照、资质证书、安全生产许可证；　　　　　　　　　　　　　　　　　　（0.5 分）
（2）经营业绩、施工经历、人员构成、财务状况、机械装备；　　　　　　　　　　　（0.5 分）
（3）投标资格、财产状况、银行账户；　　　　　　　　　　　　　　　　　　　　　（0.5 分）
（4）近三年是否发生过重大安全、质量事故；是否发生过重大违约事件。　　　　　　（0.5 分）

4. （本小题 7.5 分）
（1）不妥之一："招标文件出售期为 3 日"。　　　　　　　　　　　　　　　　　　（0.5 分）
理由：招标文件自出售之日至停止出售之日不得少于 5 日。　　　　　　　　　　　　（1.0 分）
（2）不妥之二："要求投标保证金为 5%"。　　　　　　　　　　　　　　　　　　　（0.5 分）
理由：投标保证金不得超过投标总价的 2%，且不得超过 80 万元。　　　　　　　　　（1.0 分）
（3）不妥之三："开标后组建评标委员会"。　　　　　　　　　　　　　　　　　　（0.5 分）

理由：评标委员会应于开标前组建。 (1.0分)
(4) 不妥之四："招标代理机构组建评标委员会"。 (0.5分)
理由：评标委员会应由招标人负责组建。 (1.0分)
(5) 不妥之五："该项目主管部门主要负责人1人"。 (0.5分)
理由：项目主管部门的监督人员不得担任评委。 (1.0分)

5. （本小题4.5分）
(1) 不妥之一："向其提出降价要求"。 (0.5分)
理由：确定中标人后，不得变更报价、工期等实质性内容。 (1.0分)
(2) 不妥之二："合同价比中标价降低2%"。 (0.5分)
理由：中标通知书发出后的30日内，招标人与中标人依据招标文件与中标人的投标文件签订合同，且不得再订立背离合同实质内容的其他协议。 (1.0分)
(3) 不妥之三："签订合同3周后，退还未中标的其他投标人的投标保证金"。 (0.5分)
理由：应在签订合同后的5日内，退还中标人和未中标人的投标保证金。 (1.0分)

案 例 三

事件一：《招标投标法》规定，必须进行招标的包括哪些？
(1) 大型基础设施、公用事业等关系社会公共利益、公共安全的项目。
(2) 技术复杂、专业性强或有其他特殊要求的项目。
(3) 使用国有资金投资或国家融资的项目。
(4) 使用国际组织或者外国政府贷款、援助资金的项目。
(5) 采用特定专利或专有技术的项目。

【参考答案】 "(1)、(3)、(4)" (3分)

【答案解析】 "(2)"不属于依法必须招标的范畴，严格来讲也不属于依法可不招标的范畴。"(5)"属于依法可不招标的范畴。根据《招标投标法》及《招标投标法实施条例》的规定，满足"安全抢险扶贫金，专利两建中标人"的项目，可不进行招标。

事件二：指出关于工程建设项目必须招标的下列说法的不妥之处，说明理由。
(1) 使用国有企业事业单位自有资金的工程建设项目，必须进行招标。
(2) 施工单项合同估算价为人民币100万元，但项目总投资额为人民币2000万元的工程建设项目必须进行招标。
(3) 利用扶贫资金实行以工代赈、需要使用农民工的建设工程项目可以不进行招标。
(4) 需要采用专利或者专有技术的建设工程项目可以不进行招标。

【参考答案】
(1) 不妥之一"(1) 使用国有企业事业单位自有资金的工程建设项目，必须进行招标"。 (1分)
理由：依法必须招标的建设项目，未达到法定规模标准可不进行招标。 (1分)
(2) 不妥之二"(2) 施工单项合同估算价为人民币100万元，但项目总投资额为人民币2000万元的工程建设项目必须进行招标"。 (1分)
理由：单项合同估算价100万元的施工合同可不招标，且不受总投资额的限制。 (1分)
(3) 不妥之三："(4) 需要采用专利或者专有技术的建设工程项目可以不进行招标"。 (1分)

理由：采用"不可替代"的专利或专有技术时，才可以不进行招标。 (1分)

事件三：下列哪些施工项目经批准可以采用邀请招标方式发包？
（1）受自然地域环境限制，仅有几家投标人满足条件的。
（2）涉及国家安全、国家秘密的项目而不适宜招标的。
（3）施工主要技术需要使用某项特定专利的。
（4）技术复杂，仅有几家投标人满足条件的。
（5）公开招标费用与项目的价值相比不值得的。

【参考答案】 "（1）、（4）、（5）" (3分)

【答案解析】 根据《招标投标法实施条例》《七部委30号令》的规定，依法应当公开招标的项目，满足"人少钱多不适宜"三种情况，依法经有关行政监督主管、项目审批部门认定后，可以邀请招标。

"（2）、（3）"均属于可以不招标的范围。根据《招标投标法》及《招标投标法实施条例》的规定，满足"安全抢险扶贫金、专利两建中标人"的项目，可不进行招标。

案 例 四

事件一：指出投标保证金的说法的不妥之处，写出正确做法。
（1）投标保证金有效期应当与投标有效期一致。
（2）招标人最迟应当在书面合同签订后的5日内，向中标人退还投标保证金。
（3）投标截止时间后，投标人撤销投标文件的，招标人应当没收其投标保证金。
（4）依法必须进行招标的项目的境内投标单位，以现金形式提交投标保证金的，可以从其任一账户转出。

【参考答案】
（1）不妥之一："（2）向中标人退还投标保证金"。 (1分)
正确做法：应向中标人及未中标的投标人退还投标保证金及银行同期存款利息。(1分)
（2）不妥之二："（3）投标截止时间后，投标人撤销投标文件的，招标人应当没收其投标保证金"。 (1分)
正确做法：是否没收投标保证金是招标人的权利，不得强制招标人没收。 (1分)
（3）不妥之三："（4）依法必须进行招标的项目的境内投标单位，以现金形式提交投标保证金的，可以从其任一账户转出"。 (1分)
正确做法：以现金形式提交投标保证金，应从企业的基本账户转出。 (1分)

【答案解析】
（1）无论是中标人还是未中标人均按要求提交了投标保函，期间也未发生"撤标拒签拒提交"三类情形，因此招标人应依法退还其投保金以及合理的利息补偿。
（2）基本户是办理日常转账结算和现金存取的主办账户。公司开业之前要在商业银行开办基本账户，且一家公司只能开设一个基本账户。
一般账户是存款人的辅助结算账户，且没有开设数量限制；可办理存款，但不能支取现金，属于"只存不取"性质的账户。
由此得到，以现金或者支票形式提交的投标保证金应当从其基本账户转出。

事件二：指出投标保证金说法不妥之处，说明理由。

(1) 投标保证金有效期应当与投标有效期一致。
(2) 实行两阶段招标的，招标人要求投标人提交投标保证金的，应当在第一阶段提出。

【参考答案】

不妥之处："实行两阶段招标的，招标人要求投标人提交投标保证金的，应当在第一阶段提出"。　　　　　　　　　　　　　　　　　　　　　　　　　　　　　　（1分）

正确做法：实行两阶段招标，招标人要求提交投标保证金的，应当在第二阶段提出。

【答案解析】　两阶段招标——对应技术复杂、招标人无法准确拟定技术规格的项目。因此在第一阶段，招标人需要投标人提交不带报价的技术建议，并据此编制招标文件。这样既向投标人征求了技术参考，同时也筛选出了真正有能力胜任该工程的投标人。

第二阶段，招标人只对第一阶段提交过技术建议（能胜任本项工程）的投标人提供招标文件，投标人据此提出最终技术方案和投标文件——投标保证金是在本阶段提交的。

案 例 五

事件一：指出下列联合体共同承包的不妥之处，并写出正确做法。
(1) 联合体中标的，联合体各方就中标项目向招标人承担连带责任。
(2) 联合体共同承包适用范围为大型且结构复杂的建筑工程。
(3) 联合体中标的，联合体各方应分别与招标人签订合同。
(4) 联合体属于非法人组织。
(5) 联合体的成员可以对同一工程单独投标。

【参考答案】

(1) 不妥之一："(3) 联合体中标的，联合体各方应分别与招标人签订合同"。

正确做法：联合体各方应共同与招标人签订合同，承担连带责任。　　　（1分）

(2) 不妥之二："(5) 联合体的成员可以对同一工程单独投标"。

正确做法：组成联合体投标人，不得组成其他联合体，也不得再单独投标；否则相关投标均无效。　　　　　　　　　　　　　　　　　　　　　　　　　　　　　（1分）

【答案解析】　联合体承担的连带责任，是指联合体一旦违约，招标人既可以追究联合体中单个投标人的责任，也可以将联合体"打包"追究其整体责任。

事件二：指出下列电子招标投标说法的不妥之处，并写出正确做法。
(1) 投标人在投标截止时间前可以撤回投标文件。
(2) 数据电文形式与纸质形式的招标投标活动具有同等法律效力。
(3) 投标截止时间后送达的投标文件，电子招标投标平台不得拒收。
(4) 依法必须进行公开招标项目的招标公告，应当在电子招标投标交易平台和国家指定的招标公告媒介同步发布。
(5) 投标人应当在投标截止时间前完成投标文件的传输递交，但不可修改投标文件。

【参考答案】

(1) 不妥之一："(3) 投标截止时间后送达的投标文件，电子招标投标平台不得拒收"。

正确做法：投标截止时间后送达的投标文件，电子招标投标平台应当拒收。　（1分）

(2) 不妥之二："(5) 投标人应当在投标截止时间前完成投标文件的传输递交，但不可修改投标文件"。

正确做法：投标人在投标截止时间前，均可补充、修改或者撤回投标文件。　　（1分）
【答案解析】
"（1）、（2）"无论采用电子招投标还是传统招投标，其遵守的法定依据、核心逻辑是完全相同的；两者的区别仅仅是线上还是线下。
"（3）"招标人拒收招标文件的三大类情形——"逾期送错、装订不符、加密不符"。
- 逾期送错：①投标文件逾期送达；②未送达指定地点。
- 装订不符：①投标文件未按要求包装和封口；②投标文件正、副本未分开包装；③投标文件未加贴封条；④封口处未加盖公章。
- 加密不符：是针对电子招投标的，具体是指投标人未按规定加密投标文件。

出现上述情形中的任意一种，招标人应当拒收其投标文件。

事件三：根据《招标投标法》，指出下列关于投标和开标说法的不妥之处，写出正确做法。
（1）投标人如准备中标后将部分工程分包的，应在中标后通知招标人。
（2）开标应当在公证机构的主持下，在招标人通知的地点公开进行。
（3）开标时，可以由投标人或者其推荐的代表检查投标文件的密封情况。

【参考答案】
不妥之一："（1）投标人如准备中标后将部分工程分包的，应在中标后通知招标人"。
正确做法：投标人如需将工程分包的，应在投标文件中罗列分包工程项目一览表；但不得违反招标文件中关于工程分包的规定，否则将作为废标处理。　　（1分）
【答案解析】
"（1）"招投标阶段：招标文件明确不接受工程分包，投标文件中载明工程分包，评委会可否决其投标。履约阶段：未经发包人同意，承包人擅自分包工程属于违法分包。

工程分包实行"三权分置"：①发包人拥有决策权，决定是否接受工程分包；②承包人拥有选择权和管理权；③监理单位拥有确认权，即确认分包单位资格条件的权利。

二、2020考点预测

1. 选择劳务分包企业及专业分包企业应考虑的因素。
2. 投标保证金的四要素和定标的五个期限。

第二节　施工合同管理

考点一：合同构成
考点二：三方责任
考点三：质量责任
考点四：安环责任
考点五：进度责任
考点六：工程价款
考点七：工程风险
考点八：工程索赔
考点九：工程分包
考点十：11个附件

一、案例及参考答案

案 例 一

背景资料（2019 年真题）

某施工单位通过竞标承建一工程项目，甲乙双方通过协商对工程合同协议书（编号 HT-XY-201909001），以及专用合同条款（编号 HT-ZY-201909001）和通用合同条款（编号 HT-TY-201909001）修改意见达成一致，签订了施工合同。确认包括投标函、中标通知书等合同文件按照《建设工程施工合同（示范文本）》（GF—2017—0201）规定的优先顺序进行解释。

建设单位对一关键线路上的工序内容提出修改，由设计单位发出设计变更通知。为此造成工程停工 10 天，施工单位对此提出索赔事项如下：

（1）按当地造价部门发布的工资标准计算停工窝工人工费 8.5 万元；

（2）塔式起重机等机械停工窝工台班费 5.1 万元；

（3）索赔工期 10 天。

问题：

1. 指出合同签订中的不妥之处，写出背景资料中 5 个合同文件解释的优先顺序。
2. 办理设计变更的步骤有哪些？施工单位的索赔事项是否成立？并说明理由。

【参考答案】

1.（本小题 2.5 分）

（1）不妥之处：甲乙双方通过协商修改了合同协议书、通用条款、专用条款，签订了施工合同。 (0.5 分)

（2）优先顺序：合同协议书、中标通知书、投标函、专用条款、通用条款。 (2.0 分)

2.（本小题 10.5 分）

（1）办理设计变更的步骤：

① 有关单位提出设计变更； (1.0 分)

② 建设单位、设计单位、施工单位和监理单位共同协商； (1.0 分)

③ 经设计单位确认后，编制设计变更图纸和说明； (1.0 分)

④ 经监理单位签发工程变更手续后实施。 (1.0 分)

（2）索赔：

"（1）"不成立。 (0.5 分)

理由：窝工人工费应按合同约定的窝工补偿标准计算。 (1.0 分)

"（2）"不成立。 (0.5 分)

理由：自有机械停工窝工应按折旧费计算，租赁机械应按租赁台班费计算。 (2.0 分)

"（3）"成立。 (0.5 分)

理由：建设单位对工序内容提出修改是建设单位应承担的责任，并且关键线路上工序停工 10 天导致工期延长 10 天。 (2.0 分)

案 例 二

背景资料（2018 年真题）

某开发商拟建一城市综合体项目，预计总投资 15 亿元。发包方式采用施工总承包，施工单位承担部分垫资，按月度实际完成工作量的 75% 支付工程款，工程质量为合格，保修金为 3%，合同总工期为 32 个月。

某总包单位对该开发商社会信誉、偿债备付率、利息备付率等偿债能力及其他情况进行了尽职调查。中标后，双方依据《建设工程工程量清单计价规范》GB 50500—2013，对工程量清单编制方法等强制性规定进行了确认，对工程造价进行了全面审核。最终确定有关费用如下：分部分项工程费 82000.00 万元，措施费 20500.00 万元，其他项目费 12800.00 万元，暂列金额 8200.00 万元，规费 2470.00 万元，税金 3750.00 万元。双方依据《建设工程施工合同（示范文本）》GF—2017—0201 签订了工程施工总承包合同。

竣工结算时，总包单位提出索赔事项如下：

1. 特大暴雨造成停工 7 天，开发商要求总包单位安排 20 人留守现场照管工地，发生费用 5.60 万元。
2. 本工程设计采用了某种新材料，总包单位为此支付给检测单位检验试验费 4.60 万元，要求开发商承担。
3. 工程主体完工 3 个月后，总包单位为配合开发商自行发包的燃气等专业工程施工，脚手架留置比计划延长 2 个月拆除。为此要求开发商支付 2 个月脚手架租赁费 68.00 万元。
4. 总包单位要求开发商按照银行同期同类贷款利率，支付垫资利息 1142.00 万元。

问题： 总包单位提出的索赔是否成立？并说明理由。

【参考答案】

（本小题 8 分）

"1" 工期索赔和费用索赔均成立。 （1分）

理由：特大暴雨属于不可抗力，由此引发的工期损失、工地照管费的增加，均应由发包人承担。 （1分）

"2" 费用索赔成立。 （1分）

理由：新材料检验试验费未包含在建工程合同价中，应当由发包人另行支付。 （1分）

"3" 费用索赔成立。 （1分）

理由：该笔费用属于计划之外，未包含在总包服务费中。 （1分）

"4" 利息索赔不成立。 （1分）

理由：发承包双方未在合同中约定垫资利息的，视为不计利息。 （1分）

案 例 三

背景资料（2017 年真题）

某建设单位投资兴建一办公楼，投资概算 25000.00 万元，建筑面积 21000m²；钢筋混凝土框架-剪力墙结构，地下 2 层，层高 4.5m；地上 18 层，层高 3.6m；采取工程总承包交钥匙方式对外公开招标，招标范围为工程至交付使用全过程。经公开招投标，A 工程总承包单位中标。A 单位对工程施工等工程内容进行了招标。

B 施工单位中标后第 8 天，双方签订了项目工程施工承包合同，规定了双方的权利、义务和责任。部分条款如下：工程质量为合格；除钢材及混凝土材料价格浮动超出 ±10%（含 10%）工程设计变更允许调整以外，其他一律不允许调整；工程预付款比例为 10%；合同工期为 485 日历天，于 2014 年 2 月 1 日起至 2015 年 5 月 31 日止。

　　A 工程总承包单位审查结算资料时，发现 B 施工单位提供的部分索赔资料不完整，如：原图纸设计室外回填土为 2∶8 灰土，实际施工时变更为级配砂石，B 施工单位仅仅提供了一份设计变更单，要求 B 施工单位补充相关资料。

问题：

1. 与 B 施工单位签订的工程施工承包合同中，A 工程总承包单位应承担哪些主要义务？
2. A 工程总承包单位的费用变更控制程序有哪些？B 施工单位还需补充哪些索赔资料？

【参考答案】

1. （本小题 8 分）
（1）支付分包工程价款；　　　　　　　　　　　　　　　　　　　　　　　　（1 分）
（2）办理分包工程的相关证件；　　　　　　　　　　　　　　　　　　　　　（1 分）
（3）提供分包工程施工所需的施工现场；　　　　　　　　　　　　　　　　　（1 分）
（4）提供分包工程施工所需的交通道路；　　　　　　　　　　　　　　　　　（1 分）
（5）提供勘察报告、设计文件及相关基础资料；　　　　　　　　　　　　　　（1 分）
（6）组织分包人参加发包人组织的设计交底；　　　　　　　　　　　　　　　（1 分）
（7）审核分包人提交的施工组织设计，并对施工过程进行监督；　　　　　　　（1 分）
（8）参加发包人组织的竣工验收，审核分包人提交的竣工结算报告。　　　　　（1 分）

2. （本小题 7 分）
（1）费用变更控制程序：
① 变更申请；　　　　　　　　　　　　　　　　　　　　　　　　　　　　　（1 分）
② 变更批准；　　　　　　　　　　　　　　　　　　　　　　　　　　　　　（1 分）
③ 变更实施；　　　　　　　　　　　　　　　　　　　　　　　　　　　　　（1 分）
④ 变更费用控制。　　　　　　　　　　　　　　　　　　　　　　　　　　　（1 分）
（2）还需补充如下索赔资料：
① 索赔意向通知书；　　　　　　　　　　　　　　　　　　　　　　　　　　（1 分）
② 索赔报告；　　　　　　　　　　　　　　　　　　　　　　　　　　　　　（1 分）
③ 索赔证据；　　　　　　　　　　　　　　　　　　　　　　　　　　　　　（1 分）
④ 同期记录；　　　　　　　　　　　　　　　　　　　　　　　　　　　　　（1 分）
⑤ 现场签证单；　　　　　　　　　　　　　　　　　　　　　　　　　　　　（1 分）
⑥ 变更通知单。　　　　　　　　　　　　　　　　　　　　　　　　　　　　（1 分）
【评分准则：索赔资料答出 3 项正确的，即得 3 分】

案 例 四

背景资料（2016 年真题）

　　某综合楼工程，地下三层，地上二十层，总建筑面积 68000m²，地基基础设计等级为甲级，灌注桩筏形基础，现浇钢筋混凝土框架-剪力墙结构。

建设单位采购的材料进场复检结果不合格，监理工程师要求清退出场；因停工待料导致窝工。施工单位提出8万元费用索赔。材料重新进场施工完毕后，监理验收通过。由于该部位的特殊性，建设单位要求进行剥离检验。检验结果符合要求；剥离检验及恢复施工共发生费用4万元，施工单位提出4万元费用索赔。上述索赔均在要求时限内提出，数据经监理工程师核实无误。

问题： 分别判断施工单位提出的两项费用索赔是否成立，并写出相应的理由。

【参考答案】

（本小题4分）

（1）"停工待料造成窝工"的费用索赔成立。（1分）

理由：建设单位采购材料，停工待料是建设单位应承担的责任事件。（1分）

（2）"剥离检验及恢复"的费用索赔成立。（1分）

理由：监理验收通过，建设单位要求进行剥离检验，属于重新检验。检验结果符合要求时，由此发生的费用由建设单位承担。（1分）

案 例 五

背景资料（2012年真题）

某大学城工程，包括结构形式与建筑规模一致的四栋单体建筑，每栋建筑面积为21000m²，地下2层，地上18层，层高4.2m，钢筋混凝土框架-剪力墙结构。

A施工单位与建设单位签订了施工总承包合同，合同约定：除主体结构外的其他分部分项工程施工，总承包单位可以自行依法分包，建设单位负责供应油漆等部分材料。

合同履行过程中，发生了下列事件：

事件一： 由于工期较紧，A施工单位将其中两栋单体建筑的室内精装修和幕墙工程分包给具备相应资质的B施工单位。B施工单位经A施工单位同意后，将其承包范围内的幕墙工程分包给具备相应资质的C施工单位组织施工，油漆劳务作业分包给具备相应资质的D施工单位组织施工。

事件二： 油漆作业完成后，发现油漆成膜存在质量问题，经鉴定，原因是油漆材质不合格，B施工单位就由此造成的返工损失向A施工单位提出索赔。A施工单位以油漆是建设单位供应为由，认为B施工单位应直接向建设单位提出索赔。

B施工单位直接向建设单位提出索赔，建设单位认为油漆在进场时已由A施工单位进行了质量验证并办理接收手续，其对油漆材料的质量责任已经完成，因油漆不合格而返工的损失应由A施工单位承担，建设单位拒绝受理该索赔事件。

问题：

1. 分别判定事件一中A施工单位、B施工单位、C施工单位、D施工单位之间的分包行为是否合法？并逐一说明理由。

2. 分别指出事件二中的错误之处，并说明理由。

【参考答案】

1.（本小题6分）

（1）A施工单位与B施工单位之间的分包行为合法。（1分）

理由：室内精装修和幕墙工程不属于主体工程，且B施工单位具备相应资质。（1分）

(2) B 施工单位与 C 施工单位之间的分包行为不合法。 (1分)
理由：分包单位将分包工程再分包属于违法分包。 (1分)
(3) B 施工单位与 D 施工单位之间的分包行为合法。 (1分)
理由：分包单位可以将其劳务作业分包给具备相应资质的劳务分包单位。 (1分)

2.（本小题6分）
(1) 错误之一："A 施工单位认为 B 施工单位应直接向建设单位提出索赔"。 (1分)
理由：B 分包单位与建设单位无合同关系，故只能向 A 施工单位提出索赔。 (1分)
(2) 错误之二："B 施工单位直接向建设单位提出索赔"。 (1分)
理由：B 施工单位与建设单位没有合同关系，只能向 A 施工单位提出索赔。 (1分)
(3) 错误之三："因油漆不合格而返工的损失应由 A 施工单位承担"。 (1分)
理由：甲供油漆，建设单位应对油漆的质量负责，因油漆不合格而返工的损失应由建设单位承担。 (1分)

案 例 六

背景资料（2009 年真题）

某政府机关在城市繁华地段建一幢办公楼。在施工招标文件的附件中要求投标人具有垫资能力，并写明：投标人承诺垫资每增加 500 万元的，评标增加 1 分。某施工总承包单位中标后，因设计发生重大变化，需要重新办理审批手续。为了不影响按期开工，建设单位要求施工总承包单位按照设计单位修改后的草图先行开工。

施工中发生了以下事件：

事件一：施工总承包单位的项目经理在开工后又担任了另一个工程的项目经理，于是项目经理委托执行经理代替其负责本工程的日常管理工作，建设单位为此提出异议。

事件二：施工总承包单位以包工包料的形式将全部结构工程分包给劳务公司。

事件三：在底板结构混凝土浇筑过程中，为了不影响工期，施工总承包单位在连夜施工的同时，向当地行政主管部门报送了夜间施工许可申请，并对附近居民进行公告。

事件四：为便于底板混凝土浇筑施工，基坑周围未设临边防护；由于现场架设灯具照明不够，工人从配电箱中接出 220V 电源，使用行灯照明进行施工。

为了分解垫资压力，施工总承包单位与劳务公司的分包合同中写明：建设单位向总承包单位支付工程款后，总承包单位才向分包单位付款，分包单位不得以此要求总承包单位承担逾期付款的违约责任。

为了强化分包单位的质量安全责任，总、分包双方还在补充协议中约定，分包单位出现质量安全问题，总承包单位不承担任何法律责任，全部由分包单位自己承担。

问题：
1. 建设单位招标文件是否妥当？说明理由。
2. 施工总承包单位开工是否妥当？说明理由。
3. 事件一至事件三中施工总承包单位的做法是否妥当？说明理由。
4. 分包合同条款能否规避施工总承包单位的付款责任？说明理由。
5. 补充协议的约定是否合法？说明理由。

【参考答案】

1. （本小题 4 分）

不妥当。 (1 分)

理由：招标人不得要求投标人垫资，并不能把承诺垫资作为加分的条件，这是以不合理的条件限制或排斥投标人。 (3 分)

2. （本小题 4 分）

不妥当。 (1 分)

理由：施工图设计文件未经审批不得使用，建设行政主管部门不得颁发施工许可证；未取得施工许可证，施工单位不得开工。 (3 分)

3. （本小题 6 分）

（1）事件一中，施工总承包单位的做法不妥。 (1 分)

理由：一个人不应同时担任两个项目的项目经理。 (1 分)

（2）事件二中，施工总承包单位的做法不妥。 (1 分)

理由：以包工包料的形式将全部结构工程分包给劳务公司，属于违法分包。 (1 分)

（3）事件三中，施工总承包单位的做法不妥。 (1 分)

理由：在城市市区范围内从事建筑工程施工，施工总承包单位应取得夜间施工许可证，并对附近居民进行公告后，方可进行夜间施工。 (1 分)

4. （本小题 4 分）

分包合同条款不能规避施工总承包单位的付款责任。 (1 分)

理由：施工总承包合同和劳务分包合同是两个独立的合同；总承包单位不能以建设单位未付工程款为由拒付分包单位的工程款。 (3 分)

5. （本小题 4 分）

补充协议的约定不合法。 (1 分)

理由：总承包单位依法将部分工程分包的，不解除总承包单位的任何责任义务；总承包单位与分包单位对分包工程的质量安全承担连带责任。 (3 分)

案 例 七

背景资料（2006 年真题）

某工程项目难度较大，技术含量较高，经有关招投标主管部门批准采用邀请招标方式招标。业主于 2001 年 4 月 30 日向 B 承包商发出了中标通知书。之后由于工期紧，业主口头指令 B 承包商先做开工准备，再签订工程承包合同。B 承包商按照业主要求进行了施工场地平整等一系列准备工作，但业主迟迟不同意签订工程承包合同。2001 年 6 月 1 日，业主又书面函告 B 承包商，称双方尚未签订合同，将另行确定他人承担本项目施工任务。B 承包商拒绝了业主的决定。后经过双方多次协商，才于 2001 年 9 月 30 日正式签订了工程承包合同。合同总价为 6240 万元，工期 12 个月，竣工日期 2002 年 10 月 30 日。

本工程按期竣工，验收合格后交付使用。在正常使用条件下，2006 年 3 月 30 日，使用单位发现屋面局部漏水，需要维修，B 承包商认为此时工程竣工验收交付使用已超过 3 年，拒绝派人返修。业主被迫另请其他专业防水施工单位修理，修理费为 5 万元。

问题：

1. 在业主以尚未签订合同为由另行确定他人承担本项目施工任务时，B 承包商可采取哪些保护自身合法权益的措施？

2. B 承包商是否仍应对该屋面漏水承担质量保修责任？说明理由。屋面漏水修理费应由谁承担？

【参考答案】

1. （本小题 4 分）

（1）与业主协商，继续要求签订合同； （1 分）
（2）请第三方调解，要求继续签订合同； （1 分）
（3）向招标监督管理机构投诉； （1 分）
（4）向法院起诉。 （1 分）

2. （本小题 4 分）

（1）应承担保修责任。 （1 分）
理由：在正常使用条件下，屋面防水工程的最低保修期为 5 年。 （1 分）
（2）如漏水原因是施工质量问题，则修理费应由施工单位承担；否则，修理费应由责任方承担。 （2 分）

案 例 八

背景资料（2013 年真题）

某开发商投资一住宅小区工程，包括住宅楼五栋，以及小区市政管网和道路设施，总建筑面积 24000m²。经公开招标，某施工总承包单位中标，双方依据《建设工程施工合同（示范文本）》（GF—2017—0201）签订了施工承包合同。

施工总承包合同中约定的部分条款如下：

（1）合同造价 3600 万元，除设计变更、钢筋与水泥价格变动及承包合同范围外的工作内容据实调整外，其他费用均不调整。

（2）合同工期 306 天，自 2012 年 3 月 1 日起到 2012 年 12 月 31 日止，工期奖罚为 2 万元/天。

在合同履行过程中，发生了下列事件：

事件一： 因钢筋价格上涨较大，建设单位与施工总承包单位签订了《关于钢筋价格调整的补充协议》，协议价款为 60 万元。

事件二： 施工总承包单位进场后，建设单位将水电安装及住宅楼塑钢窗指定分包给 A 专业公司，并指示采用某品牌塑钢窗。A 专业公司为保证工期，又将塑钢窗分包给 B 公司施工。

事件三： 2012 年 3 月 22 日，施工总承包单位在基础底板施工期间，因连续降雨发生了排水费用 6 万元；2012 年 4 月 5 日，某批次国产钢筋常规检测合格，建设单位以保证工程质量为由，要求施工总承包单位还需对该批次钢筋进行化学成分分析，施工总承包单位委托具备资质的检测单位进行了检测，检测费 8 万元，检测结果合格。针对上述问题，施工总承包单位按索赔程序，分别提出 6 万元排水费用、8 万元检测费用的索赔。

事件四： 工程施工完成后，施工总承包单位于 2012 年 12 月 28 日向建设单位提交了竣工验收报告，建设单位于 2013 年 1 月 5 日确认验收通过，并开始办理工程结算。

问题：

1. 《建设工程施工合同（示范文本）GF—2017—0201》由哪些部分组成？并说明事件一中《关于钢筋价格调整的补充协议》归属于合同的哪个部分？
2. 指出事件二中发包行为的错误之处？并分别说明理由。
3. 分别指出事件三中施工总承包单位的两项索赔是否成立？并说明理由。
4. 指出本工程的实际竣工日期是哪一天？工程结算总价是多少万元？

【参考答案】

1. （本小题 4 分）

（1）示范文本的组成：

① 协议书； (1分)

② 通用条款； (1分)

③ 专用条款。 (1分)

（2）《关于钢筋价格调整的补充协议》属于协议书的内容。 (1分)

2. （本小题 6 分）

（1）错误之一："建设单位将水电安装工程及住宅楼塑钢窗工程指定分包给了 A 专业公司"。 (1分)

理由：建设单位不得指定分包单位，分包单位的选择权属于总承包单位。 (1分)

（2）错误之二："指示采用某品牌塑钢窗"。 (1分)

理由：建设单位不得指定生产厂、供应商和材料品牌。 (1分)

（3）错误之三："A 专业公司又将塑钢窗分包给 B 公司施工"。 (1分)

理由：分包单位不得将分包工程再次分包，否则属于违法分包。 (1分)

3. （本小题 4 分）

（1）"6 万元排水费用"不成立。 (1分)

理由：根据相关规定，排水费用属于措施费，已包含在合同价内。 (1分)

（2）"8 万元检测费用"成立。 (1分)

理由：钢筋常规检测合格，建设单位要求进行化学成分分析，且检测结果合格，因此发生的费用应由建设单位承担。 (1分)

4. （本小题 3 分）

（1）竣工日期：2012 年 12 月 28 日。 (1分)

（2）工程结算：3600 + 60 + 8 + 3 × 2 = 3674（万元）。 (2分)

案 例 九

背景资料（2012 年真题）

某施工单位承建两栋 15 层的框架结构工程。合同约定：①钢筋由建设单位供应；②工程质量保修按国务院 279 号令执行。开工前施工单位编制了单位工程施工组织设计，并通过审批。

施工过程中，发生下列事件：

事件一： 建设单位按照施工单位提出的某批次钢筋使用计划按时组织钢筋进场。钢筋原材进场后，建设单位要求将该批钢筋直接安放到钢筋堆场，未通知施工单位。

事件二： 因工期紧，施工单位建议采取每5层一次竖向分阶段组织验收的措施，得到建设单位认可。

事件三： 工程最后一次阶段验收合格，施工单位于2010年9月18日提交工程验收报告，建设单位于当天投入使用。建设单位以工程质量问题需要在使用中才能发现为由，将工程竣工验收时间推迟到11月18日进行，并要求《工程质量保修书》中竣工日期以11月18日为准。施工单位对竣工日期提出异议。

问题：

1. 事件一中，根据《建设工程施工合同（示范文本）》（GF—1999—0201）的规定，对于建设单位供应该批次钢筋，建设单位和施工单位各应承担哪些责任？
2. 事件二中，施工组织设计修改后，应该按什么程序报审？
3. 事件三中，施工单位对竣工日期提出异议是否合理？说明理由。写出本工程合理的竣工日期。

【参考答案】

1. （本小题7分）

（1）建设单位的责任：

① 提供钢筋合格证明，对其质量负责； （1分）
② 钢筋到货前24h，通知施工单位派人清点； （1分）
③ 支付相应保管费用和检验试验费； （1分）
④ 未通知施工单位清点，丢失损坏由建设单位负责。 （1分）

（2）施工单位的责任：

① 钢筋到货后，派人与建设单位共同清点； （1分）
② 钢筋入库后，负责保管，并承担丢失损坏的风险； （1分）
③ 钢筋使用前，由承包人负责检验或试验，不合格的不得使用。 （1分）

2. （本小题3分）

（1）报原审核人审核，报原审批人审批； （1分）
（2）形成《施工组织设计修改记录表》； （1分）
（3）报总监理工程师审核确认。 （1分）

3. （本小题3分）

（1）合理。 （1分）

理由：建设单位已投入使用，即视为该工程已通过验收，以转移占有工程之日为实际竣工日期。 （1分）

（2）本工程合理的竣工日期为2010年9月18日。 （1分）

案 例 十

背景材料（2008年真题）

某施工单位以3260万元中标后，与发包方按招标文件和投标文件签订了合同。合同中还写明：发包方在应付款中扣留合同额5%的工程质量保证金，若工程达不到国家质量验收标准，该工程质量保证金不再返还；逾期竣工违约金每天1万元；暂估价设备经发承包双方认质认价后，由承包人采购。

合同履行过程中发生了如下事件：

事件一： 主体结构施工过程中发生了多次设计变更，承包人在编制的竣工结算书中提出设计变更实际增加费用共计 70 万元，但发包方不同意该设计变更增加费。

事件二： 中央空调设备经比选后，承包方按照发包方确认的价格与设备供应商签订了 80 万元采购合同。在竣工结算时，承包方按投标报价 120 万元编制结算书，而发包方只同意按实际采购价 80 万元进行结算，双方为此发生争议。

事件三： 办公楼工程实际竣工验收合格，但未获得优质工程奖，发包方要求没收质量保证金 163 万元，承包人表示反对。

事件四： 办公楼工程实际竣工日期比合同工期拖延了 10 天，发包人要求承包人承担违约金 10 万元。承包人认为工期拖延是设计变更造成的，工期应顺延，拒绝支付违约金。

问题：

1. 发包人不同意支付因设计变更价款是否合理？说明理由。
2. 中央空调设备在结算时应以什么价格为准？说明理由。
3. 发包人以工程未获省优质工程奖为由没收质量保证金是否合理？说明理由。
4. 承包人拒绝承担逾期竣工违约责任的观点是否成立？说明理由。

【参考答案】

1. （本小题 5 分）

（1）合理。 (1 分)

（2）理由：根据合同的约定，承包方应在设计变更后 14 天内向发包人或监理工程师提出变更价款报告；承包方在 14 天内未提出报告的，视为该变更不涉及价款的增减，结算时不得再行提出调整合同价款。 (4 分)

2. （本小题 5 分）

（1）中央空调设备在结算时应以实际购买价格 80 万元为准。 (1 分)

（2）理由：投标书中的设备报价 120 万元是暂估价，暂估价设备应经发承包双方认质认价，而 80 万元才是双方最终确认的设备价款。 (4 分)

3. （本小题 5 分）

（1）没收质量保证金不合理。 (1 分)

（2）理由："若工程达不到国家质量验收标准，该质量保证金不再返还"。本工程实际竣工验收合格，说明已经达到了国家质量验收标准。 (4 分)

4. （本小题 5 分）

（1）不成立。 (1 分)

（2）理由：根据合同的约定：承包人未在设计变更后的 14 天内提出顺延工期的要求，视为该变更不涉及工期增减的问题，因此可以认定实际竣工日期比合同工期拖延了 10 天，承包人应承担逾期竣工违约金 10 万元。 (4 分)

二、2020 考点预测

1. 合同管理内容及管理流程。
2. 合同双方的权利及义务。

3. 工程索赔与进度计划。
4. 工程变更及不可抗力。

第三节　工程造价管理

考点一：清单计价
考点二：成本管理

一、案例及参考答案

案 例 一

背景资料（2019年真题）

某施工单位通过竞标承建一工程项目，甲乙双方通过协商对工程合同协议书（编号 HT-XY-201909001），以及专用合同条款（编号 HT-ZY-201909001）和通用合同条款（编号 HT-TY-201909001）修改意见达成一致，签订了施工合同。

施工合同中包含以下工程价款主要内容：

（1）工程中标价为5800万元，暂列金额为580万元，主要材料所占比重为60%。
（2）工程预付款为工程造价的20%。
（3）工程进度款逐月计算。
（4）工程质量保修金3%，在每月工程进度款中扣除，质保期满后返还。

工程1~5月份完成产值见下表。

工程1~5月完成产值表

月份	1	2	3	4	5
完成产值/万元	180	500	750	1000	1400

问题： 计算工程的预付款、起扣点是多少？分别计算3、4、5月份应付进度款、累计支付进度款是多少？（计算精确到小数点后两位，单位：万元）

【参考答案】

（本小题8.0分）

（1）预付款及起扣点

① 预付款：(5800 − 580) × 20% = 1044.00(万元)　　　　　　　　　　　　　　　　(1.0分)

② 起扣点：(5800 − 580) − 1044/60% = 3480.00(万元)　　　　　　　　　　　　　　(2.0分)

（2）各月付款情况

3月份：

累计已完工程款：180 + 500 + 750 = 1430(万元) < 3480万元，不扣预付款。　　　(0.5分)

应付：750 × (1 − 3%) = 727.50(万元)　　　　　　　　　　　　　　　　　　　　(0.5分)

累计：1430 × (1 − 3%) = 1387.10(万元)　　　　　　　　　　　　　　　　　　　(0.5分)

4月份：

累计已完工程款：1430 + 1000 = 2430（万元）< 3480 万元，不扣预付款。 (0.5分)
应付：1000 × (1 - 3%) = 970.00（万元） (0.5分)
累计：1387.1 + 970 = 2357.10（万元） (0.5分)
5月份：
累计已完工程款：2430 + 1400 = 3830（万元）> 3480 万元 (0.5分)
应扣预付款：(3830 - 3480) × 60% = 210.00（万元） (0.5分)
应付：1400 × (1 - 3%) - 210 = 1148.00（万元） (0.5分)
累计：2357.1 + 1148 = 3505.10（万元） (0.5分)

案 例 二

背景资料（2018年真题）

某开发商拟建一城市综合体项目，预计总投资15亿元。发包方式采用施工总承包，施工单位承担部分垫资，按月度实际完成工作量的75%支付工程款，工程质量为合格，保修金为3%，合同总工期为32个月。

某总包单位对该开发商社会信誉、偿债备付率、利息备付率等偿债能力及其他情况进行了尽职调查。中标后，双方依据《建设工程工程量清单计价规范》GB 50500—2013，对工程量清单编制方法等强制性规定进行了确认，对工程造价进行了全面审核。最终确定有关费用如下：分部分项工程费82000.00万元，措施项目费20500.00万元，其他项目费12800.00万元，暂列金额8200.00万元，规费2470.00万元，税金3750.00万元。双方依据《建设工程施工合同（示范文本）》GF—2017—0201签订了工程施工总承包合同。

问题：

1. 偿债能力评价还包括哪些指标？
2. 计算本工程签约合同价（单位：万元，保留2位小数）。双方在工程量清单计价管理中应遵守的强制性规定还有那些？

【参考答案】

1. （本小题4分）
（1）借款偿还期； (1分)
（2）资产负债率； (1分)
（3）流动比率； (1分)
（4）速动比率。 (1分)

2. （本小题6分）
（1）签约合同价：
82000.00 + 20500.00 + 12800.00 + 2470.00 + 3750.00 = 121520.00（万元） (2分)
（2）应遵守的强制性规定还有：
① 工程量清单的使用范围； (1分)
② 工程量计算规则； (1分)
③ 计价方式； (1分)
④ 风险处理； (1分)
⑤ 竞争费用。

案 例 三

背景资料（2017年真题）

某建设单位投资兴建一办公楼，投资概算25000.00万元，建筑面积21000m²；钢筋混凝土框架-剪力墙结构，地下2层，层高4.5m；地上18层，层高3.6m；采取工程总承包交钥匙方式对外公开招标，招标范围为工程开始至交付使用全过程。经公开招投标，A工程总承包单位中标。A单位对工程施工等工程内容进行了招标。

B施工单位中标了本工程施工标段，中标价为18060万元。部分费用如下：安全文明施工费340万元，其中按照施工计划2014年度安全文明施工费为226万元；夜间施工增加费22万元；特殊地区施工增加费36万元；大型机械进出场及安拆费86万元；脚手架费220万元；模板费用105万元；施工总包管理费54万元；暂列金额300万元。

B施工单位中标后第8天，双方签订了项目工程施工承包合同，规定了双方的权利、义务和责任。部分条款如下：工程质量为合格；除钢材及混凝土材料价格浮动超出±10%（含10%）、工程设计变更允许调整以外，其他一律不允许调整；工程预付款比例为10%；合同工期为485日历天，于2014年2月1日起至2015年5月31日止。

问题：

A工程总承包单位与B施工单位签订的施工承包合同属于哪类合同？列式计算措施项目费、预付款各为多少万元？

【参考答案】

（本小题6分）

（1）按合同主体的法律关系属于工程分包合同，按计价方式属于总价合同。　　（2分）

（2）措施项目费：340+22+36+86+220+105=809（万元）　　（2分）

（3）预付款：（18060-300）×10%=1776（万元）　　（2分）

案 例 四

背景资料（2016年真题）

某新建住宅工程，建筑面积43200m²，砖混结构，投资额25910万元。建设单位自行编制了招标工程量清单等招标文件，其中部分条款内容为：本工程实行施工总承包模式；招标控制价为25000万元；工期自2013年7月1日起至2014年9月30日止，工期为15个月；园林景观由建设单位指定专业分包单位施工。

某工程总承包单位按市场价格计算为25200万元，为确保中标最终以23500万元作为投标价。

内装修施工前，施工总承包单位的项目经理部发现建设单位提供的工程量清单中未包括一层公共区域楼地面面层子目，铺贴面积1200m²。因招标工程量清单中没有类似子目，于是项目经理部按照市场价格信息重新组价，综合单价1200元/m²，经现场专业监理工程师审核后上报建设单位。

问题： 依据本合同原则计算一层公共区域楼地面面层的综合单价（单位：元/m²）及总价（单位：万元，保留小数点后两位）分别是多少？

【参考答案】

(本小题3分)

(1) 报价浮动率$(1-23500/25000) \times 100\% = 6\%$ (1分)

综合单价为$1200 \times (1-6\%) = 1128(元/m^2)$ (1分)

(2) 总价为$1200 \times 1128 = 135.36(万元)$ (1分)

案 例 五

背景资料（2015年真题）

某新建办公楼工程，建筑面积48000m²，地下二层，地上六层，钢筋混凝土框架结构。经公开招标，总承包单位以31922.13万元中标，其中暂列金额1000万元。双方依据《建设工程施工合同（示范文本）》(GF—2013—0201)签订了施工总承包合同，合同工期为2013年7月1日起至2015年5月30日止，并约定在项目开工前7天支付工程预付款。预付比例为15%，从未完施工工程尚需的主要材料的价值相当于工程预付款数额时开始扣回，主要材料所占比重为65%。

问题：

列式计算工程预付款、工程预付款起扣点（单位：万元，保留两位小数）。

【参考答案】

(本小题4分)

(1) $(31922.13-1000) \times 15\% = 4638.32(万元)$; (2分)

(2) $31922.13-1000-4638.32/65\% = 23786.25(万元)$; (2分)

【评分准则：合并计算正确的合并计分】

案 例 六

背景资料（2014年真题）

某大型综合商场工程，建筑面积49500m²，地下一层，地上三层，现浇钢筋混凝土框架结构。建筑安装工程投资额为22000万元，采用清单计价模式，报价执行《建设工程工程量清单计价规范》GB 50500—2013，工期自2016年8月1日至2017年3月31日，面向国内公开招标，有6家施工单位通过了资格预审，并进行了投标。

从工程招投标至竣工结算的过程中，发生了下列事件：

事件一： E单位的投标报价构成如下：分部分项工程费为16100.00万元，措施项目费为1800.00万元，安全文明施工费为322.00万元，其他项目费为1200.00万元，暂列金额为1000.00万元，管理费10%，利润5%，规费1%，增值税的销项税为11%。

事件二： 建设单位按照合同约定支付了工程预付款，但合同中未约定安全文明施工费预支付比例，双方协商按国家相关部门规定的最低预支付比例进行支付。

事件三： 2017年3月30日工程竣工验收，5月1日双方完成竣工结算，双方书面签字确认，定于2017年5月20日前由建设单位支付未付工程款560万元(不含5%的保修金)给E施工单位。此后，E施工单位3次书面要求建设单位支付所欠款项，但是截至8月30日建设单位仍未支付560万元的工程款。随即E施工单位以行使工程款优先受偿权为由，向法院提起诉讼，要求建设单位支付欠款560万元，以及拖欠利息5.2万元、违约金10万元。

问题：

1. 列式计算事件一中 E 单位的中标造价是多少万元？根据工程项目不同建设阶段，建设工程造价可划分为哪几类？该中标造价属于其中的哪一类？（保留两位小数）

2. 事件二中，建设单位预支付的安全文明施工费最低是多少万元（保留两位小数）？并说明理由。安全文明施工费包括哪些费用？

3. 事件三中，工程款优先受偿权自竣工之日起共计多少个月？E 单位诉讼是否成立？其可以行使的工程款优先受偿权是多少万元？

【参考答案】

1. （本小题 9 分）

（1）中标造价：$(16100+1800+1200) \times 1.01 \times 1.09 = 21027.19$（万元）。（2 分）

（2）建设工程造价可划分为：

① 投资估算； （1 分）
② 设计概算； （1 分）
③ 施工图预算； （1 分）
④ 合同价； （1 分）
⑤ 竣工结算； （1 分）
⑥ 竣工决算。 （1 分）

（3）中标造价属于合同价。 （1 分）

2. （本小题 8 分）

（1）安全文明施工费最低为：$322 \times (5/8) \times 60\% = 120.75$（万元）（2 分）

$$120.75 \times 1.01 \times 1.09 = 132.93（万元）$$

理由：根据清单计价规范的规定，安全文明施工费在开工后的 28 天内预付不低于当年施工进度计划的安全文明施工费总额的 60%，剩余部分随进度款按比例支付。 （2 分）

（2）安全文明施工费包括：

① 安全施工措施费； （1 分）
② 文明施工措施费； （1 分）
③ 环境保护措施费。 （1 分）
④ 施工单位的临时设施费。 （1 分）

3. （本小题 3 分）

（1）工程款优先受偿权自竣工之日起共计 6 个月。 （1 分）
（2）E 单位诉讼成立。 （1 分）
（3）可以行使的工程款优先受偿权是 560 万元。 （1 分）

案 例 七

背景资料（2013 年真题）

某新建图书馆工程，采用公开招标的方式，确定某施工单位中标。双方按《建设工程施工合同（示范文本）》（GF—2013—0201）签订了施工总承包合同。合同约定总造价 14250 万元，预付备料款 2800 万元，每月底按月支付施工进度款。竣工结算时，结算款按调值公式进行调整。在招标和施工过程中，发生了如下事件：

事件一：合同约定主要材料按占总造价比重为55%，预付备料款在起扣点之后的五个月度支付中扣回。

事件二：某分项工程由于设计变更导致分项工程量变化幅度达20%，合同专用条款未对变更价款进行约定。施工单位按变更指令施工，在施工结束后的下一个月上报支付申请的同时，还上报了该设计变更的变更价款申请，监理工程师不予批准变更价款。

事件三：合同中约定，根据人工费和四项材料的价格指数对总造价按调值公式法进行调整。各调值因素的比重、基准和现行价格指数见下表。

可调项目	人工费	材料一	材料二	材料三	材料四
因素比重	0.15	0.30	0.12	0.15	0.08
基期价格指数	0.99	1.01	0.99	0.96	0.78
现行价格指数	1.12	1.16	0.85	0.80	1.05

问题：

1. 事件一中，列式计算预付备料款的起扣点是多少万元？（精确到小数点后2位）
2. 事件二中，监理工程师不批准变更价款申请是否合理？并说明理由。合同中未约定变更价款的情况下，变更价款应如何处理？
3. 事件三中，列式计算经调整后的实际结算款应为多少万元？（精确到小数点后2位）

【参考答案】

1. （本小题2分）

起扣点：$14250 - 2800/55\% = 9159.09$（万元）。 (2分)

2. （本小题7分）

（1）合理。 (1分)

理由：施工单位在收到变更指令后的14天内，未向监理工程师提交变更价款申请，视为该变更工程不涉及价款变更。 (1分)

（2）应按《建设工程施工合同（示范文本）》（GF—2013—0201）的通用条款确定：

① 已标价工程量清单或预算书有相同项目的，按照相同项目单价认定。 (1分)

② 已标价工程量清单或预算书中无相同项目，但有类似项目的，参照类似项目的单价认定。 (1分)

③ 变更导致实际完成的变更工程量与已标价工程量清单或预算书中列明的该项目工程量的变化幅度超过15%的，或已标价工程量清单或预算书中无相同项目及类似项目单价的，按照合理成本加利润构成的原则，由合同当事人协商确定变更工程的单价。 (3分)

3. （本小题3分）

$14250 \times (0.2 + 0.15 \times 1.12/0.99 + 0.3 \times 1.16/1.01 + 0.12 \times 0.85/0.99 + 0.15 \times 0.8/0.96 + 0.08 \times 1.05/0.78)$ (2分)

$= 14962.13$（万元） (1分)

案 例 八

背景资料（2012年真题）

某酒店建设工程，建筑面积28700m²，地下一层，地上十五层，现浇钢筋混凝土框架结构。甲施工单位按照《建设工程施工合同（示范文本）》（GF—1999—0201）签订了施工总承包合同。合同部分条款约定如下：

（1）本工程合同工期 549 天；
（2）本工程采用综合单价计价模式；
（3）包括安全文明施工费的措施费包干使用；
（4）因建设单位责任引起的工程实体设计变更发生的费用予以调整；
（5）工程预付款的比例为 10%。

甲施工单位投标报价书的情况是：土方工程量 650m³，定额单价中人工费为 8.40 元/m³、材料费为 12.00 元/m³、机械费 1.60 元/m³。分部分项工程量清单合价为 8200 万元，措施项目清单合价为 360 万元，暂列金额为 50 万元，其他项目清单合价为 120 万元，总包服务费为 30 万元，企业管理费费率为 15%，利润率为 5%，规费为 225.68 万元，增值税税率为 9%。

问题：

1. 哪些费用为不可竞争费用？
2. 甲施工单位所报土石方分项工程的综合单价是多少元每立方米？中标造价是多少万元？工程预付款是多少万元？（均需列式计算，结果保留两位小数）

【参考答案】

1.（本小题 4 分）
不可竞争的费用：
（1）安全文明施工费。 (1 分)
（2）规费。 (1 分)
（3）税金。 (1 分)
（4）暂列金额。 (1 分)

2.（本小题 5 分）
（1）综合单价：$(8.40+12.00+1.60)\times 1.15\times 1.05 = 26.57$（元/m³） (2 分)
（2）中标造价：$(8200+360+120+225.68)\times 1.09 = 9707.19$（万元）。 (2 分)
（3）工程预付款：$(9707.19-50)\times 10\% = 965.72$（万元）。 (1 分)

案 例 九

背景资料（2011 年真题）

某写字楼工程，建筑面积 120000m²，地下 2 层，地上 22 层，钢筋混凝土框架-剪力墙结构。某施工总承包单位按照建设单位提供的工程量清单及其他招标文件参加了该工程的投标，并以 34263.29 万元的报价中标。双方依据《建设工程施工合同（示范文本）》签订了工程施工总承包合同。

合同约定：本工程采用固定单价合同计价模式；当实际工程量增加或减少超过清单工程量 5% 时，合同单价予以调整，调整系数为 0.95 或 1.05；投标报价中的钢筋、土方的全费用综合单价分别为 5800 元/t、32 元/m³。

施工总承包单位项目部对合同造价进行了分析。各项费用为：直接费 26168.22 万元，管理费 4710.28 万元，利润 1308.41 万元，规费 945.58 万元，税金 1130.80 万元。

施工总承包单位项目部对清单工程量进行了复核。其中：钢筋实际工程量为 9600t，钢筋清单工程量为10176t；土方实际工程量30240m³，土方清单工程量为28000m³。施工总承包单位向建设单位提交了工程价款调整报告。

问题：

施工总承包单位的钢筋和土方工程价款是否可以调整？为什么？列式计算调整后的价款分别是多少万元？

【参考答案】

（本小题7分）

(1) 钢筋可以调整，因为(10176－9600)/10176＝5.66%＞5%。　　　　　　（1分）
9600×5800×1.05＝5846.40（万元）。　　　　　　　　　　　　　　　　　（2分）
(2) 土方工程可以调价，因为(30240－28000)/28000＝8%＞5%。　　　　（1分）
28000×1.05×32＋(30240－28000×1.05)×32×0.95＝96.63（万元）。　（2分）
(3) 钢筋工程与土方工程价款合计5846.4＋96.63＝5943.03（万元）。　　（1分）

案 例 十

背景资料（2006年真题）

某工程项目难度较大，技术含量较高，经有关招投标主管部门批准采用邀请招标方式招标。业主于2001年4月30日向B承包商发出了中标通知书，并于2001年9月30日正式签订了工程承包合同。合同总价为6240万元，工期12个月，竣工日期2002年10月30日，承包合同另外规定：

(1) 工程预付款为合同总价的25%；

(2) 预付款从未施工工程所需的主要材料及构配件价值相当于工程预付款时起扣，每月以抵充工程款的方式陆续收回。主要材料及构配件比重按60%考虑；

(3) 除设计变更和其他不可抗力因素外，合同总价不做调整；

(4) 材料和设备均由B承包商负责采购；

(5) 工程保修金为合同总价的5%，在工程结算时一次扣留，工程保修期为正常使用条件下，建筑工程法定的最低保修期限。经业主工程师代表签认的B承包商实际完成的建安工作量见下表。

（单位：万元）

施工月份	第1～7月	第8月	第9月	第10月	第11月	第12月
实际完成建安工程量	3000	420	510	770	750	790
实际完成建安工作量累计	3000	3420	3930	4700	5450	6240

本工程按期竣工，验收合格后交付使用。在正常使用条件下，2006年3月30日，使用单位发现屋面局部漏水，需要维修，B承包商认为此时工程竣工验收交付使用已超过3年，拒绝派人返修。业主被迫另请其他专业防水施工单位修理，修理费为5万元。

问题： 本工程预付款是多少万元？工程预付款应从哪个月开始起扣？第1～7月份合计以及第8、9、10月，业主工程师代表应签发的工程款各是多少万元？（请列出计算过程）

【参考答案】

(本小题 15 分)

(1) 预付款：6240×25% = 1560(万元) (1分)

(2) 起扣点：6240 - 1560÷60% = 3640(万元) (2分)

第 9 月累计完成工作量为 3930 万元 > 3640 万元 (1分)

工程预付款应从第 9 月开始起扣。 (1分)

(3) 应签发的工程款：

第 1~7 个月合计应签发 3000 万元； (1分)

第 8 个月应签发 420 万元； (1分)

第 9 个月应扣的工程预付款：(3930 - 3640)×60% = 174(万元)； (2分)

应签发 510 - 174 = 336(万元)； (2分)

第 10 月应扣工程预付款：770×60% = 462(万元) (2分)

应签发 770 - 462 = 308(万元)。 (2分)

案例十一

背景资料

某学校食堂装修改造项目采用工程量清单计价方式进行招标，该项目装修合同工期为 4 个月，合同总价为 500 万元。合同约定：实际完成工程量超过估计工程量 10% 以上时，调整综合单价；调整后综合单价为原综合单价的 90%。

合同约定：厨房地砖工程量为 5000m²，综合单价为 89 元/m²，墙面瓷砖工程量为 8000m²，综合单价为 98 元/m²。规费费率为 5%；增值税税率为 9%。

施工中发生以下事件：

事件一：装修进行了 1 个月后，发包方以设计变更的形式通知承包方将公共走廊作为增加项目进行装修改造。走廊地面装修标准与厨房标准相同，工程量为 1200m²。走廊墙面装修为高级乳胶漆，工程量为 2800m²，根据清单计价规范的相关规定确定的走廊墙面综合单价为 20 元/m²。

事件二：由于走廊设计变更等待新图纸造成承包商停工 5 天，窝工 60 个工日（每工日窝工补偿 100 元）。

事件三：施工图纸中，卫生间有不锈钢纸巾架，但发包人编制的工程量清单无此项目；故承包商在投标时未进行报价。施工过程中，承包商自行采购纸巾架，并进行安装。工程竣工结算时，承包商要求按纸巾架的实际采购价结算。

问题：

1. 根据清单计价规范的规定，如果合同中没有约定，本工程设计变更后的走廊地面和墙面综合单价应如何确定？

2. 按照本工程的合同约定，厨房和走廊的地面、墙面等分部分项工程费及分部分项工程结算款为多少元？（计算结果取整）

3. 由于走廊设计变更给承包商造成的损失，承包商是否应当得到补偿？

4. 承包商关于纸巾架的结算要求是否合理？并说明原因。

【参考答案】

1. (本小题6分)

走廊地面变更价款确定原则：

(1) 原则上，走廊地面装修标准与厨房地面相同，所以可以参照厨房地面确定走廊地面的价款。但由于走廊地面工程量增加超过整个地面工程量的15%；增量超过15%的部分应予以调低；未超出15%的部分应按照厨房地面综合单位确定。 (3分)

(2) 走廊墙面变更价款确定原则：走廊墙面为高级乳胶漆，合同中既没有单价也没有类似单价；所以应当由发承包双方按照合理成本加利润原则协商确定。 (3分)

2. (本小题10分)

(1) 厨房地面：5000×89 = 445000(元) (1分)

(2) 厨房墙面：8000×98 = 784000(元) (1分)

(3) 走廊地面：

① 1200/5000 = 24% > 10% (1分)

② 超出部分调整单价为 89×90% = 80.1(元/m^2) (1分)

③ 原价量为 5000×10% = 500(m^2) (1分)

④ 新价量为 1200 − 500 = 700(m^2) (1分)

⑤ 走廊地面工程费 500×89 + 700×80.1 = 100570(元) (1分)

(4) 走廊墙面：2800×20 = 56000(元) (1分)

(5) 分部分项工程费：445000 + 784000 + 100570 + 56000 = 1385570(元) (1分)

结算款：(445000 + 100570 + 784000 + 56000) × 1.05 × 1.09 = 1585785(元) (1分)

3. (本小题2分)

应当得到工期和费用补偿。 (1分)

理由：走廊设计变更导致施工单位工期增加费用损失，是业主应承担的责任。 (1分)

4. (本小题3分)

不合理。 (1分)

理由：施工过程中，发现招标工程量清单中存在漏项情况的，承包方应及时通过监理单位向业主提交《变更价款估价报告》，经监理审核业主审批通过后，方可实施。 (2分)

案 例 十 二

背景资料

某大型综合工程，建设单位依法划分成若干个单项工程进行招标，均采用清单计价模式，乙单位中标了三个单项工程，分别签订了三个施工合同，合同中约定开工日期均为2月5日，竣工日期均为当年9月15日。

(1) A单项工程：乙单位的投标报价构成如下：分部分项工程费为16100万元，措施项目费为1800万元，安全文明施工费为322万元，其他项目费为1200万元，暂列金额为1100万元，管理费10%，利润5%，规费4%，增值税9%。

建设单位按照合同约定支付了工程预付款，但合同中未约定安全文明施工费预付比例，双方协商按清单计价规范规定的最低预付比例进行支付。

施工过程中发生了索赔款2.44万元，其他未发生变化。

按照合同约定,竣工结算时,根据人工费和四项材料的价格指数对 A 单项工程的总造价按调值公式法进行一次调整。各调值因素的比重、基准和现行价格指数见下表。

可调项目	人工费	材料一	材料二	材料三	材料四
因素比重	0.15	0.30	0.12	0.15	0.08
基期价格指数	0.99	1.01	0.99	0.96	0.78
现行价格指数	1.12	1.16	0.85	0.80	1.05

(2) B 单项工程:在乙单位投标报价中,钢筋的价格为 4500 元/t,合同约定:实际价格上下浮动 10% 以内不予调整,上下浮动超过 10% 时,对超出部分按月进行调整。实际价以当地造价信息中心公布的价格为准。施工过程中,经统计钢筋用量和实际价格见下表。

月份	4	5	6
信息价/(元/t)	4000	4700	5300
数量/t	800	1200	2000

(3) C 单项工程:乙单位投标报价中钢筋的价格为 4500 元/t,钢筋的基准价格为 4600 元/t,合同约定:实际价格上下浮动 5% 以内不予调整,超过 5% 时,对超出部分按月进行调整。实际价格以当地造价信息中心公布的价格为准。施工过程中,经统计钢筋用量和实际价格见下表。

月份	4	5	6
信息价/(元/t)	4000	4700	5300
数量/t	800	1200	2000

问题:(计算结果均保留两位小数)
1. 列式计算 A 单项工程的签约合同价是多少万元?
2. 对于 A 单项工程,建设单位预付的安全文明施工费最低是多少万元?并说明理由。安全文明施工费包括哪些费用?
3. 对于 A 单项工程,列式计算实际造价应为多少万元?
4. 对于 B 单项工程,根据合同约定,4~6月份,钢筋的材料费差价能够调整多少万元?
5. 对于 C 单项工程,4~6月份的材料费中,钢筋应执行的单价为多少元每吨?各月相应的钢筋材料费分别为多少万元?

【参考答案】
1. (本小题1分)
答:(16100 + 1800 + 1200) × 1.04 × 1.09 = 21651.76(万元)   (1分)
2. (本小题7分)
(1) (322 × 0.6) × 1.04 × 1.09 = 219.01(万元)   (1分)
(2) 理由:发包人应在工程开工后的 28 天内,预付不低于当年施工进度计划的安全文明施工费的 60%,其余部分随当期进度款同期调整支付。   (2分)
(3) 包括:环境保护费、文明施工费、安全施工费、施工单位临时设施费。   (4分)

3. (本小题3分)

(1) 本案例中固定因子 = 0.2。即：

$1 - (0.15 + 0.3 + 0.12 + 0.15 + 0.08) = 0.2$ (1分)

(2) $P = (21651.76 - 1100 \times 1.04 \times 1.09) \times (0.2 + 0.15 \times 1.12/0.99 + 0.3 \times 1.16/1.01 + 0.12 \times 0.85/0.99 + 0.15 \times 0.8/0.96 + 0.08 \times 1.05/0.78) + 2.44 = 21426.95(万元)$ (2分)

4. (本小题10分)

(1) 4月份：

① $4000 元/t < 4500 元/t \times 0.9 = 4050 元/t$； (1分)

② $4050 - 4000 = 50(元/t)$；即4月份材料单价下调50元 (1分)

③ $50 \times 800 = 4$（万元） (1分)

(2) 5月份：

① $4700 元/t < 4500 元/t \times 1.1 = 4950 元/t$； (1分)

② 材料价格不予调整；或调整额为0元。 (1分)

结论：5月份实际结算款为 $4500 \times 1200 = 540(万元)$。 (1分)

(3) 6月份：

① $5300 元/t > 4500 元/t \times 1.1 = 4950 元/t$； (1分)

② $5300 - 4950 = 350(元/t)$；即6月份材料单价上调了350元 (1分)

③ $350 \times 2000 = 70(万元)$； (1分)

(4) 4~6月价差：70万元 - 4万元 = 66万元 (1分)

5. (本小题11分)

$4500 \times 0.95 = 4275(元/t)$；$4600 \times 1.05 = 4830(元/t)$

4275~4830元/t之间不调价。 (1分)

(1) 4月份：

① $4000 元/t < 4275 元/t$； (1分)

② $4275 - 4000 = 275(元/t)$； (1分)

③ $4500 - 275 = 4225(元/t)$； (1分)

④ $800 \times 4225 = 338(万元)$。 (1分)

(2) 5月份：

① $(4700 - 4600)/4600 = 2.17\% < 5\%$，单价不予调整 (1分)

② 单价：$4500 元/t$； (1分)

③ 合价：$4500 \times 1200 = 540.00(万元)$。 (1分)

(3) 6月份：

① $5300 元/t > 4830 元/t$； (1分)

② $5300 - 4830 = 470(元/t)$； (1分)

③ $(4500 + 470) \times 2000 = 994(万元)$ (1分)

案例十三

背景资料

某工程，签约合同价为25000万元，其中暂列金额为3800万元，合同工期24个月，预付款支付比例为签约合同价（扣除暂列金额）的20%，自施工单位实际完成产值达4000万元后的次月开始分5个月等额扣回。

工程进度款按月结算，监理单位按施工单位每月应得进度款的90%签认，企业管理费率12%（以人、材、机之和为基数），利润率7%（以人、材、机、管之和为基数），措施费按分部分项工程费的5%计取，规费费率8%（以分部分项工程费、措施费和其他项目费之和为基数），增值税税率9%（以分部分项工程费、措施费、其他项目费、规费之和为基数）。

施工单位在前8个月的计划完成产值见下表。

时间/月	1	2	3	4	5	6	7	8
计划产值/万元	350	400	650	800	900	1000	1200	900

工程实施过程中发生如下事件：

事件一：第1个月，在基础工程施工中，相邻外单位工程施工的影响，造成基坑局部坍塌，已完成的工程损失40万元，工棚等临时设施损失3.5万元，工程停工5天。施工单位按程序提出索赔申请，要求补偿费用43.5万元、工程延期5天，建设单位同意补偿工程实体损失40万元，工期不予顺延。

事件二：在前4个月工程按计划产值完成，施工至第5个月时，建设单位要求施工单位搭设慰问演出舞台，经监理单位确认，按计日工项目消耗人工80工日（人工综合单价200元/工日），消耗材料150m^2（材料综合单价100元/m^2）。

事件三：工程施工至第6个月，建设单位提出设计变更，经确认，该变更导致实体工程增加人工费、材料费、施工机具使用费共计18.5万元。

事件四：工程施工至第7个月，混凝土工程因监理指令错误出现质量事故，施工单位及时返工处理，经验收合格，该返工部位对应的分部分项工程费为28万元。

事件五：工程施工至第8个月，发生不可抗力事件，确认的损失有：
① 在建永久工程损失20万元；
② 进场待安装的设备损失3.2万元；
③ 施工机具闲置损失8万元；
④ 工程清理费用5万元。

问题：（计算结果保留2位小数）
1. 工程预付款是多少万元？工程预付款预计应在开工后第几个月起扣？
2. 针对事件一，指出建设单位做法的不妥之处，写出正确做法。
3. 针对事件二、三、四，若施工单位各月均按计划完成施工产值，监理单位在第4~7个月应签认的进度款是多少万元？
4. 针对事件五，逐条指出各项损失的承担方（不考虑工程保险）。建设单位应承担的损失是多少万元？

【参考答案】
1. （本小题3分）
（1）（25000-3800）×0.2=4240（万元）　　　　　　　　　　　　　　　　　　　　（1.0分）

(2) 1~6月合计：350+400+650+800+900+1000=4100(万元)＞4000万元(1.0分)
所以，预付款应当在第7个月起扣。 (1.0分)
2. (本小题2.5分)
(1) 不妥之一："建设单位只同意补偿工程实体损失40万元"。
正确做法："相邻外单位工程的影响，造成现场基坑坍塌"是施工单位无法合理预见，应由建设单位承担的风险，由此增加的43.5万元损失费建设单位应如数赔偿。 (1.5分)
(2) 不妥之二："工期不予顺延"。 (0.5分)
正确做法：应补偿工期5天。 (0.5分)
3. (本小题4.5分)
(1) 4月：
$800 \times 90\% = 720$(万元) (0.5分)
(2) 5月：
$[900 + (80 \times 200 + 150 \times 100) \times 1.08 \times 1.09/10000] \times 90\% = 813.28$(万元) (1.0分)
(3) 6月：
$(1000 + 18.5 \times 1.12 \times 1.07 \times 1.05 \times 1.08 \times 1.09) \times 90\% = 924.66$(万元) (1.0分)
(4) 7月：
$(1200 + 28 \times 1.05 \times 1.08 \times 1.09) \times 90\% = 1111.15$(万元) (1.0分)
$1111.15 - 4240/5 = 263.15$(万元) (1.0分)
4. (本小题2.5分)
(1) 关于各项损失的承担如下：
① 在建永久工程损失20万元，发包人承担； (0.5分)
② 进场待安装的设备损失3.2万元，发包人承担； (0.5分)
③ 施工机具闲置损失8万元，承包人承担； (0.5分)
④ 工程清理费用5万元，发包人承担。 (0.5分)
(2) 发包方应承担损失：$20 + 3.2 + 5 = 28.20$(万元)。 (0.5分)

案例十四

背景资料

某工程执行《建设工程工程量清单计价规范》，分部分项工程费合计28150万元，可以计量的措施项目费4500万元，其他项目费150万元，规费123万元，安全文明施工费费率为3%（以分部分项工程费与可计量的措施项目费为计算基数）；企业管理费费率为20%，利润率为5%，增值税税率为10%，人工费80元/工日，吊车使用费3000元/台班。该工程定额工期为50个月。

工程实施过程中发生如下事件：

事件一：施工招标文件中要求的施工工期为38个月，并明确可以增加赶工费用。

事件二：土方开挖时遇到未探明的古墓，监理单位下达了工程暂停令，当地文物保护部门随即进驻施工现场开展考古工作。施工单位向监理单位提出如下费用补偿申请。

① 基坑围护工程损失33万元；
② 工程所停导致施工机械闲置费用5.7万元；

③ 受文物保护部委托,进行土方挖掘与清理工作产生的人工和机械费用 7.8 万元。

事件三:施工过程中,建设单位提出某分项工程变更,由此增加用工 180 工日、吊车 12 台班、材料费 16 万元,夜间施工增加费 8 万元,设备保护费 3.5 万元。

事件四:因工程材料占用施工场地,致使原计划均需要使用吊车作业的 A、B 两项工作的间隔时间由原定的 3 天增至 8 天,为此,施工单位向监理单位提出补偿 5 个吊车台班窝工费的申请。

问题:(计算结果保留两位小数)

1. 计算该工程的安全文明施工费和签约合同价。
2. 事件一中,施工单位是否可以提出增加赶工费用?说明理由。赶工费用应由哪几部分构成?
3. 逐项指出事件二中发生的费用建设单位是否应给予补偿,并说明理由。监理单位应批准的费用补偿总额是多少万元?
4. 针对事件三,计算因工程变更增加的分项工程费为多少万元?
5. 事件四中,监理单位是否应批准施工单位的费用补偿申请?说明理由。

【参考答案】

1.(本小题 2 分)

(1) 安全文明施工费:$(28150 + 4500) \times 0.03 = 979.50(万元)$ (1.0 分)

(2) 签约合同价:$(28150 + 4500 + 979.5 + 150 + 123) \times 1.09 = 36953.73(万元)$ (1.0 分)

2.(本小题 6 分)

(1) 可以提出增加赶工费用。

理由:根据《清单计价规范》规定,该工程的定额工期为 50 个月,招标文件要求的工期为 38 个月,比定额工期缩短 $(50-38)/50 = 24\% > 20\%$。招标文件中明确可以增加赶工费。

(3.0 分)

(2) 赶工费的构成:因赶工导致额外增加分部分项工程的"人工费、材料费、机械费、管理费、利润、规费、税金"以及由此引发措施项目的"人工费、材料费、机械费、管理费、利润、规费、税金"。

(3.0 分)

3.(本小题 3.5 分)

① 基坑围护工程损失 33 万元,建设单位应予补偿。 (0.5 分)

理由:施工中发现地下文物,导致围护工程费用损失,应由建设单位承担。 (0.5 分)

② 施工机械闲置费用 5.7 万元,建设单位应予补偿。 (0.5 分)

理由:发现文物导致的施工机械闲置费应由建设单位承担。 (0.5 分)

③ 受文物保护部委托发生的费用 7.8 万元,建设单位不予补偿。 (0.5 分)

理由:该费用应由文物保护主管部门承担。 (0.5 分)

监理单位应批准的费用补偿额度:$33 + 5.7 = 38.70(万元)$。 (0.5 分)

4.(本小题 1 分)

$(180 \times 80 + 12 \times 3000 + 160000) \times 1.2 \times 1.05 = 26.51(万元)$ (1.0 分)

5.(本小题 1.5 分)

不应批准费用补偿申请。 (0.5 分)

理由:工程材料的采购必然会占用施工场地,这是一个有经验的承包方可以合理预见

的。由此导致的工期损失、费用增加是施工单位应承担的责任。 (1.0分)

案例十五

背景资料（2018年真题）

某开发商拟建一城市综合体项目，预计总投资15亿元。发包方式采用施工总承包，施工单位承担部分垫资，按月度实际完成工作量的75%支付工程款，工程质量为合格，保修金为3%，合同总工期为32个月。

某总包单位对该开发商社会信誉、偿债备付率、利息备付率等偿债能力及其他情况进行了尽职调查。中标后，双方依据《建设工程工程量清单计价规范》GB 50500—2013，对工程量清单编制方法等强制性规定进行了确认，对工程造价进行了全面审核。最终确定有关费用如下：分部分项工程费82000.00万元，措施项目费20500.00万元，其他项目费12800.00万元，暂列金额8200.00万元，规费2470.00万元，税金3750.00万元。双方依据《建设工程施工合同（示范文本）》GF—2017—0201签订了工程施工总承包合同。

项目部对基坑围护提出了三个方案：A方案成本为8750.00万元，功能系数为0.33；B方案成本为8640.00万元，功能系数为0.35；C方案成本为8525.00万元，功能系数为0.32。最终运用价值工程方法确定了实施方案。

竣工结算时，总包单位提出索赔事项如下：①特大暴雨造成停工7天，开发商要求总包单位安排20人留守现场照管工地，发生费用5.60万元；②本工程设计采用了某种新材料，总包单位为此支付给检测单位检验试验费4.60万元，要求开发商承担；③工程主体完工3个月后，总包单位为配合开发商自行发包的燃气等专业工程施工，脚手架留置比计划延长2个月拆除，为此要求开发商支付2个月脚手架租赁费68.00万元；④总包单位要求开发商按照银行同期同类贷款利率，支付垫资利息1142.00万元。

问题： 列式计算三个基坑维护方案的成本系数、价值系数（保留小数点后三位），并确定选择哪个方案。

【参考答案】

（本小题7分）

（1）成本系数

$8750 + 8640 + 8525 = 25915.00$（万元）

① A方案：$8750.00/25915.00 = 0.338$ (1分)

② B方案：$8640.00/25915.00 = 0.333$ (1分)

③ C方案：$8525.00/25915.00 = 0.329$ (1分)

（2）价值系数

① A方案：$0.33/0.338 = 0.976$ (1分)

② B方案：$0.35/0.333 = 1.051$ (1分)

③ C方案：$0.32/0.329 = 0.973$ (1分)

应选择B方案，因其价值系数最大。 (1分)

案例十六

背景资料（2016年真题）

某新建住宅工程，建筑面积43200m²，砖混结构，投资额25910万元。建设单位自行编制了招标工程量清单等招标文件，其中部分条款内容为：本工程实行施工总承包模式；承包范围为土建、水电安装、内外装修及室外道路和小区园林景观；施工质量标准为合格；工程款按每月完成工作量的80%支付，保修金为总价的5%，招标控制价为25000万元；工期自2013年7月1日起至2014年9月30日止，工期为15个月；园林景观由建设单位指定专业分包单位施工。

2013年6月28日，施工总承包单位编制了项目管理实施规划，其中：项目成本目标为21620万元，项目现金流量表如下。

（单位：万元）

工期/月	1	2	3	4	5	6	7	8	9	10
月度完成工作表	450	1200	2600	2500	2400	2400	2500	2600	2700	2800
现金流入	315	840	1820	1750	1680	1680	1750	2210	2295	2380
现金流出	520	980	2200	2120	1500	1200	1400	1700	1500	2100
月净现金流量										
累计现金流量										

问题：项目经理部制定项目成本计划的依据有哪些？施工至第几个月时项目累计净现金流为正？该月的累计净现金流是多少万元？

【参考答案】

（本小题8分）

（1）制订成本计划的依据：

① 合同文件； （1分）

② 项目管理实施规划； （1分）

③ 可研报告和相关设计文件； （1分）

④ 市场价格信息； （1分）

⑤ 相关定额； （1分）

⑥ 类似项目的成本资料。 （1分）

（2）施工至第8个月时累计净现金流量为正。 （1分）

（3）累计净现金流量是425万元。 （1分）

案例十七

背景资料（2015年真题）

某新建办公楼工程，建筑面积48000m²，经公开招标，总承包单位以31922.13万元中标，其中暂列金额1000万元。双方依据《建设工程施工合同（示范文本）》（GF—2013—0201）签订了施工总承包合同，合同工期为2013年7月1日起至2015年5月30日止。

项目实行资金预算管理，并编制了工程项目现金流量表，其中2013年度需要采购钢筋总量为1800t，按照工程款收支情况，提出两种采购方案：

33

方案一：以一个月为单位采购周期。一次性采购费用为 320 元，钢筋单价为 3500 元/t，仓库月储存率为 4‰。

方案二：以二个月为单位采购周期。一次性采购费用为 330 元，钢筋单价为 3450 元/t，仓库月储存率为 3‰。

问题：列式计算采购费用和储存费用之和，并确定总承包单位应选择哪种采购方案？现金流量表中应包括哪些活动产生的现金流量？

【参考答案】

(本小题 8 分)

(1) 计算

① 方案一：1800/6 = 300(t/次)

$F_1 = 320 \times 6 + (300 \times 3500)/2 \times 0.004 \times 6 = 14520(元)$ (1分)

② 方案二：1800/3 = 600(t/次)

$F_2 = 330 \times 3 + (600 \times 3450)/2 \times 0.003 \times 6 = 19620(元)$ (1分)

(2) 优选

① 方案一的 2013 年钢筋总费用：$1800 \times 3500 + 14520 = 6314520(元)$ (1分)

② 方案二的 2013 年钢筋总费用：$1800 \times 3450 + 19620 = 6229620(元)$ (1分)

方案二的钢筋总费用较低，所以应选择方案二。 (1分)

(3) 现金流量：

① 经营活动现金流量； (1分)

② 投资活动现金流量； (1分)

③ 筹资活动现金流量。 (1分)

案 例 十 八

背景资料（2013 年真题）

某工程基础底板施工，合同约定工期 50 天，项目经理部根据业主提供的电子版图纸编制了施工进度计划。工程施工至 25 天，建设单位要求施工单位赶工，施工单位采取调整劳动力计划，增加劳动力等措施，在 15 天内完成了 2700t 钢筋制作［工效为 4.5t/(人·工作日)］。

问题：计算钢筋制作的劳动力投入量。编制劳动力需求计划时，需要考虑哪些参数？

【参考答案】

(本小题 7 分)

(1) $2700/(15 \times 4.5) = 40(人)$。 (1分)

(2) 需要考虑：

① 工程量； (1分)

② 持续时间； (1分)

③ 劳动力投入量； (1分)

④ 劳动效率； (1分)

⑤ 班次； (1分)

⑥ 每班工作时间。 (1分)

案例十九

背景资料（2009年真题）

某工程在施工进展到第120天后，项目部对第110天前的部分工作进行了统计检查。统计数据见下表：

工作代号	计划完成工作预算成本（BCWS）/万元	已完工作量（%）	实际发生成本（ACWP）/万元	挣得值（BCWP）
1	540	100	580	
2	820	70	600	
3	1620	80	840	
4	490	100	490	
5	240	0	0	
合计				

问题：

1. 列式计算截止到第110天的合计 BCWS、ACWP、BCWP。
2. 计算第110天的成本偏差 CV 值，并做 CV 值结论分析。
3. 计算第110天的进度偏差 SV 值，并做 SV 值结论分析。

【参考答案】

1.（本小题3分）
   (1) BCWS = 540 + 820 + 1620 + 490 + 240 = 3710（万元） (1分)
   (2) ACWP = 580 + 600 + 840 + 490 = 2510（万元） (1分)
   (3) BCWP = 540×100% + 820×70% + 1620×80% + 490×100% + 240×0 = 2900（万元）
   (1分)

2.（本小题4分）
   CV = BCWP − ACWP = 2900 − 2510 = 390（万元） (2分)
   成本偏差为正，表示成本节约390万元。 (2分)

3.（本小题4分）
   SV = BCWP − BCWS = 2900 − 3710 = −810（万元） (2分)
   进度偏差为负，表示进度延误810万元。 (2分)

案例二十

背景资料（2007年真题）

某施工单位承接了某项工程的总包施工任务，该工程由A、B、C、D四项工作组成，为了进行成本控制，项目经理部对各项工作进行了分析，其结果见下表。

工作	功能评分	预算成本/万元
A	15	650
B	35	1200

35

（续）

工 作	功能评分	预算成本/万元
C	30	1030
D	20	720
合 计	100	3600

工程进展到第 25 周 5 层结构时，公司各职能部门联合对该项目进行综合大检查。

检查成本时发现：C 工作，实际完成预算费用为 960 万元，计划完成预算费用为 910 万元，实际成本为 855 万元，计划成本为 801 万元。

问题：

1. 计算下表中 A、B、C、D 四项工作的评价系数、成本系数和价值系数（将此表复制到答题卡上，计算结果保留小数点后两位）。

工作	功能评分	预算成本/万元	评价（功能）系数	成本系数	价值系数
A	15	650			
B	35	1200			
C	30	1030			
D	20	720			
合计	100	3600			

2. 在 A、B、C、D 四项工作中，应首选哪项工作作为降低成本的对象？说明理由。
3. 计算并分析 C 工作的费用偏差和进度偏差情况？

【参考答案】

1.（本小题 8 分）

工作	功能评分	预算成本/万元	评价（功能）系数	成本系数	价值系数
A	15	650	0.15	0.18	0.83
B	35	1200	0.35	0.33	1.06
C	30	1030	0.30	0.29	1.03
D	20	720	0.20	0.20	1.00
合计	100	3600	1.00	1.00	

2.（本小题 2 分）
施工单位应首选 A 工作作为降低成本的对象。 (1 分)
理由：A 工作价值系数最低。 (1 分)

3.（本小题 4 分）
(1) 费用偏差 = 960 - 855 = 105（万元） (1 分)
费用偏差为正，说明 C 工作费用节支 105 万元。 (1 分)
(2) 进度偏差 = 960 - 910 = 50（万元） (1 分)
进度偏差为正，说明 C 工作进度提前 50 万元。 (1 分)

二、2020 考点预测

1. 建安工程款的组成部分及计算方法。
2. 工料单价、综合单价的计算方法。
3. 工程量的调整原则及调整方法。
4. 材料价格波动引起的价款调整。
5. 竣工调值后的调价款及结算款。
6. 成本管理三方法（价值工程、挣值法、因素分析法）。
7. 工、料、机定额的计算方法及确定原则。

第四节 流水施工管理

考点一：四个概念
考点二：四个参数
考点三：四类流水
考点四：四类题型

一、案例及参考答案

案 例 一

背景资料（2016 年真题）

某综合楼工程，地下 3 层，地上 20 层，总建筑面积 $68000m^2$，地基基础设计等级为甲级，灌注桩筏形基础，现浇钢筋混凝土框架-剪力墙结构。

装修施工单位将地上标准层（F6～F20）划分为三个施工段组织流水施工，各施工段上均包含三道施工工序，其流水节拍如下表所示。

（单位：周）

流水节拍		施工过程		
		工序 1	工序 2	工序 3
施工段	F6～F10	4	3	3
	F11～F15	3	4	6
	F16～F20	5	4	3

问题：

参照下图图示，在答题卡上相应位置绘制标准层装修的流水施工横道图。

施工过程	施工进度/周										
	1	2	3	4	5	6	7	8	9	10	…
工序 1											
工序 2											
工序 3											

【参考答案】

(本小题6分)

(1) ①工序1与工序2之间的步距

$$\begin{array}{cccc} & 4 & 7 & 12 \\ - & & 3 & 7 & 11 \\ \hline & 4 & 4 & 5 & -11 \end{array}$$ 取 $K_{1\sim2}=5$ 周 (1分)

②工序2与工序3之间的步距

$$\begin{array}{cccc} & 3 & 7 & 11 \\ - & & 3 & 9 & 12 \\ \hline & 3 & 4 & 2 & -12 \end{array}$$ 取 $K_{2\sim3}=4$ 周 (1分)

(2) 流水工期

$T=(5+4)+12=21$ 周 (1分)

(3) 画图 (3分)

施工过程	施工天数																				
	1	2	3	4	5	6	7	8	9	10	11	12	13	14	15	16	17	18	19	20	21
工序1	① ————				② ————			③ ————————													
工序2						① ————			② ————				③ ————								
工序3										① ————			② ————————						③ ————		

【评分准则：没有计算过程，但图形正确的，即得6分】

案 例 二

背景资料（2013年真题）

某工程基础底板施工，合同约定工期50天，项目经理部根据业主提供的电子版图纸编制了施工进度计划（如下图）。编制底板施工进度计划时，暂未考虑流水施工。

代号	施工过程	6月						7月					
		5	10	15	20	25	30	5	10	15	20	25	30
A	基层清理	━━											
B	垫层及砖胎膜		━━━										
C	防水层施工			━━━									
D	防水保护层				━━								
E	钢筋制作	━━━━━━━━━━━											
F	钢筋绑扎					━━━━━━							
G	混凝土浇筑								━━				

施工进度计划图

在施工准备及施工过程中，发生了如下事件：

事件一： 公司在审批该施工进度计划横道图时提出，计划未考虑工序 B 与 C，工序 D 与 F 之间的技术间歇（养护）时间，要求项目经理部修改。两处工序技术间歇（养护）均为 2 天，项目经理部按要求调整了进度计划，经监理批准后实施。

事件二： 施工单位采购的防水材料进场抽样复试不合格，致使工序 C 比调整后的计划开始时间拖后 3 天；因业主未按时提供正式的图纸，致使工序 E 在 6 月 11 日才开始。

问题：

1. 在答题卡上绘制事件一中调整后的施工进度计划网络图（双代号），并用双线表示出关键线路。

2. 考虑事件一、二的影响，计算总工期（假定各工序持续时间不变）。如果钢筋制作、钢筋绑扎、混凝土浇筑按两个流水段组织等节拍流水施工，其总工期将变为多少天？是否满足原合同约定的工期？

【参考答案】

1. （本小题 3 分）

```
   A      B      养护    C      D      养护    F      G
①─→②─→③─→④─→⑤─→⑥─→⑦─→⑧─→⑨
   5      5      2       5      5       2      20      5
                         E
                         20
```

2. （本小题 6 分）

（1）总工期：事件一、二发生后，关键线路为 E→F→G，(20＋10)＋20＋5＝55（天）。(1 分)

或通过横道图分析。

代号	施工过程	6月						7月					
		5	10	15	20	25	30	35	40	45	50	55	
		5	5	2 3	3 2	3 2	5	2 3	2 3	2 3	2 3	2 3	2 3
A	基底清理	▬▬											
B	垫层与砖胎膜		▬▬										
	养护（2天）			▬									
C	防水施工				拖延 3天								
D	防水保护层						▬						
	养护（2天）						▬						
E	钢筋制作			业主延误10天									
F	钢筋绑扎							▬▬▬▬▬▬▬▬					
G	混凝土浇筑											▬▬	

（2）从 E、F、G 组织流水施工的角度，F 工作第 21 天上班时刻即可开始施工，但从网络计划的整体角度考虑，F 工作第 28 天上班时刻才能开始。　　　　　　　　　　　　　(1 分)

F、G 两项工作组织等节拍流水施工的流水节拍为 F (10、10) 和 G (2.5、2.5)，其流水步距：

$$\begin{array}{r} 10\quad 20 \\ -2.5\quad 5 \\ \hline 10\quad 17.5\quad -5 \end{array}\qquad 取\,K=17.5\,天。\hfill(1分)$$

F、G 两项工作组织等节拍流水施工的流水工期：$17.5+5=22.5$（天）。　　（1分）

总工期：$27+22.5=49.5$（天）。　　（1分）

满足原合同约定的工期。　　（1分）

或通过横道图分析。

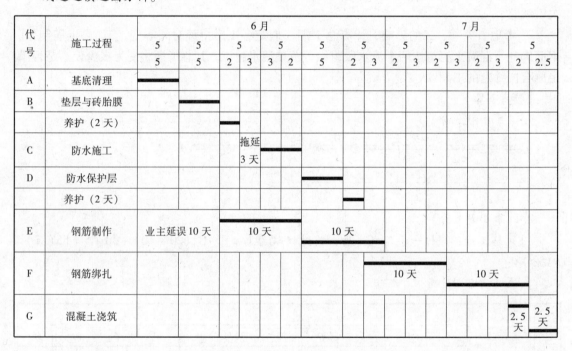

案 例 三

背景资料（2012年真题）

某大学城工程，包括结构形式与建筑规模一致的四栋单体建筑，每栋建筑面积为 $21000m^2$，地下 2 层，地上 18 层，层高 4.2m，钢筋混凝土框架-剪力墙结构。

A 施工单位与建设单位签订了施工总承包合同，合同约定：除主体结构外的其他分部分项工程施工，总承包单位可以自行依法分包，建设单位负责供应油漆等部分材料。

合同履行过程中，发生了下列事件：

事件一： A 施工单位拟对四栋单体建筑的某分项工程组织流水施工，其流水施工参数如下表：

施工过程	流水节拍/周			
	单体建筑一	单体建筑二	单体建筑三	单体建筑四
Ⅰ	2	2	2	2
Ⅱ	2	2	2	2
Ⅲ	2	2	2	2

其中:施工过程Ⅱ与施工过程Ⅲ之间存在工艺间隔时间 1 周。

问题:

1. 事件一中,最适宜采用何种流水施工组织形式?除此之外,流水施工通常还有哪些基本组织形式?

2. 绘制事件一中的流水施工进度计划横道图,并计算其流水施工工期。

【参考答案】

1. (本小题 3 分)

(1) 最适宜等节奏流水施工组织形式。 (1 分)

(2) 除此之外,流水施工通常还包括的基本形式有:无节奏流水施工、异节奏流水施工,其中异节奏流水施工又细分为加快的成倍节拍流水施工和一般的成倍节拍流水施工。

(2 分)

2. (本小题 5 分)

(1) 绘图: (3 分)

过程	施工进度/周												
	1	2	3	4	5	6	7	8	9	10	11	12	13
Ⅰ	单体一		单体二		单体三		单体四						
Ⅱ			单体一		单体二		单体三		单体四				
Ⅲ						单体一		单体二		单体三		单体四	

【评分准则:施工过程Ⅰ、Ⅱ、Ⅲ的横道线与时间的对应关系,每错一处扣 1 分;横道线上方未标出施工段名称,但对应关系正确的,本小题得 2 分。】

(2) 流水工期:$(3-1) \times 2 + 4 \times 2 + 1 = 13$(周)。 (2 分)

案 例 四

背景资料(2010 年真题)

某办公楼工程,地下 1 层,地上 10 层,现浇钢筋混凝土框架结构,预应力管桩基础。建设单位与施工总承包单位签订了施工总承包合同,合同工期为 29 个月。按合同约定,施工总承包单位将预应力管桩工程分包给了符合资质要求的专业分包单位。施工总承包单位提交的施工总进度计划如图 1 所示(时间单位:月),该计划通过了监理工程师的审查和确认。

合同履行过程中,为了缩短工期,施工总承包单位将原施工方案中 H 工作的异节奏流水施工调整为成倍节拍流水施工。原施工方案中 H 工作异节奏流水施工横道图如图 2 所示。

问题:

1. 施工总承包单位计划工期能否满足合同工期要求?为保证工程进度目标,施工总承包单位应重点控制哪条施工线路?

2. 调整流水施工后,H 工作相邻工序的流水步距为多少个月?工期可缩短多少个月?按照图 2 格式绘制出调整后 H 工作的施工横道图。

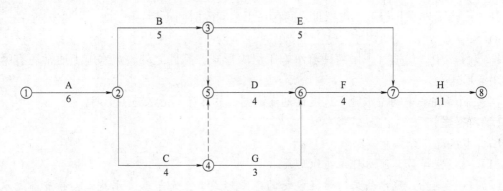

图1 施工总进度计划图

施工工序	施工进度/月										
	1	2	3	4	5	6	7	8	9	10	11
P	Ⅰ	Ⅰ	Ⅱ	Ⅱ	Ⅲ						
R					Ⅰ	Ⅱ	Ⅲ				
Q						Ⅰ	Ⅰ	Ⅱ	Ⅱ	Ⅲ	Ⅲ

图2

【参考答案】

1. （本小题5分）

（1）计算工期：5+3+4+6+11=29（月），合同工期也为29个月，所以计划工期能够满足合同工期的要求。　　　　　　　　　　　　　　　　　　　　　（3分）

（2）应重点控制关键线路：A→B→D→F→H　　　　　　　　　　　　（2分）

2. （本小题8分）

(1) 流水步距：取各流水节拍的最大公约数，$K=1$月。　　　　　　　　（1分）

(2) 工期缩短：

① $K=1$月；　　　　　　　　　　　　　　　　　　　　　　　　　　　（1分）

② $n'=2/1+1/1+2/1=5$个专业队；　　　　　　　　　　　　　　　　（1分）

③ $T=(n'-1+m)K+\sum j-\sum C=(5-1+3)\times 1=7$（月）；　　　　　（1分）

工期缩短：$11-7=4$（月）。　　　　　　　　　　　　　　　　　　　（1分）

(3) 绘图：　　　　　　　　　　　　　　　　　　　　　　　　　　　　（3分）

施工工序	专业队	施工进度/月						
		1	2	3	4	5	6	7
P	1	Ⅰ	Ⅰ	Ⅲ				
	2		Ⅱ					
R	3			Ⅰ	Ⅱ	Ⅲ		

(续)

施工工序	专业队	施工进度/月						
		1	2	3	4	5	6	7
Q	4				Ⅰ		Ⅲ	
	5					Ⅱ		

案 例 五

背景资料（2011年真题）

某广场地下车库工程，建筑面积18000m²。建设单位和某施工单位根据《建设工程施工合同（示范文本）》（GF—1999—0201）签订了施工承包合同，合同工期140天。

工程实施过程中，发生了下列事件：

事件一： 施工单位将施工作业划分为A、B、C、D四个施工过程，分别由指定的专业班组进行施工，每天一班工作制，组织无节奏流水施工，流水施工参数见下表。

	施工过程	A	B	C	D
施工段	Ⅰ	12	18	25	12
	Ⅱ	12	20	25	13
	Ⅲ	19	18	20	15
	Ⅳ	13	22	22	14

问题：

1. 事件一中，列式计算A、B、C、D四个施工过程之间的流水步距分别是多少天？
2. 事件一中，列式计算流水施工的计划工期是多少天？能否满足合同工期的要求？

【参考答案】

1. （本小题6分）

（1）$K_{A、B}$

```
    12  24  43  56
  -     18  38  56  78
  ───────────────────────
    12   6   5   0  -78
```
(1分)

取 $K_{A、B} = 12$ 天。 (1分)

（2）$K_{B、C}$

```
    18  38  56  78
  -     25  50  70  92
  ───────────────────────
    18  13   6   8  -92
```
(1分)

取 $K_{B、C} = 18$ 天。 (1分)

（3）$K_{C、D}$

```
    25  50  70  92
-       12  25  40  54
————————————————————
    25  38  45  52  -54
```
(1分)

取 $K_{C、D} = 52$ 天。 (1分)

2.（本小题2分）

（1）流水工期：$T = (12+18+52)+(12+13+15+14) = 136$（天）。 (1分)

（2）流水工期为136天，合同工期为140天，流水工期满足合同工期的要求。 (1分)

案 例 六

背景资料（2009年真题）

某办公楼工程，建筑面积5500m²，框架结构，独立柱基础，上设承台梁，独立柱基础埋深为1.5m，地质勘查报告中地基基础持力层为中砂层，基础施工钢材由建设单位供应。基础工程分为两个施工段，组织流水施工，根据工期要求编制了工程基础项目的施工进度计划，并绘制施工双代号网络计划图，如下图所示：

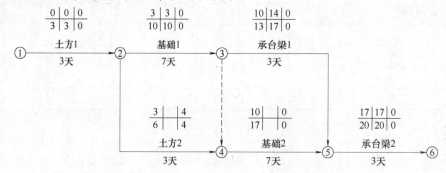

在工程施工中发生如下事件：

事件一： 土方2施工中，开挖后发现局部地基持力层为软弱层，需处理，工期延误6天。

事件二： 承台梁1施工中，因施工用钢材未按时进场，工期延误3天。

事件三： 基础2施工时，因施工总承包单位原因造成工程质量事故，返工致使工期延期5天。

问题：

1. 指出基础工程网络计划的关键线路，写出该基础工程计划工期。
2. 针对本案例上述各事件，施工总承包单位是否可以提出工期索赔，并分别说明理由。
3. 对索赔成立的事件，总工期可以顺延几天？实际工期是多少天？
4. 上述事件发生后，本工程网络计划的关键线路是否发生改变，如有改变，请指出新的关键线路，并在答题卡上绘制施工实际进度横道图。

基础工程施工实际进度横道图

序号	分项工程名称	天 数												
		2	4	6	8	10	12	14	16	18	20	22	24	26	28
1	土方工程														
2	基础工程														
3	承台梁工程														

【参考答案】
1. （本小题 2 分）
（1）关键线路为 ①→②→③→④→⑤→⑥； （1分）
（2）计划工期为 3+7+7+3=20（天）。 （1分）
2. （本小题 9 分）
（1）事件一：可以提出工期索赔。 （1分）

理由：发现局部地基持力层为软弱层，这是建设单位应承担的责任事件，土方 2 的总时差为 4 天，其工期延误 6 天超过了其总时差，对工期造成了影响。 （2分）

（2）事件二：不可以提出工期索赔。 （1分）

理由：尽管钢材未按时进场是建设单位应承担的责任，但承台梁 1 为非关键工作，延误 3 天未超出其总时差，对工期没有影响。 （2分）

（3）事件三：不可提出工期索赔。 （1分）

理由：施工单位原因造成工程质量事故是施工单位应承担的责任。 （2分）

3. （本小题 3 分）
（1）总工期可以顺延 6-4=2（天）。 （1分）
（2）实际工期 = 3+(3+6)+(7+5)+3=27（天）。 （2分）

4. （本小题 6 分）
（1）关键线路发生了改变； （1分）
（2）新的关键线路为 ①→②→④→⑤→⑥； （2分）
（3）基础工程施工实际进度横道图 （3分）

序号	分项工程名称	天数												
		2	4	6	8	10	12	14	16	18	20	22	24	26	28
1	土方工程														
2	基础工程														
3	承台梁工程														

案 例 七

背景资料（2007 年真题）

某施工总承包单位承接了一座 4×20m 简支梁桥工程。桥梁采用扩大基础，墩身平均高 10m。项目为单价合同，且全部钢筋由业主提供，其余材料由施工单位自采或自购。

项目部拟就 1 号~3 号排架组织流水施工，各段流水节拍见下表。

工程名称	1 号排架	2 号排架	3 号排架
A 基础施工	10	12	15
B 墩身施工	15	20	15
C 盖梁施工	10	10	10

注：表中排架由基础、墩身和盖梁三部分组成。

根据施工组织和技术要求,基础施工完成后至少10天才能施工墩身。

施工期间,施工单位准备开始墩身施工时,由于供应商的失误,将一批不合格的钢筋运到施工现场,致使墩身施工推迟了10天开始,承包商拟就此向业主提出工期和费用索赔。

问题:
1. 列式计算流水工期。
2. 绘制流水施工横道图。
3. 针对上述事件,承包商是否可以提出工期和费用索赔?说明理由。

【参考答案】

1. (本小题共8分)

(1) A和B的流水步距

```
    10   22   37
 -)      15   35   50
    ─────────────────
    10    7    2  -50
```
(2分)

名义 $K_{A、B} = \max\{10, 7, 2, -50\} = 10(天)$ (1分)

实际 $K_{A、B} = 10 + 10 = 20(天)$

(2) B和C的流水步距

```
    15   35   50
 -)      10   20   30
    ─────────────────
    15   25   30  -30
```
(2分)

名义 $K_{B、C} = \max\{15, 25, 30, -30\} = 30(天)$ (1分)

实际 $K_{B、C} = 30$ 天

(3) $T = \sum k + \sum t_n + \sum j - \sum c = (10+30) + (10+10+10) + 10 = 80(天)$ (2分)

2. (本小题共5分)

施工工序	工 期/天							
	10	20	30	40	50	60	70	80
A	A1	A2	A3					
B			B1		B2		B3	
C						C1	C2	C3

流水施工横道图

3. (本小题共3分)

可以提出工期和费用索赔; (1分)

因为全部钢筋由业主提供,钢筋不合格是业主应承担的责任,并且墩身施工没有机动时间,停工10天影响工期10天。 (2分)

二、选择题及答案解析

1. 流水施工的主要特点是（　　）。

A. 实行了专业化作业，生产率高

B. 便于利用机动时间优化资源供应强度

C. 可随时根据施工情况调整施工进度

D. 有效利用了工作面和有利于缩短工期

E. 便于专业化施工队连续作业

【答案】　ADE

【解析】　流水施工的特点："低耗高效工期短"。

（1）理解流水施工，要先理解"依次施工和平行施工"。正所谓"没有对比就没有伤害"——所谓"流水施工的特点（优点）"其实是与依次施工、平行施工相比较之下的结果。

（2）依次施工：即"前一个施工过程结束，后一个施工过程开始"。这种既不分段也不搭接的施工方式导致施工效率低下、进度缓慢，极大地浪费工作面，不利于进度控制。

（3）平行施工：即"同一时间，不同工作面上同时施工"。如4幢楼同时绑钢筋、支模板、浇混凝土。相比依次施工，平行施工有利于缩短工期；但资源供给压力较大，不利于成本控制。

（4）上述两种方式组织的是"工作队"而非专业队，继而无法同时兼顾效率与质量。

（5）流水施工：连续搭接地完成某个程序性任务。流水施工"组织专业队"并"分段搭接施工"。前者保障了工程质量；而后者则意味着"较小的投入和较高的效率"。

由此得到：流水施工的特点总结起来就是四句话："科学合理工期短，专业施工效率高，连续搭接成本低，资源供给较有利"。

2. 下列流水施工参数中，用来表达流水施工在空间布置上开展状态的参数有（　　）。

A. 流水能力　　　　　　　　　　B. 施工段

C. 流水强度　　　　　　　　　　D. 工作面

E. 施工过程

【答案】　BD

【解析】

（1）"空间参数"简单讲就是与"空间个数"有关的概念。主要包括：施工段、工作面。

（2）"工作面"对应依次施工和平行施工。组织流水施工通常叫"施工段"。

（3）"流水能力＝流水强度"，即"单位时间内的产量"。产量越高，能力（强度）越高。

（4）"施工过程（N）"即工艺流程，指"若干个带有程序性的施工任务"。包括："大工艺"（地基基础、主体结构、装饰装修）以及"小工艺"（支模板、绑钢筋、浇混凝土）。

（5）流水强度和施工过程均属工艺参数。

3. 下列流水施工参数中，属于工艺参数的是（　　）。

A. 施工过程　　　　　　　　　　B. 施工段

C. 流水步距　　　　　　　　　　D. 流水节拍

【答案】 A

【解析】 施工过程是一建案例考试中唯一涉及的工艺参数。

4. 下列流水施工参数中,属于时间参数的是（　　）。
   A. 施工过程和流水步距
   B. 流水步距和流水节拍
   C. 施工段和流水强度
   D. 流水强度和工作面

【答案】 B

【解析】 流水施工中涉及的时间参数包括:"主参和辅参"两大类。主参:流水节拍(t)、流水节奏、流水步距(K)、流水工期(T);辅参:间歇(J)、提前(Q)。
（1）流水节拍和流水节奏是两个相辅相成的概念。"流水、节拍、节奏"均为类比概念:
①流水节拍:完成单个施工段上的单项工作所需的持续时间;
②流水节奏:多个流水节拍呈现的组合规律。
（2）流水步距:相邻两个专业队相继开工的最小时间间隔,其核心为"时间差"。
（3）流水工期:第一个专业队进场到最后一个专业队完成所经历的整个持续时间。

5. 组织建设工程流水施工时,划分施工段的原则有（　　）。
   A. 同一专业工作队在各个施工段上的劳动量应大致相等
   B. 施工段的数量应尽可能多
   C. 每个施工段内要有足够的工作面
   D. 施工段的界限应尽可能与结构界限相吻合
   E. 多层建筑物应既分施工段又分施工层

【答案】 ACDE

【解析】 划分施工段考虑:数量原则、产量原则、空间原则、整体原则和二分原则。
（1）数量原则:施工段的数量要满足能合理组织施工的要求,施工段过多会降低施工速度;太少又无法形成有效搭接,浪费工作面。
（2）产量原则:各个施工段上的劳动量应大致相等;其工程量偏差不宜超过15%。
（3）空间原则:每个施工段内要有足够的工作面。这样才能确保施工资源的有效投入。
（4）整体原则:施工段宜设在对结构影响较小的部位。考虑到结构整体性,施工段应尽量与沉降缝、伸缩缝结合划分。
（5）二分原则:即"纵横"两个划分维度。需要分层施工的建筑,应"既分段又分层"。

6. 固定节拍流水施工的特点有（　　）。
   A. 各施工段上的流水节拍均相等
   B. 相邻施工过程的流水步距均相等
   C. 专业工作队数等于施工过程数
   D. 施工段之间可能有空闲时间
   E. 有的专业工作队不能连续作业

【答案】 ABC

【解析】 四种流水施工形式:等节奏、无节奏、异步距异节奏和等步距异节奏。
（1）固定节拍流水即"等节奏流水"。顾名思义:所有施工段上的流水节拍均相等。
（2）由于节拍相等,因此通过计算得到的流水步距（K）也相同。
（3）也是这种特殊性,决定了等节奏流水各专业队之间没有也不可能有空闲时间。
（4）等节奏流水:一个施工过程只配一个专业队。（$N = N'$）
（5）现实中,这种理想的流水施工方式不可能存在。

7. 工程项目组织非节奏流水施工的特点是（   ）。
   A. 相邻施工过程的流水步距相等　　　B. 各施工段上的流水节拍相等
   C. 施工段之间没有空闲时间　　　　　D. 专业工作队数等于施工过程数
   【答案】 D
   【解析】 （1）非节奏流水即"无节奏流水"。
   （2）切忌望文生义！判断流水组织形式的唯一标准是"流水节拍"：
   ① 同一施工过程、不同施工过程"流水节拍"均相等的，为等节奏流水；
   ② 同一施工过程节拍相等，不同施工过程流水节拍不尽相同的，为异节奏流水；
   ③ 同一施工过程、不同施工过程其"流水节拍均不尽相同"的，为无节奏流水。
   （3）一个施工过程配一个专业队（$N = N'$）。
   （4）各专业队之间可能存在空闲时间。

8. 关于建设工程等步距异节奏流水施工特点的说法，正确的是（   ）。
   A. 施工过程数大于施工段数　　　　　B. 流水步距等于流水节拍
   C. 施工段之间可能有空闲时间　　　　D. 专业工作队数大于施工过程数
   【答案】 D
   【解析】 （1）等步距异节奏流水，也叫加快的成倍节拍流水施工。即通过"成倍"增加专业队数；（$N' > N$）实现"同一施工过程之间的搭接"。相比之下，其他三类流水只能实现不同施工过程之间的搭接施工。因此等步距异节奏能显著加快进度，缩短工期。
   （2）等步距异节奏与异步距的区别：①异步距为"同等节拍，步距不等"；②等步距异节奏："同等节拍，步距相等"。
   （3）等步距异节奏的流水步距（K）为流水节拍的最大公约数。
   （4）等步距异节奏的"专业队数（N'）＝流水节拍/流水步距"。
   （5）等步距异节奏各个专业队之间没有空闲时间；而异步距异节奏各专业队之间可能有空闲时间。

9. 浇筑混凝土后需要保证一定的养护时间，这就可能产生流水施工的（   ）。
   A. 流水步距　　　　　　　　　　　　B. 流水节拍
   C. 技术间歇　　　　　　　　　　　　D. 组织间歇
   【答案】 C
   【解析】 （1）间歇（J）分为：工艺间歇、技术间歇、组织间歇。
   （2）所谓间歇，即"辅助性工作"。在横道图中体现为两项主要工作之间的"步距"。如钢筋绑扎与混凝土浇筑之间的"钢筋验收"（组织间歇），又如垫层混凝土与基础钢筋之间的"混凝土养护"（工艺间歇或技术间歇）绘制时均不以横道的形式出现。
   （3）在"流水施工与索赔管理"题型中，切记不可将流水步距当作空闲时间。
   （4）提前即"提前插入"。指上下相邻的紧前工作还未干完，紧后工作就开始施工。

10. 对确定流水步距没有影响的是（   ）。
    A. 技术间歇　　　　　　　　　　　　B. 组织间歇
    C. 流水节拍　　　　　　　　　　　　D. 施工过程数
    【答案】 D
    【解析】 除施工过程数外，其余要素均对流水步距有影响。

11. 某3跨工业厂房安装预制钢筋混凝土屋架,分吊装就位、矫直、焊接加固3个工艺流水作业,各工艺作业时间分别为10天、4天、6天,其中矫直后需稳定观察3天才可焊接加固,则按异节奏组织流水施工的工期应为( )。

A. 20天   B. 47天   C. 30天   D. 44天

【答案】 B

【解析】 (1) 本题组织异步距异节奏流水,其流水工期应为47天,而非44天。

(2) 第一个施工过程的 $N'=5>3$（施工段数）,故无法组织等步距异节奏流水施工。

12. 某建筑物的主体工程采用等节奏流水施工,共分六个独立的工艺过程,每一过程划分为四部分依次施工,计划各部分持续时间均为108天,实际施工时第二个工艺过程在第一部分缩短了10天。第三个工艺过程在第二部分延误了10天,实际总工期为( )。

A. 432天   B. 972天   C. 982天   D. 1188天

【答案】 C

【解析】

施工过程	施工进度/天									
	108	216	324	432	540	648	756	864	972	1080
A	A_1	A_2	A_3	A_4						
B		B_1	B_2	B_3	B_4					
C			C_1	C_2	C_3	C_4				
D					D_1	D_2	D_3	D_4		
E					E_1	E_2	E_3	E_4		
F						F_1	F_2	F_3	F_4	

$T=982$ 天

13. 某工程按全等节拍流水组织施工,共分4道施工工序,3个施工段,估计工期为72天,则其流水节拍应为( )。

A. 6天   B. 9天   C. 12天   D. 18天

【答案】 C

【解析】 根据等节奏"节拍步距均相同"的特点可得:

$T=(M+N'-1)K=(M+N'-1)t$

$T=(3+4-1)t=72$ 天;$t=72\div 6=12$(天)。

14. 某项目组成了甲、乙、丙、丁共4个专业队进行等节奏流水施工,流水节拍为6周,最后一个专业队(丁队)从进场到完成各施工段的施工计划共需30周。根据分析,乙与甲、丙与乙之间各需2周技术间歇,而经过合理组织,丁对丙可插入3周进场,则该项目计划总工期为( )周。

A. 49   B. 51   C. 55   D. 56

【答案】 A

【解析】 已知：$N' = N = 4$ 个；$Dh = 30$（周）；$\sum J = 2+2 = 4$（周）；$\sum Q = 3$（周）。可得：$M = 30 \div 6 = 5$（周）；$T = (5+4-1) \times 6 + 4 - 3 = 49$（周）。

三、2020考点预测

1. 四类流水形式的计算及绘制。
2. 依次施工与流水施工。
3. 流水施工与网络计划。
4. 流水施工与索赔管理。
5. 流水施工与挣值法。

第五节 网络计划管理

考点一：四组概念
考点二：秒定参数
考点三：四类参数
考点四：八类题型

一、案例及参考答案

案 例 一

背景资料（2019年真题）

某新建办公楼工程，地下2层，地上20层，框架-剪力墙结构，建筑高度87m。建设单位通过公开招标选定了施工总承包单位并签订了工程施工合同，基坑深7.6m，基础底板施工计划网络图见下图。

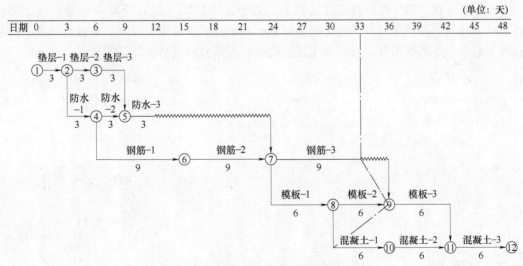

基础底板施工计划网络图

项目部在施工至第 33 天时,对施工进度进行了检查,实际施工进度如网络图中实际进度前锋线所示,对进度有延误的工作采取了改进措施。

问题:

指出网络图中各施工工作的流水节拍。如采用成倍节拍流水施工、计算各施工工作专业队数量。

【参考答案】

(本小题 5.5 分)

(1) 各施工过程的流水节拍

① 垫层:3 天; (0.5 分)

② 防水:3 天; (0.5 分)

③ 钢筋:9 天; (0.5 分)

④ 模板:6 天; (0.5 分)

⑤ 混凝土:6 天。 (0.5 分)

(2) 各专业队数量:

流水步距区流水节拍的最大公约数,即:3 天。 (0.5 分)

① 垫层专业队数:3/3 = 1(个); (0.5 分)

② 防水专业队数:3/3 = 1(个); (0.5 分)

③ 钢筋专业队数:9/3 = 3(个); (0.5 分)

④ 模板专业队数:6/3 = 2(个); (0.5 分)

⑤ 混凝土专业队数:6/3 = 2(个)。 (0.5 分)

案 例 二

背景资料(2018 年真题)

某高校图书馆工程,地下 2 层,地上 5 层,建筑面积约 35000m²,现浇钢筋混凝土框架结构,部分屋面为正向抽空四角锥网架结构。施工单位与建设单位签订了施工总承包合同,合同工期为 21 个月。

在工程开工前,施工单位按照收集依据、划分施工过程(段)计算劳动量、优化并绘制正式进度计划图等步骤编制了施工进度计划,并通过了总监理工程师的审查与确认。项目部在开工后进行了进度检查,发现施工进度拖延,其部分检查结果如下图所示。

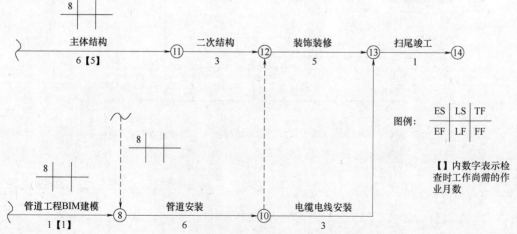

项目部为优化工期，通过改进装饰装修施工工艺，使其作业时间缩短为4个月，据此调整的进度计划通过了总监理工程师的确认。

项目部计划采用高空散装法施工屋面网架，监理工程师审查时认为高空散装法施工高空作业多、安全隐患大，建议修改为采用分条安装法施工。

管道安装按照计划进度完成后，因甲供电缆电线未按计划进场，导致电缆电线安装工程最早开始时间推迟了1个月，施工单位按规定提出索赔工期1个月。

问题：
1. 单位工程进度计划编制步骤还应包括哪些内容？
2. 图中，工程总工期是多少？管道安装的总时差和自由时差分别是多少？除工期优化外，进度网络计划的优化目标还有哪些？
3. 施工单位提出的工期索赔是否成立？并说明理由。

【参考答案】

1.（本小题3分）
（1）确定施工顺序； (1分)
（2）计算工程量； (1分)
（3）计算机械台班需用量； (1分)
（4）确定持续时间； (1分)
（5）绘制可行的施工进度计划图。 (1分)

【评分说明：写出3项正确的，即得3分】

2.（本小题6分）
（1）总工期：8+5+3+5+1=22（月）。 (2分)
（2）管道安装的总时差为1个月，自由时差为0。 (2分)
（3）资源优化、费用优化。 (2分)

3.（本小题4分）
（1）工期索赔不成立。 (1分)
（2）理由：尽管甲供电缆电线未及时进场是甲方应承担的责任，但电缆电线安装工程的总时差为2个月，拖后1个月未超出其总时差，不影响总工期。 (3分)

案 例 三

背景资料（2015年真题）

某群体工程，主楼地下2层，地上8层，总建筑面积26800m²，现浇钢筋混凝土框-剪结构。建设单位分别与施工单位、监理单位按照《建设工程施工合同（示范文本）》（GF—2013—0201）、《建设工程监理合同（示范文本）》（GF—2012—0202）签订了施工合同和监理合同。

合同履行过程中，发生了下列事件：

事件一： 监理工程师在审查施工组织总设计时，发现其总进度计划部分仅有网络图和编制说明。监理工程师认为该部分内容不全，要求补充完善。

事件二： 某单体工程的施工进度计划网络图如下图所示。因工艺设计采用某专利技术，工作F需要在工作B和工作C均完成后才能开始施工。监理工程师要求施工单位对进度计划网络图进行调整。

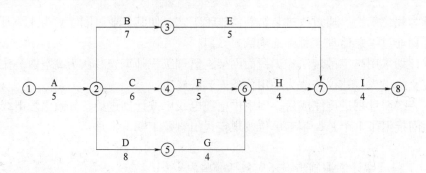

施工进度网络图

事件三：施工过程中发生索赔事件如下：

（1）由于项目功能调整，发生变更设计，导致工作 C 中途出现停歇，持续时间比原计划超出 2 个月，造成施工人员窝工损失 13.6 万元/月 × 2 月 = 27.2 万元。

（2）当地发生百年一遇大暴雨引发泥石流，导致工作 E 停工、清理恢复施工共用时 3 个月，造成施工设备损失费用 8.2 万元、清理和修复工程费用 24.5 万元。

针对上述（1）、（2）事件，施工单位在有效时限内分别向建设单位提出 2 个月、3 个月的工期索赔，27.2 万元、32.7 万元的费用索赔（所有事项均与实际相符）。

事件四：某单位工程会议室主梁跨度为 10.5m，截面尺寸（$b \times h$）为 450mm × 900mm。施工单位按规定编制了模板工程专项方案。

问题：

1. 事件一中，施工单位对施工总进度计划还需补充哪些内容？

2. 事件二中，绘制调整后的施工进度双代号网络计划。指出其关键线路（用工作表示），并计算其总工期（单位：月）。

3. 事件三中，分别指出施工单位提出的两项工期索赔和两项费用索赔是否成立，并说明理由。

【参考答案】

1.（本小题 2 分）

施工总进度计划还需补充：

（1）分期、分批实施工程的开、竣工日期及工期一览表； (1 分)

（2）资源需要量及供应平衡表。 (1 分)

2.（本小题 4 分）

（1）绘制图形 (1 分)

（2）关键线路：
① A→B→F→H→I （1分）
② A→D→G→H→I （1分）
（3）总工期 5＋7＋5＋4＋4＝25（月）。 （1分）

3．（本小题11分）
（1）"（1）"的工期索赔2个月不成立。 （1分）
理由：设计变更是建设单位应承担的责任，但C工作为非关键工作，其总时差为1个月，停工2个月只影响工期1个月，所以只能索赔1个月的工期。 （2分）
（2）"（1）"的费用索赔成立。 （1分）
理由：设计变更导致造成27.2万元的损失是建设单位应承担的责任。 （1分）
（3）"（2）"的工期索赔不成立。 （1分）
理由：百年一遇大暴雨引发泥石流属于不可抗力事件，原则上建设单位承担工期损失，但E工作停工3个月未超出其总时差，对工期没有影响。 （2分）
（4）"（2）"的费用索赔32.7万元不成立。 （1分）
理由：发生不可抗力事件后，根据风险分担的原则，施工设备损失费用8.2万元应由施工单位承担，清理和修复工程费用24.5万元应由建设单位承担，所以只能提出24.5万元的费用索赔要求。 （2分）

案 例 四

背景资料（2014年真题）

某办公楼工程，地下2层，地上10层，总建筑面积27000m²，钢筋混凝土框架结构。建设单位与施工单位签订了施工总承包合同，合同工期为20个月，建设单位供应部分主要材料。在合同履行过程中，发生了下列事件：

事件一：施工总承包单位按规定向监理工程师提交了施工总进度网络计划（如下图所示），该计划通过了监理工程师的审查和确认。

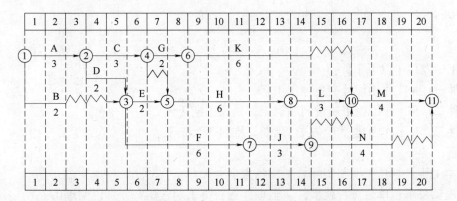

事件二：在施工过程中，由于建设单位供应的主材未能按时交付给施工总承包单位，致使工作K的实际进度在第11月底时拖后3个月；部分施工机械由于施工总承包单位原因未能按时进场，致使工作H的实际进度在第11月底时拖后一个月；在工作F进行过程中，由于施工工艺不符合施工规范的要求导致发生质量问题，被监理工程师责令整改，致使工作F的实际进度在第11

月底时拖后一个月。施工总承包单位就工作 K、H、F 工期拖后分别提出了工期索赔。

问题：

1. 事件一中，施工总承包单位应重点控制哪条线路（以节点表示）？
2. 事件二中，分别分析工作 K、H、F 的总时差，并判断其进度偏差对施工总工期的影响。分别判断施工总承包单位就工作 K、H、F 工期拖后提出的工期索赔是否成立？

【参考答案】

1. （本小题 2 分）

重点控制：①→②→③→⑤→⑧→⑩→⑪ （2 分）

2. （本小题 9 分）

（1）总时差及其对工期的影响：

① K 工作的总时差为 2 个月；拖后 3 个月可能影响总工期 1 个月。 （2 分）

② H 工作的总时差为 0；拖后 1 个月可能影响总工期 1 个月。 （2 分）

③ F 工作的总时差为 2 个月；拖后 1 个月不影响总工期。 （2 分）

（2）索赔：

① K 工作提出的工期索赔成立； （1 分）

② H 工作提出的工期索赔不成立； （1 分）

③ F 工作提出的工期索赔不成立。 （1 分）

案 例 五

背景资料（2009 年真题）

某建筑工程施工进度计划网络图如下：

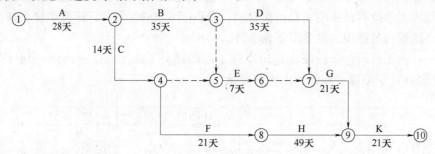

施工中发生了以下事件：

事件一： A 工作因设计变更停工 10 天。

事件二： B 工作因施工质量问题返工，延长工期 7 天。

事件三： E 工作因建设单位供料延期，推迟 3 天施工。

问题：

1. 本工程计划总工期和实际总工期各为多少天？
2. 施工总承包单位可否就事件一至事件三获得工期索赔？分别说明理由。

【参考答案】

1. （本小题 4 分）

（1）计划总工期 = 28 + 35 + 35 + 21 + 21 = 140（天）。 （2 分）

（2）实际总工期 = (28 + 10) + (35 + 7) + 35 + 21 + 21 = 157（天）。 （2 分）

2. （本小题 9 分）
(1) 事件一能够获得工期索赔。 (1分)
理由：设计变更是业主应承担的责任事件，并且 A 工作是关键工作。 (2分)
(2) 事件二不能获得工期索赔。 (1分)
理由：施工质量问题返工是施工单位应承担的责任事件。 (2分)
(3) 事件三不能获得工期索赔； (1分)
理由：尽管建设单位供料延期是业主应承担的责任事件，但 E 工作是非关键工作，其总时差为 28 天，推迟 3 天施工未超过其总时差，对工期没有影响。 (2分)

案 例 六

背景资料（2009 年真题）

某施工单位承担了一项矿井工程的地面土建施工任务。工程开工前，项目经理部编制了项目管理实施规划并报监理单位审批，监理工程师审查后，建议施工单位通过调整个别工序作业时间的方法，将选矿厂的施工进度计划工期控制在 210 天。

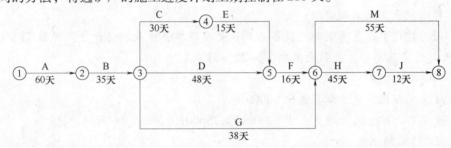

施工单位通过工序和成本分析，得出 C、D、H 三个工序的作业时间可通过增加投入的方法予以压缩，其余工序作业时间基本无压缩空间或赶工成本太高。其中 C 工序作业时间最多可缩短 4 天，每缩短 1 天增加施工成本 6000 元；D 工序最多可缩短 6 天，每缩短 1 天增加施工成本 4000 元；H 工序最多可缩短 8 天，每缩短 1 天，增加施工成本 5000 元。经调整，选矿厂房的施工进度计划满足了监理单位的工期要求。

施工过程中，由于建设单位负责采购的设备不到位，使 G 工序比原计划推迟了 25 天才开始施工。

工程进行到第 160 天时，监理单位根据建设单位的要求下达了赶工指令，要求施工单位将后续工期缩短 5 天。施工单位改变了 M 工序的施工方案，使其作业时间压缩了 5 天，由此增加施工成本 80000 元。

工程按监理单位要求工期完工。

问题：

1. 指出选矿厂房的初始进度计划的关键工序，并计算工期。
2. 根据工期-成本优化原理，施工单位应如何调整进度计划使工期控制在 210 天？调整工期所增加的最低成本为多少元？
3. 对于 G 工序的延误，施工单位可提出多长时间的工期索赔？说明理由。
4. 监理单位下达赶工指令后，施工单位应如何调整后续三个工序的作业时间？
5. 针对监理单位的赶工指令，施工单位可提出多少费用索赔？

【参考答案】

1. （本小题 5 分）

（1）关键工作：A、B、D、F、H、J   (3 分)

（2）计算工期：60＋35＋48＋16＋45＋12＝216（天）   (2 分)

2. （本小题 13 分）

（1）调整目标：216－210＝6（天）。   (1 分)

（2）压缩 D 工作 3 天，工期缩短 3 天，增加用费最少 4000×3＝12000（元）。   (2 分)

（3）在压缩 D 工作 3 天的基础上，压缩 H 工作 2 天，工期缩短 2 天，增加费用最少 5000×2＝10000（元）。   (2 分)

（4）在压缩 D 工作 3 天、压缩 H 工作 2 天的基础上，同时压缩 D 工作和 C 工作各 1 天，工期缩短 1 天，增加费用最少 4000＋6000＝10000（元）。   (4 分)

调整方案：压缩 D 工作 4 天，压缩 C 工作 1 天，压缩 H 工作 2 天；   (2 分)

调整工期所增加的最低成本：12000＋10000＋10000＝32000（元）。   (2 分)

3. （本小题 5 分）

（1）可以提出 3 天工期索赔；   (1 分)

（2）因为建设单位负责采购的设备不到位是建设单位应承担的责任，并且 TFG＝22 天，推迟 25 天超过了其总时差，影响工期 25－22＝3（天）。   (4 分)

4. （本小题 5 分）

（1）M 工作压缩 5 天，增费最少 80000 元；   (2 分)

（2）H 工作压缩 5 天，增费最少 5000×5＝25000（元）；   (2 分)

（3）J 工作无须压缩。   (1 分)

5. （本小题 2 分）

费用索赔：80000＋25000＝105000（元）。   (2 分)

案 例 七

背景资料（2012 年真题）

某人防工程，建筑面积 5000m²，地下 1 层，层高 4.0m。基础埋深为自然地面以下 6.5m。建设单位委托监理单位对工程实施全过程监理。建设单位和某施工单位根据《建设工程施工合同（示范文本）》（GF—1999—0201）签订了施工承包合同。

工程施工过程中，发生了下列事件：

事件一：施工单位进场后，根据建设单位提供的原场区内方格控制网坐标进行该建筑物的定位测设。

事件二：工程楼板组织分段施工，某一段各工序的逻辑关系见下表。

工作内容	材料准备	支撑搭设	模板铺设	钢筋加工	钢筋绑扎	混凝土浇筑
工作编号	A	B	C	D	E	F
紧后工作	B、D	C	E	E	E	—
工作时间/天	3	4	3	5	5	1

问题：根据事件二表中给出的逻辑关系，绘制双代号网络计划图，并计算工期。

【参考答案】

（本小题5分）

（1）双代号网络如下： (3分)

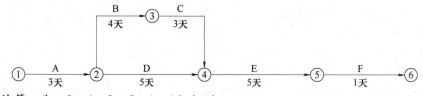

（2）计算工期：3+4+3+5+1=16（天）。 (2分)

二、选择题及答案解析

1. 根据《工程网络计划技术规程》JQJ/T 121—2015，网络图存在的绘图错误有（　　）。

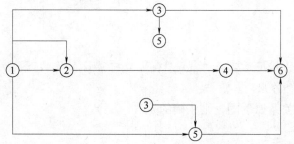

A. 编号相同的工作　　　　　　　B. 多个起点节点
C. 相同的节点编号　　　　　　　D. 无箭尾节点的箭线

【答案】 A

【解析】

（1）A符合题意；"①→②"（假设A、B两项工作）既表示A工作也表示B工作。

（2）"③→⑤"用的是"指向法"，没有问题。

2. 某双代号网络图如下图所示，存在的错误是（　　）。

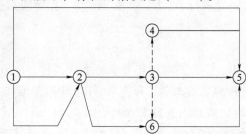

A. 工作代号相同　　　　　　　　B. 出现无箭头连接
C. 出现无箭头节点箭线　　　　　D. 出现多个起点节点

【答案】 A

【解析】

（1）A符合题意；根据《工程网络计划技术规程》之规定，双代号网络中的工作，应用"两个节点、一条箭线表示"。可以采用母线法，如"④→⑤"。

（2）图中"①→②"即表示的是同一项工作，故出现了相同的工作代号。

3. 在工程网络计划中,关键工作是指(   )的工作。
   A. 最迟完成时间与最早完成时间之差最小   B. 自由时差为零
   C. 总时差最小   D. 持续时间最长
   E. 时标网络计划中没有波形线

   【答案】 AC
   【解析】 "关键工作"是指:①关键线路上的工作;②总时差最小的工作;③迟完成与早完成差值最小的工作;④迟开始与早开始差值最小的工作。
   时标网络计划中没有波形线的工作未必是关键工作,还得满足总时差最小的条件,当默认前提为 $T_c=T_p$ 时,也可以说总时差 =0 的工作为关键工作。

4. 在双代号网络图中,虚箭线的作用有(   )。
   A. 指向   B. 联系
   C. 区分   D. 过桥
   E. 断路

   【答案】 BCE
   【解析】 虚箭线的作用总体来讲就是"表达紧前紧后工作的逻辑关系",细说就是"联系、区分和断路"三个作用。

5. 某工作间逻辑关系如下图,则正确的是(   )。

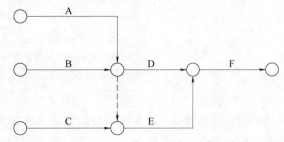

   A. A、B 均完成后同时进行 C、D   B. A、B 均完成后进行 D
   C. A、B、C 均完成后同时进行 D、E   D. B、C 完成后进行 E

   【答案】 B
   【解析】
   (1) A 错误,工作 A、B、C 为三项相互关联的平行工作,D 为 A、B 的紧后工作。
   (2) C 错误,D 是 A、B 的紧后工作,E 是 A、B、C 的紧后工作;故应为:A、B 完成后开始 D 工作,A、B、C 均完成后,开始 E 工作。
   (3) D 错误,丢了一个 A,应该是 A、B、C 工作均完成后,开始 E 工作。

6. 某双代号网络计划中(以天为单位),工作 K 的最早开始时间为 6,工作持续时间为 4;工作 M 的最迟完成时间为 22,工作持续时间为 10;工作 N 的最迟完成时间为 20,工作持续时间为 5。已知工作 K 只有 M、N 两项紧后工作,则工作 K 的总时差为(   )天。
   A.2   B.3
   C.5   D.6

   【答案】 A
   【解析】

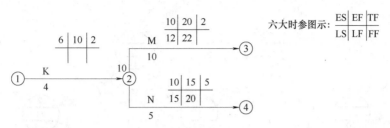

7. 关于双代号工程网络计划说法正确的有（   ）。
   A. 总时差最小的工作为关键工作
   B. 网络计划中以终点节点为完成节点的工作，其自由时差和总时差相等
   C. 关键线路上允许有虚箭线和波形线的存在
   D. 某项工作的自由时差为零，其总时差必为零
   E. 除了以网络计划终点为完成节点的工作，其他工作的最迟完成时间应等于其紧后工作最迟开始时间的最小值

【答案】 ABE
【解析】
（1）A 正确，总时差最小的工作为关键工作——关键工作的万能定义。
（2）B 正确，进入终点节点的工作，其自由时差=总时差。
（3）C 错误，如图所示，只有 $T_p > T_c$ 时，关键线路上才允许有波形线。

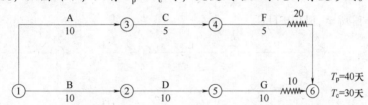

（4）D 不确定，除本工作 FF 外，本工作 TF 是否为零，取决于后续线路上波形线之和是否为零。

8. 关于关键工作和关键线路的说法正确的是（   ）。
   A. 关键线路上的工作全部是关键工作
   B. 关键工作不能在非关键线路上
   C. 关键线路上不允许出现虚工作
   D. 关键线路上的工作总时差均为零

【答案】 A
【解析】
（1）A 正确，关键线路上的工作一定是关键工作；反过来说就未必正确。
（2）B 错误，关键工作可以在非关键线路上，只要有一条进入关键线路就行。
（3）C 错误，关键线路与虚工作无关。
（4）D 错误，少了"$T_c = T_p$"这个前提条件。

9. 关于判别网络计划关键线路的说法，正确的有（   ）。
   A. 相邻工作间的间隔时间均为零的线路
   B. 总持续时间最长的线路
   C. 双代号网络计划中无虚箭线的线路
   D. 时标网络计划中无波形线的线路
   E. 双代号网络计划由关键节点组成的线路

【答案】 BD

【解析】

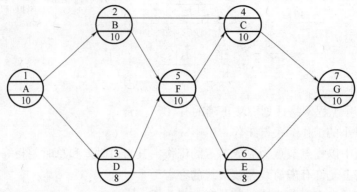

(1) A 错误,如图所示:B→C 间隔时间为 0,但显然不是关键线路。
(2) C 错误,虚箭线是用来表达逻辑关系的,与是否为关键线路无关。
(3) E 错误,关键节点组成的线路不一定是关键线路。

10. 某双代号网络计划中,假设计划工期等于计算工期,且工作 M 的开始节点和完成节点均为关键节点。关于工作 M 的说法,正确的是（　　）。

A. 工作 M 的总时差等于自由时差　　　B. 工作 M 是关键工作
C. 工作 M 的自由时差为零　　　　　　D. 工作 M 的总时差大于自由时差

【答案】　B

【解析】　如图所示,FF$_C$ = TF$_C$。

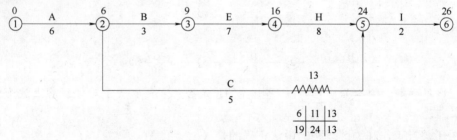

11. 某双代号网络计划如下图,关键线路为①→③→⑤→⑧,若计划工期等于计算工期,则自由时差一定等于总时差且不为零的工作有（　　）。

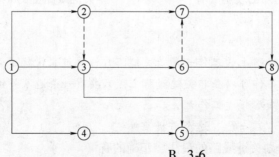

A. 1-2　　　　　　　　　　　　　　　B. 3-6
C. 2-7　　　　　　　　　　　　　　　D. 4-5
E. 6-8

【答案】　DE

【解析】 本题考核：对关键线路及"进入关键线路工作"的时间参数理解。

(1) 关键线路为①→③→⑤→⑧，表示"直接"进入关键线路的非关键工作其自由时差一定>0，且由于进入关键线路，所以后续线路的波形线之和为零。

(2) 如此一来，本工作的自由时差 = 本工作的总时差 >0。

(3) ⑦→⑧也符合上述条件。原因是两项工作均属于进入重点节点的非关键工作，其本身的波形线既是自由时差也是总时差。

12. 某工程双代号网络计划如下图所示（时间单位：天），图中已标出各项工作的最早开始时间 ES 和最迟开始时间 LS。该计划表明（   ）。

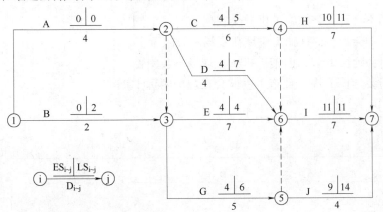

A. 工作 1-3 的总时差和自由时差相等
B. 工作 2-6 的总时差和自由时差相等
C. 工作 2-4 和工作 3-6 均为关键工作
D. 工作 3-5 的总时差和自由时差分别为 2 和 0 天
E. 工作 5-7 的总时差和自由时差相等

【答案】 ABDE

【解析】 C 错误，②→④为 C 工作，C 工作为非关键工作。其余选项详见图解：（黑字为已知条件，斜体字为计算结果）

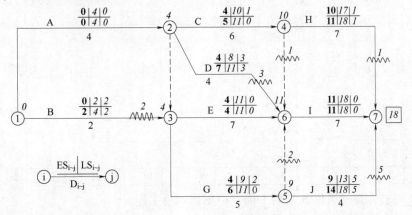

13. 某双代号网络计划如下图，如 B、D、I 工作共用一台施工机械且按 B→D→I 顺序施工，则对网络计划可能造成的影响是（   ）。

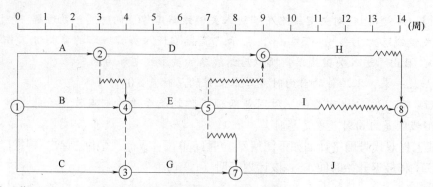

A. 总工期不会延长，但施工机械会在现场闲置1周
B. 总工期不会延长，且施工机械在现场不会闲置
C. 总工期会延长1周，但施工机械在现场不会闲置
D. 总工期会延长1周，且施工机械会在现场闲置1周

【答案】 B
【解析】

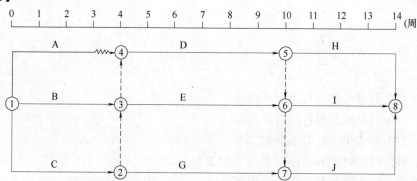

14. 某工程项目的双代号时标网络计划，当计划执行到第4周末及第10周末时，检查得出实际进度前锋线如下图所示，检查结果表明（　　）。

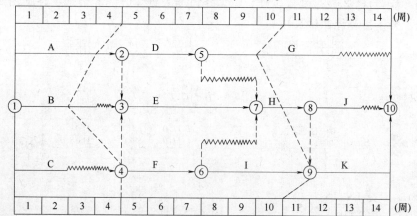

A. 第4周末检查时工作B拖后1周，但不影响总工期
B. 第4周末检查时工作A拖后1周，影响总工期1周
C. 第10周末检查时工作G拖后1周，但不影响总工期
D. 第10周末检查时工作I提前1周，可使总工期提前1周

E. 在第5周到第10周内，工作F和工作I的实际进度正常

【答案】 BC

【解析】 关键线路为：A→E→H→K 或①→②→③→⑦→⑧→⑨→⑩

(1) A错误，如图所示，TFB＝1周，拖后2周，影响工期2－1＝1周。

(2) D错误，①I为非关键工作，提前1周，不能使总工期提前。
　　　　　　②K有"I和H"两项紧前，仅仅I工作提前，并不能使工期提前。

(3) E错误，F工作实际进度与计划进度一致，I工作提前1周。

15. 某工程双代号时标网络计划，在第5天末进行检查得到的实际进度前锋线如下图所示，说法正确的有（　　）。

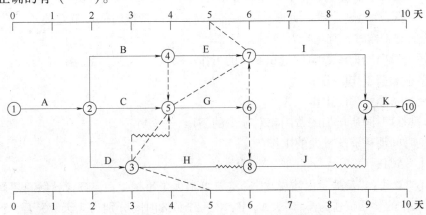

A. H工作还剩1天机动时间
B. 总工期缩短1天
C. H工作影响总工期1天
D. E工作提前1天完成
E. G工作进度落后1天

【答案】 DE

【解析】 本题核心：关键线路与非关键线路之间的转化。

(1) 关键线路：A→B→E→I→K 或①→②→④→⑦→⑨→⑩；
　　　　　　A→C→G→I→K 或①→②→⑤→⑥→⑦→⑨→⑩；
　　　　　　A→B→G→I→K 或①→②→④→⑤→⑥→⑦→⑨→⑩。

(2) A、C错误，TFH＝2周，拖后2周，再无机动时间；但拖后2周也不影响总工期。

(3) B错误，应当为工期拖后一天。I有"E和G"两项紧前，E工作提前1周、G工作拖后1周；此时的E为非关键工作，关键线路为："A→C→G→I→K 和 A→B→G→I→K"；工期为11天，比计划工期拖后1天。

16. 某道路工程在进行基层和面层施工时，为了给面层铺设提供工作面和工作条件，需待基层开始铺设一定时间后才能进行面层摊铺，这种时间间隔是（　　）时距。

A. STS
B. FTF
C. STF
D. FTS

【答案】 A

【解析】 四种时距表示方法：

(1) "STS"：基层开始→面层开始；

(2) "STF"：基层开始→面层完成；

(3) "FTS":基层完成→面层开始;

(4) "FTF":基层完成→面层完成。

17. 单代号搭接网络的时间参数计算时,若某项中间工作的最早开始时间为负值,则应当（　　）。

A. 将该工作与最后一项工作联系起来　　B. 在该工作与起点节点之间添加虚箭线

C. 增大该工作的时间间隔　　D. 调整其紧前工作的持续时间

【答案】　B

【解析】　解决问题的办法:在起点节点之前添加一项虚工作。单代号普通网络计划不存在虚箭线,但单代号搭接网络计划中可以有虚箭线,但这里的虚箭线表示"虚拟工作"。

18. 当计算工期超过计划工期时,可压缩关键工作的持续时间以满足要求。在确定缩短持续时间的关键工作时,宜选择（　　）。

A. 缩短持续时间而不影响质量和安全的工作

B. 有多项紧前工作的工作

C. 有充足备用资源的工作

D. 缩短持续时间所增加的费用相对较少的工作

E. 单位时间消耗资源量大的工作

【答案】　ACD

【解析】　口诀:"质安资源增费少",这是工期优化的核心。实务考试按简答题准备。

19. A 工作的紧后工作为 B、C,A、B、C 工作持续时间分别为 6 天、5 天、5 天,A 工作最早开始时间为 8 天,B、C 工作最迟完成时间分别为 25 天、22 天,则 A 工作总时差为（　　）。

A. 0 天　　B. 3 天

C. 6 天　　D. 9 天

【答案】　B

【解析】　如图所示:TFA = FFA + min {B = 6 天, C = 3 天} = 3 天。

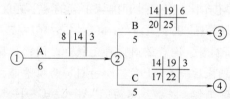

三、2020 考点预测

1. 网络计划的绘制与补足。

2. 六大时参、总工期及关键线路。

3. 网络计划与索赔管理。

4. 网络计划与工期优化。

5. 网络计划与进度检查。

第二章 专业管理

第一节 质量管理

考点一：质量管理总则
考点二：工程材料设备管理
考点三：实体工程质量管理
考点四：资料及档案管理
考点五：质量事故管理

一、案例及参考答案

案 例 一

背景资料（2019年真题）

某新建住宅工程，建筑面积22000m²，地下1层，地上16层，框架-剪力墙结构，抗震设防烈度7度。

施工单位项目部在施工前，由项目技术负责人组织编写了项目质量计划书，报请施工单位质量管理部门审批后实施。质量计划要求项目部施工过程中建立包括使用机具和设备管理记录，图纸、设计变更收发记录，检查和整改复查记录，质量管理文件及其他记录等质量管理记录制度。

问题：指出项目质量计划书编、审、批和确认手续的不妥之处。质量计划应用中，施工单位应建立的质量管理记录还有哪些？

【参考答案】

（本小题5.0分）

(1) 不妥之处：

① 不妥之一："由项目技术负责人组织编写项目质量计划书"。　　　　　　(0.5分)

正确做法：应由项目经理组织编写项目质量计划书。　　　　　　　　　　(0.5分)

② 不妥之处二："请施工单位质量管理部门审批后实施"。　　　　　　　　(0.5分)

正确做法：应报企业相关管理部门批准并得到发包人和监理人认可后实施。(0.5分)

(2) 质量管理记录还应有：

① 施工日记和专项施工记录；　　　　　　　　　　　　　　　　　　　　(1.0分)

② 交底记录；　　　　　　　　　　　　　　　　　　　　　　　　　　　(1.0分)

③ 上岗培训记录和岗位资格证明。　　　　　　　　　　　　　　　　　　(1.0分)

案 例 二

背景资料（2018年真题）

一新建工程，地下2层，地上20层，高度为70m，建筑面积40000m²，标准层平面为40m×40m。项目部根据施工条件和需求、按照施工机械设备选择的经济性等原则，采用单位工程量成本比较法选择确定了塔式起重机型号。施工总包单位根据项目部制定的安全技术措施、安全评价等安全管理内容提取了项目安全生产费用。

施工中，项目部技术负责人组织编写了项目检测试验计划，内容包括试验项目名称、计划试验时间等，报项目经理审批同意后实施。

问题： 指出项目检测试验计划管理中的不妥之处，并说明理由。施工检测试验计划内容还有哪些？

【参考答案】

（本小题7分）

（1）不妥之处：

① 不妥之一："施工中，组织编写了项目检测试验计划"。 （1分）

理由：应当在施工前由项目技术负责人组织有关人员编制。 （1分）

② 不妥之二："报项目经理审批同意后实施"。 （1分）

理由：项目检测试验计划，应报送监理单位进行审查批准。 （1分）

（2）内容还包括：①检测试验参数；②试样规格；③代表批量；④施工部位。 （3分）

案 例 三

背景资料（2017年真题）

某新建住宅工程项目，建筑面积23000m²，地下2层，地上18层，现浇钢筋混凝土剪力墙结构，项目实行项目总承包管理。

施工总承包单位项目部技术负责人组织编制了项目质量计划，由项目经理审核后报监理单位审批，该质量计划要求建立的施工过程质量管理记录有：使用机具的检验、测量及试验设备管理记录，质量检查和整改、复查记录，质量管理文件记录及规定的其他记录等。监理工程师对此提出了整改要求。

施工前，项目部根据本工程施工管理和质量控制要求，对分项工程按照工种等条件，检验批按照楼层等条件，制定了分项工程和检验批划分方案，报监理单位审核。

该工程的外墙保温材料和黏结材料等进场后，项目部会同监理工程师核查了其导热系数、燃烧性能等质量证明文件。在监理工程师见证下对保温、黏结和增强材料进行了复验取样。

问题：

1. 项目部编制质量计划的做法是否妥当？质量计划中管理记录还应该包含哪些内容？

2. 分别指出分项工程和检验批划分的条件还有哪些？

3. 外墙保温、黏结和增强材料复试项目有哪些？

【参考答案】
1. (本小题5分)
(1) 不妥当。 (2分)
理由：项目质量计划应由项目经理组织编写，须报企业相关管理部门批准并得到发包方和监理方认可后实施。
(2) 质量计划中管理记录还应该包含：
① 施工日记和专项施工记录； (1分)
② 交底记录； (1分)
③ 上岗培训记录和岗位资格证明； (1分)
④ 图纸、变更设计接收和发放的有关记录； (1分)
⑤ 其他记录。 (1分)
【评分准则：满分3分，写出5项中的3项可得分】
2. (本小题6分)
(1) 分项工程还有：材料，施工工艺，设备类别。 (3分)
(2) 检验批还有：工程量，变形缝，施工段。 (3分)
3. (本小题6分)
(1) 导热系数、密度、抗压强度或压缩强度。 (3分)
(2) 黏结材料：黏结强度。 (1分)
(3) 增强材料：增强网力学性能、抗腐蚀性能。 (2分)

案 例 四

背景资料（2017年真题）

某新建办公楼工程，总建筑面积 $68000m^2$。在地下室结构实体采用回弹法进行强度检验中，出现个别部位 C35 混凝土强度不足，项目部质量经理随机安排公司实验室检测人员采用钻芯法对该部位实体混凝土进行检测，并将检测报告报监理工程师。监理工程师认为其做法不妥，要求整改。整改后钻芯检测的试样强度分别为 28.5MPa、31MPa、32MPa。该建设单位项目负责人组织对工程进行检查验收，施工单位分别填写了《单位工程竣工验收记录表》中的"验收记录""验收结论""综合验收结论"。"综合验收结论"为"合格"。参加验收单位人员分别进行了签字。政府质量监督部门认为一些做法不妥，要求改正。

问题：

1. 说明混凝土结构实体检验管理的正确做法。该钻芯检验部位 C35 混凝土实体检验结论是什么？并说明理由。

2. 《单位工程质量竣工验收表》中"验收记录""验收结论""综合验收结论"应该由哪些单位填写？"综合验收结论"应该包含哪些内容？

【参考答案】
1. (本小题5分)
(1) 正确做法：混凝土试块的强度不满足要求时，应委托具有相应资质的检测机构进行实体检测。 (2分)

（2）不合格。 (1分)
理由：同时满足下列两个条件的为合格：
① 钻芯检测的三个试样的抗压强度的平均值不小于设计强度等级88%； (1分)
② 钻芯检测的三个试样的抗压强度的最小值不小于设计强度等级80%。 (1分)
2. （本小题5分）
（1）填写主体：
① 验收记录应由施工方填写； (1分)
② 验收结论由监理单位填写； (1分)
③ 综合验收结论由建设单位填写。 (1分)
（2）综合验收结论的内容：
① 工程质量是否符合设计文件及相关标准的规定； (1分)
② 对总体质量水平做出评价。 (1分)

案 例 五

背景资料（2015年真题）

某高层钢结构工程，建筑面积28000m^2，地下1层，地上20层，外围护结构为玻璃幕墙和石材幕墙，外墙保温材料为新型材料。

施工过程中发生了如下事件：

事件一：施工中，施工单位对幕墙与各层楼板间的缝隙防火隔离处理进行了检查；对幕墙的抗风压性能、空气渗透性能、雨水渗漏性能、平面变形性能等有关安全和功能检测项目进行了见证取样和抽样检测。

事件二：本工程采用某新型保温材料，按规定进行了评审、鉴定和备案，同时施工单位完成相应程序性工作后，经监理工程师批准后投入使用。施工完成后，由施工单位项目负责人主持，组织了总监理工程师、建设单位项目负责人、施工单位技术负责人、相关专业质量员和施工员进行了节能分部工程的验收。

问题：

1. 事件二中，建筑幕墙与各楼层楼板间的缝隙隔离的主要防火构造做法是什么？幕墙工程中有关安全和功能的检测项目还有哪些？

2. 事件四中，新型保温材料使用前还应有哪些程序性工作？节能分部工程的验收组织有什么不妥？

【参考答案】

1. （本小题5分）
（1）防火构造：
① 采用不燃材料封堵，填充材料可采用岩棉或矿棉，其厚度不应小于100mm； (1分)
② 不燃材料应满足设计的耐火极限要求，在楼层间形成水平防火烟带； (1分)
③ 水平防烟带与幕墙之间的缝隙采用防火密封胶密封。 (1分)
（2）检测项目：
① 硅酮结构胶的相容性试验； (1分)
② 后置埋件的现场拉拔试验。 (1分)

2. （本小题5分）
（1）程序性工作：
① 材料进场后对合格证、出厂检测报告等书面资料进行核查，并进行外观检查，包括品种、型号、规格、尺寸。 (1分)
② 材料使用前进行见证取样检测，包括保温材料的密度、导热系数、燃烧性能，黏结材料的黏结强度，增强网的力学性能。 (1分)
③ 编制节能工程的施工方案，报监理单位和建设单位审批后实施。 (1分)
（2）不妥之处：
① 不妥之一："由施工单位项目负责人主持"。
理由：根据相关规定，分部工程应由总监理工程师组织验收。 (1分)
② 不妥之二："参加验收的人员"。
理由：根据相关规定，参加节能分部工程验收的人员还应包括施工单位技术部门负责人、质量部门负责人、施工单位项目技术负责人、设计单位项目负责人。 (1分)

案 例 六

背景资料（2013年真题）
某商业建筑工程，地上6层，砂石地基，砖混结构，建筑面积24000m²。外窗采用铝合金窗，内门采用金属门。在施工过程中发生了如下事件：
事件一： 监理工程师对门窗工程检查时发现：外窗未进行三性检查，内门采用"先立后砌"安装方式，外窗采用射钉固定安装方式。监理工程师对存在的问题提出整改要求。
事件二： 建设单位在审查施工单位提交的工程竣工资料时，发现工程资料有涂改、违规使用复印件等情况，要求施工单位进行整改。
问题：
1. 事件一中，建筑外墙铝合金窗的三性试验是指什么？分别写出错误安装方式的正确做法。
2. 针对事件二，分别写出工程竣工资料在修改以及使用复印件时的正确做法。
【参考答案】
1. （本小题5分）
(1) 抗风压性能、空气渗透性能、雨水渗漏性能。 (3分)
(2) 错误包括：
① 错误一：内门采用"先立后砌"安装方式。
正确做法：内门应采用"先砌后立"安装方式。 (1分)
② 错误二：外窗采用射钉固定安装方式。
正确做法：砌体墙门窗应采用膨胀螺栓固定方式进行安装。 (1分)
2. （本小题4分）
(1) 工程资料不得随意修改。当需修改时，应实行划改，并由划改人签署。 (2分)
(2) 当使用复印件时，提供单位应在复印件上加盖单位公章，并应有经办人签字及日期，提供单位应对资料的真实性负责。 (2分)

案 例 七

背景资料

某实行监理的工程,建设单位与甲施工单位按《建设工程施工合同(示范文本)》签订了施工合同,甲施工单位依法将某专业工程分包给乙施工单位,并签订了分包合同。施工过程中发生下列事件:

事件一: 由建设单位负责采购的一批材料,因规格、型号与合同约定不符,施工单位不予接收保管,建设单位要求监理单位协调处理。

事件二: 专业监理工程师现场巡视时发现,甲施工单位在某隐蔽工程施工时,未通知验收已进行了隐蔽,监理单位要求重新检验。

事件三: 工程即将完工时,建设单位发文要求监理单位和甲施工单位各自邀请城建档案管理部门进行工程档案预验收并直接办理档案移交事项,同时要求监理单位对施工单位的工程档案进行检查。

事件四: 监理单位在检查甲施工单位的工程档案时发现,缺少乙施工单位的工程档案,甲施工单位的解释:按建设单位的要求,乙施工单位已自行办理了工程档案预验收与移交。

事件五: 工程完工后,甲施工单位在自查自评的基础上填写了工程竣工报验单,连同全部竣工资料报送监理单位,申请竣工验收。总监理工程师认为施工过程均按要求进行了验收,便签署了竣工报验单,并向建设单位提交了工程竣工报告和质量评估报告,建设单位收到该报告后,即将工程投入使用。

问题:

1. 针对事件一,监理单位应如何协调处理?
2. 针对事件二,写出施工单位的正确做法。根据《建设工程施工合同(示范文本)》的规定,隐蔽工程在隐蔽前应如何组织验收?
3. 指出事件三中建设单位做法的不妥之处,说明理由。
4. 分析说明事件四中甲施工单位的解释有何不妥?
5. 分别指出事件五中总监理工程师、建设单位做法的不妥之处,写出正确做法。

【参考答案】

1. (本小题4分)

(1) 委托施工单位先行保管材料,明确材料保管的费用补偿额度。 (1分)

(2) 通过建设单位向设计单位提出设计变更的要求。 (1分)

(3) 设计单位同意变更,监理单位自收到《设计变更通知单》后及时向施工单位签发《工程变更通知单》,由此增加的费用及工期由建设单位承担。 (1分)

(4) 设计单位不同意设计变更,则建议建设单位及时安排材料清退出场,并依约提供符合合同要求的材料。 (1分)

2. (本小题8分)

(1) 正确做法:

① 按监理要求钻孔探测或剥离检查; (1分)

② 检查验收满足合同要求,施工单位按要求重新覆盖后,方可开始下道工序; (1分)

③ 检查验收不满足合同要求,施工单位按应当按照监理要求整改完毕、自检合格后,

重新报验。 (1分)

（2）隐蔽验收：

① 工程自检合格后，施工单位应当于验收前48h向监理单位提交《隐蔽工程验收申请》，并附相关质量证明资料； (1分)

② 监理工程师接到申请并审查合格后，组织相关人员进行隐蔽工程现场验收； (1分)

③ 审查和检查均合格的，经监理单位签认，施工单位方可进行下道工序； (1分)

④ 审查或检查不合格的，施工单位按照监理通知单的要求整改合格后重新报验； (1分)

⑤ 监理工程师未按时组织验收，也未在验收前24h提出延期验收要求的，视为验收合格，施工单位可自行隐蔽。 (1分)

3. （本小题6分）

（1）不妥之一："建设单位要求监理和甲施工单位各自邀请城建档案管理部门进行工程档案预验收"。 (1分)

理由：根据相关规定，建设单位应于正式竣工验收前，向城建档案管理部门申请工程档案预验收。 (1分)

（2）不妥之二："要求监理和甲施工单位直接办理档案移交事项"。 (1分)

理由：应当由建设单位于工程竣工验收后的3个月内，向城建档案管理部门移交一份完整的工程档案；有条件时，工程档案应为原件。 (1分)

（3）不妥之三："要求监理单位对施工单位的工程档案进行检查"。 (1分)

理由：应由建设单位对各方责任主体的工程档案进行检查、汇总和整理。 (1分)

4. （本小题2分）

不妥之处："乙施工单位自行办理工程档案预验收与移交"。 (1分)

理由：乙分包单位应将分包工程资料报送总包单位检查、汇总；再由总包单位向建设单位移交。 (1分)

5. （本小题8分）

（1）总监理工程师的不妥之处：

① 不妥之一："签署了竣工报验单"。 (1分)

正确做法：总监理工程师应在收到报验单后依法组织竣工预验收。验收通过后，方可签署竣工报验单。检查过程中发现问题的，应要求施工单位整改并自检合格后重新报验。 (1分)

② 不妥之二："向建设单位提交了工程竣工报告"。 (1分)

正确做法：由甲总包单位于竣工预验收通过后，向建设单位提交工程竣工报告。 (1分)

③ 不妥之三："向建设单位提交质量评估报告"。 (1分)

正确做法：《质量评估报告》应经总监理工程师及企业技术负责人签字后，移交建设单位。 (1分)

（2）建设单位的不妥之处："建设单位收到该报告后，即将工程投入使用"。 (1分)

正确做法：建设单位应在收到《质量评估报告》和《工程竣工报告》后，按规定组织工程竣工验收，竣工验收通过后，方可投入使用。 (1分)

案 例 八

背景资料

某实施监理的工程，建设单位与甲施工单位按照《建设工程施工合同（示范文本）》签订了施工合同。甲施工单位依法选择了乙施工单位作为分包单位。在合同履行过程中，发生了如下事件。

事件一：在合同约定的工程开工日前，建设单位受理了甲施工单位报送的《工程开工报审表》，建设单位考虑到施工许可证已获政府主管部门批准且甲施工单位的施工机具和施工人员已经进场，便审核签认了《工程开工报审表》并通知了项目监理机构。

事件二：在施工过程中，甲施工单位的资金出现困难，无法按分包合同约定支付乙施工单位的工程款。乙施工单位向项目监理机构提出了支付申请。项目监理机构受理并征得建设单位同意后，即向乙施工单位签发了付款凭证。

事件三：专业监理工程师在巡视中发现，乙施工单位施工的某部位存在质量隐患，专业监理工程师随即向甲施工单位签发了整改通知。甲施工单位回函称，建设单位已直接向乙施工单位付款，因而本单位对乙施工单位施工的工程质量不承担责任。

事件四：甲施工单位向建设单位提交了工程竣工验收申请报告后，建设单位于2013年9月20日组织勘察单位、设计单位、监理单位和甲施工单位进行了竣工验收，竣工验收通过后，各单位分别签署了质量合格文件。建设单位于2014年3月办理了工程竣工备案。因使用需要，建设单位于2013年10月初要求乙施工单位按其示意图在已验收合格的承重墙上开车库门洞，并于2013年10月底正式将该工程投入使用。2015年2月该工程给排水管道大量漏水，经监理单位组织检查，确认是因开车库门洞施工时破坏了承重结构所致。建设单位认为工程还在保修期，要求甲施工单位无偿修理。建设主管部门对责任单位进行了处罚。

问题：
1. 在事件三中甲施工单位的说法是否正确？为什么？
2. 根据《建设工程质量管理条例》，指出事件四中建设单位做法的不妥之处，说明理由。各单位签署的质量合格文件分别是什么？
3. 根据《建设工程质量管理条例》，指出事件四中建设行政主管部门是否应该对建设单位、监理单位、甲施工单位和乙施工单位进行处罚？并说明理由。

【参考答案】
1. （本小题3分）
不正确。 (1分)
尽管建设单位直接向乙分包单位付款的行为构成违约，但并不解除甲总包单位的质量责任。总包单位与分包单位对分包工程的质量向建设单位承担连带责任。 (2分)
2. （本小题13分）
（1）不妥之处：
① 不妥之一："建设单位组织勘察、设计、监理、甲施工单位进行竣工验收"。 (1分)
理由：建设单位还应当依法组织分包单位参加工程竣工验收。 (1分)
② 不妥之二"竣工验收通过后，各单位分别签署了质量合格文件"。 (1分)
理由：《质量合格文件》应当在竣工验收前签署。 (1分)
③ 不妥之三："建设单位于2014年3月办理了工程竣工备案"。 (1分)
理由：建设单位应在竣工验收通过后的15日内，依法办理竣工备案手续。 (1分)
④ 不妥之四："建设单位要求乙施工单位在已验收合格的承重墙上开车库门洞"。 (1分)
理由：建设单位不得擅自在承重构件上开凿孔洞。实在需要的，应经原设计单位的书面

有效文件许可，方可施工。 (1分)
⑤ 不妥之五："建设单位要求甲施工单位无偿修理"。 (1分)
理由："承重墙体开凿孔洞"不属于正常使用条件，不在施工单位的保修范围内。
(1分)

(2) 各单位签署的质量合格文件分别是：
① 勘察、设计单位签署的质量合格文件：《工程质量检查报告》； (1分)
② 监理单位签署的质量合格文件：《工程质量评估报告》； (1分)
③ 施工单位签署的质量合格文件：《工程竣工报告》。 (1分)

3．（本小题8分）
(1) 应对建设单位进行行政处罚。 (1分)
理由：建设单位未及时办理竣工备案、擅自变动承重结构，违反了《工程质量管理条例》的规定。 (1分)
(2) 不应对监理单位进行处罚。 (1分)
理由：工程竣工验收已经通过，监理单位的合同职责已履行完毕。 (1分)
(3) 不应对甲总包单位进行处罚。 (1分)
理由：工程竣工验收已经通过，擅自变动承重结构是建设单位应承担的责任。 (1分)
(4) 应对乙施工单位进行处罚。 (1分)
理由：乙分包单位在未取得施工图的条件下在承重墙上开凿孔洞，违反了《工程质量管理条例》的规定。 (1分)

案 例 九

背景资料

某施工单位承揽了一个住宅小区，该小区共20幢楼，分两期施工。一期为普通商品房，地下2层，地上18层，现浇钢筋混凝土剪力墙结构；二期为别墅小洋房，地上3层。项目实行施工总承包管理。

事件一： 工程开工前，承包方按照合同约定，决定采购一批价值80万元的材料。在选择供货时，总包单位对企业的社会信誉、履约能力等各方面进行了调查。

事件二： 施工总承包单位项目部技术负责人组织编制了项目质量计划，由项目经理审核后报监理单位审批，质量计划的内容包括：编制依据、编制概况、质量目标和要求、质量管理组织和职责、信息的收集、反馈、传递、检查验收及相关标准。监理工程师认为内容不够全面，要求施工单位做出补充。

事件三： 施工前，项目部技术负责人组织编写了项目检测试验计划，并拟定了检测计划的实施流程，报监理工程师审批同意后实施。在施工过程中，由于设计变更，对原检测试验计划进行了调整。

事件四： 施工前，项目部根据本工程施工管理和质量控制要求，制定了混凝土分项工程和检验批划分方案，报监理单位审核。该工程1号~3号楼基础钢筋同时验收通过，施工单位进场了一批C30的混凝土，并对3幢楼的混凝土统一抽样检测。

事件五： 该工程的玻璃幕墙相关材料进场后，施工单位按照施工总平面图的布置要求将材料入库，并设专人对其进行看管。项目部会同监理工程师核查了进场材料的质量证明文件；在监理工程师见证下对保温材料、幕墙玻璃和隔热型材进行了取样检测。

幕墙节能工程施工中应，监理单位组织相关人员对隔汽层、构造缝、结构缝进行了隐蔽工程验收，并形成了隐蔽工程验收记录。

问题：

1. 事件一，总包单位采购工程设备时，应选择什么样的供货商？
2. 事件二，项目部制订质量计划的做法是否妥当？质量计划还应该包含哪些内容？质量计划的编制依据有哪些？
3. 事件三，简述现场检测试验技术管理程序。哪些情况下，需要对材料检验试验计划进行调整？
4. 混凝土检验批划分的条件有哪些？事件四中，1号~3号住宅楼中商品混凝土的抽检是否妥当，说明理由。
5. 事件五，施工单位在现场材料的保管与使用方面，还应做好哪些管理工作？
6. 事件五中，幕墙保温、玻璃、隔热型材的复试项目有哪些？幕墙隐蔽工程验收的内容有哪些？

【参考答案】

1. （本小题2分）

① 信誉良好； (0.5分)
② 履约能力强； (0.5分)
③ 供货质量稳定； (0.5分)
④ 价格有竞争力的供货商。 (0.5分)

2. （本小题8分）

（1）不妥当。

理由：项目质量计划应由项目经理组织编写，须报企业相关管理部门批准并得到发包方和监理方认可后实施。 (2.0分)

（2）还应包括：

① 资源的需求和配置； (1.0分)
② 质量管理和技术措施； (1.0分)
③ 质量管理记录； (1.0分)
④ 进度控制措施； (1.0分)
⑤ 与其他参建方的沟通方式； (1.0分)
⑥ 信息的收集、反馈、传递； (1.0分)
⑦ 对违规事件的报告和处理； (1.0分)
⑧ 突发事件应急措施； (1.0分)
⑨ 临时设施的规划。 (1.0分)

【评分准则：写出4条，即得4分】

（3）编制依据：

① 工程建设相关的法律法规、标准规范、操作规程； (0.5分)
② 合同文件、设计文件、相关文件； (0.5分)
③ 企业质量管理体系文件及对项目的相关要求文件； (0.5分)

④ 施工组织设计、专项施工方案。 (0.5分)
3. （本小题5分）
（1）管理流程：
制订计划→制取试样→登记台账→送检→检测试验→报告管理。 (3.0分)
（2）计划调整：
①工艺改变；②进度调整；③材料、设备的规格、型号或数量变化。 (2.0分)
4. （本小题3分）
（1）划分条件：
①进场批次；②工作班；③楼层；④结构缝或施工段。 (2.0分)
（2）妥当。
理由：属于同一项目且同期施工的多个单位工程，对同一厂家生产的同批混凝土、可统一划分检验批进行验收。 (1.0分)
5. （本小题4分）
（1）应建立材料管理台账，做好收、发、储、运等方面的管理工作。 (1.0分)
（2）进场材料均应有明确标识，受检材料与待检材料应标识明确、分开码放。 (1.0分)
（3）保管过程中应防止材料变质、定期检查、做好记录。 (1.0分)
（4）合理组织材料使用，减少材料损耗。 (1.0分)
6. （本小题8分）
（1）见证取样：
① 保温材料：导热系数、密度； (1.0分)
② 幕墙玻璃：可见光透射比、传热系数、遮阳系数、中空玻璃露点； (1.0分)
③ 隔热型材：抗拉强度、抗剪强度。 (1.0分)
（2）隐蔽验收：
① 冷凝水收集和排放构造； (1.0分)
② 幕墙的通风换气装置； (1.0分)
③ 封闭保温材料厚度和保温材料的固定； (1.0分)
④ 单元式幕墙板块间的接缝构造； (1.0分)
⑤ 幕墙周边与墙体接缝处保温材料的填充。 (1.0分)

案 例 十

背景资料

某高层钢结构工程，建筑面积28000m²，地下1层，地上20层，外围护结构为玻璃幕墙和石材幕墙，外墙保温材料为新型材料。

施工过程中发生了如下事件：

事件一：施工中，施工单位对幕墙与各层楼板间的缝隙防火隔离处理进行了检查；对幕墙的抗风压性能、空气渗透性能、雨水渗漏性能、平面变形性能、硅酮结构胶和锚固件等有关安全和功能检测项目进行了见证取样和抽样检测。

事件二：本工程外墙采用某新型保温材料，按规定进行了评审、鉴定和备案，同时施工单位完成相应程序性工作，经监理工程师批准后投入使用。

事件三：外墙外保温节能时，监理工程师发现如下问题：（1）对穿透隔汽层的部位未采取措施；（2）防火隔离带选用B1级材料，宽度为200mm，且隔一层设一道；（3）墙面保温板材未经试验直接大面积施工；（4）施工前只对操作人员口头交待，无书面交底资料。监理单位责令施工单位立即改正。

事件四：施工完成后，由施工单位项目负责人主持，组织了总监理工程师、建设单位项目负责人、施工单位技术负责人、相关专业质量员和施工员进行了节能分部工程的验收。

问题：

1. 事件一中，建筑幕墙与各楼层楼板间的缝隙隔离的主要防火构造做法是什么？幕墙所用锚固件应检查哪些内容？
2. 玻璃幕墙硅酮结构胶的检测项目有哪些？
3. 事件二中，外墙新型保温材料使用前还应做好哪些程序性工作？
4. 请修正事件三中施工单位做法的错误之处。对于施工单位的上述行为，监理工程师应如何处理？
5. 事件四中，节能分部工程的验收组织有什么不妥？

【参考答案】

1. （本小题7分）

（1）防火构造：

① 采用不燃材料封堵，填充材料可采用岩棉或矿棉，其厚度不应小于100mm； (1.0分)

② 不燃材料应满足设计的耐火极限要求，在楼层间形成水平防火烟带； (1.0分)

③ 防火层应采用不小于1.5mm厚的镀锌钢板承托，不得采用铝板； (1.0分)

④ 防火层与幕墙之间的缝隙采用防火密封胶密封； (1.0分)

⑤ 防火密封胶应有法定检测机构的防火检验报告。 (1.0分)

【评分准则：写出3项，即得3分】

（2）应检查：①数量；②位置；③锚固深度；④抗拉拔力。 (4.0分)

2. （本小题4分）

（1）相容性；（2）剥离黏结性；（3）邵氏硬度；（4）标准状态拉伸黏结性。 (4.0分)

3. （本小题3分）

（1）对新的或首次采用的施工工艺进行评价； (1.0分)

（2）应制定专项施工方案，并组织专家论证； (1.0分)

（3）制定专门的施工技术方案。 (1.0分)

4. （本小题5.5分）

（1）错误修正：

① 错误之一："对穿透隔汽层的部位未采取措施"。 (0.5分)

修正：墙体隔汽层施工时，穿透隔汽层的部位应采取密封措施。 (0.5分)

② 错误之二："防火隔离带选用B1级材料，宽度为200mm，且隔一层设一道"。 (0.5分)

修正：选用A级材料，宽度不低于300mm，且每层均应设置防火隔离带。 (0.5分)

③ 错误之三："墙面保温板材未经试验直接大面积施工"。 (0.5分)

修正：墙面保温板正式施工前应先做现场拉拔试验，合格后方可大面积施工。 (0.5分)

④ 错误之四:"施工前只对操作人员口头交代,无书面交底资料"。　　　(0.5分)

修正:外墙节能工程施工前,应对操作人员书面交底,并由交底人、被交底人、专职安全员签字确认。　　　(0.5分)

(2) 处理程序:

① 签发《监理通知单》,要求施工单位按要求整改;　　　(0.5分)

② 对于整改后的部位,应组织复验;　　　(0.5分)

③ 施工单位拒不整改,应报告建设单位,并上报有关主管部门。　　　(0.5分)

5. (本小题5.5分)

(1) 节能验收组织者不妥。　　　(0.5分)

理由:节能工程验收应由总监理工程师组织验收。　　　(1.0分)

(2) 节能验收参加人员不妥。

理由:节能分部工程验收的人员还应包括:①施工企业技术部门负责人;②施工企业质量部门负责人;③施工企业项目技术负责人;④设计单位项目负责人。　　　(4.0分)

案 例 十 一

背景资料

某办公楼工程,建筑面积98000m²,劲钢混凝土框筒建筑结构。

事件一:合同履行过程中,监理工程师对钢柱进行施工质量检查时,发现对焊接缝存在夹渣、未熔合、未焊透等质量问题,向施工总承包单位提出了整改要求。

事件二:在第5层楼板钢筋隐蔽工程验收时发现整个楼板受力钢筋型号不对、位置放置错误,施工单位非常重视,及时进行了返工处理。

事件三:在第10层混凝土部分试块检测时发现强度达不到设计要求,但实体经有资质的检测单位检测鉴定,强度达到了设计要求。由于加强了预防和检查,没有再发生类似情况。该楼最终顺利完工,达到验收条件后,建设单位组织了竣工验收。

事件四:竣工验收通过后,总承包单位、专业分包单位分别将各自施工范围的工程资料移交到监理机构,监理机构整理后将施工资料与工程监理资料一并向当地城建档案管理部门移交,被城建档案管理部门以资料移交程序错误为由予以拒绝。

问题:

1. 焊缝产生夹渣的原因和处理方法分别是什么?

2. 简述第5层钢筋隐蔽工程验收的要点。

3. 该综合楼达到什么条件后方可竣工验收?竣工文件包括哪些?

4. 根据《建设工程竣工验收规定》的规定,从A施工单位申请竣工验收到建设单位组织竣工验收需要完成哪些准备工作?

5. 简述工程资料移交的正确程序。

【参考答案】

1. (本小题5分)

夹渣的原因及处理:

原因:①焊接材料质量不好;②焊接电流太小;③焊接速度太快;④熔渣密度太大;⑤阻碍熔渣上浮;⑥多层焊时熔渣未清除干净。　　　(4.0分)

【评分标准：写出4项，即得4分】
处理：铲除夹渣处的多余的焊缝金属，然后进行补焊。 (1.0分)

2．(本小题4分)
(1) 钢筋的连接方式、接头位置、接头数量、接头面积百分率； (1.0分)
(2) 纵向受力钢：品种、数量、规格、位置等； (1.0分)
(3) 箍筋、横向钢筋的品种、数量、规格、间距、弯弧角度、弯钩平直； (1.0分)
(4) 预埋件的品种、规格、数量、位置等。 (1.0分)

3．(本小题4.5分)
(1) 单位工程竣工验收应当具备下列条件：
① 完成设计和合同约定的各项内容； (0.5分)
② 有完整的技术档案和施工管理资料； (0.5分)
③ 有工程使用的主要建筑材料、建筑构配件和设备的进场试验报告； (0.5分)
④ 有勘察、设计、施工、监理等单位分别签署的质量合格文件； (0.5分)
⑤ 有施工单位签署的工程质量保修书。 (0.5分)
(2) 竣工文件的内容：
① 竣工验收文件； (0.5分)
② 竣工决算文件； (0.5分)
③ 竣工交档文件； (0.5分)
④ 竣工总结文件。 (0.5分)

4．(本小题5.5分)
(1) 施工单位应完成：
① 完成合同及设计要求的各项工作； (0.5分)
② 技术档案、管理资料完备齐全； (0.5分)
③ 监理单位、主管部门提出的问题均已整改，并复验通过； (0.5分)
④ 已向建设单位提供《工程质量保修书》《工程竣工报告》。 (0.5分)
(2) 监理单位：
① 组织竣工预验收，要求施工单位整改存在的问题并复验通过； (0.5分)
② 总监及企业技术负责人签发《工程质量评估报告》，并报送建设单位。 (0.5分)
(3) 建设单位：
① 按合同约定支付工程款； (0.5分)
② 向城建档案主管部门申请竣工资料预验收； (0.5分)
③ 书面通知行业主管部门验收的时间、地点、验收组人员名单。 (0.5分)
(4) 勘察、设计单位：
按规定签署《工程质量检查报告》。 (0.5分)
(5) 参建各方：
签署《工程竣工验收意见》。 (0.5分)

5．(本小题3分)
移交程序：

① 施工总包单位向建设单位移交施工资料； (0.5分)
② 各分包单位向总包单位移交分包工程资料； (0.5分)
③ 监理单位向建设单位移交监理资料； (0.5分)
④ 勘察、设计单位向建设单位移交勘察、设计资料； (0.5分)
⑤ 建设单位应及时办理工程档案移交手续，填写工程档案； (0.5分)
⑥ 建设单位自竣工验收合格后的3个月内，向城建档案馆移交一份符合要求的工程档案，有条件时，工程档案应当为原件。 (0.5分)

案例十二

背景资料

某商业住宅小区，建设单位通过招标选定了甲施工单位，施工合同中约定：施工现场的建筑垃圾由甲施工单位负责清除，其费用包干并在清除后一次性支付；甲施工单位将混凝土钻孔灌注桩依法分包给乙施工单位。建设单位、监理单位和甲施工单位共同考察确定商品混凝土供应商后，甲施工单位与商品混凝土供应商签订了混凝土供应合同。

施工过程中发生下列事件：

事件一：在混凝土钻孔灌注桩施工过程中，遇到地下障碍物，使灌注桩不能按设计的轴线施工。乙施工单位向监理单位提交了工程变更申请，要求绕开地下障碍物进行钻孔灌注桩施工。

事件二：监理单位在钻孔灌注桩验收时发现，部分钻孔灌注桩的混凝土强度试块未达到设计要求，经查是商品混凝土质量存在问题，监理单位要求乙施工单位进行处理。乙施工单位处理后，向甲施工单位提出费用补偿要求。甲施工单位以混凝土供应商是建设单位参与考察确定的为由，要求建设单位承担相应的处理费用。

事件三：专业监理工程师检查钢筋电焊接头时，发现存在气孔、夹渣、咬边等质量问题，随即向施工单位签发了《监理工程师通知单》要求整改。施工单位提出，是否整改应视常规批量抽检结果而定。在专业监理工程师见证下，施工单位选择有质量问题的钢筋电焊接头作为检测样品，经施工单位技术负责人封样后，由专业监理工程师送往施工单位现场自设的实验室，经检测，结果合格。于是，总监理工程师同意施工单位不再对该批电焊接头进行整改。在随后的月度工程款支付申请时，施工单位将该检测费用列入工程进度款中要求一并支付。

事件四：工程完工后，总监理工程师在检查工程竣工验收条件时，确认施工总承包单位已经完成建设工程设计和合同约定的各项内容，有完整的技术档案与施工管理资料，以及勘察、设计、施工、监理等参建单位分别签署的质量合格文件并符合要求。

问题：

1. 事件一中，乙施工单位向监理单位提交工程变更申请是否正确？说明理由。写出监理单位处理该工程变更的程序。

2. 事件二中，监理单位对乙施工单位提出要求是否妥当？说明理由。对于钻孔灌注桩混凝土强度未达到设计要求的问题，应如何处理？

3. 事件二中，乙施工单位向甲施工单位提出费用补偿要求是否妥当？说明理由。甲施工单位要求建设单位承担相应的处理费用是否妥当？说明理由。

4. 指出事件三中的不妥之处，写出正确做法或说明理由。

5. 事件四中，根据《建设工程质量管理条例》和《建设工程文件归档规范》（GB/T 50328），指出施工总承包单位还应补充哪些竣工验收资料？

【参考答案】

1. （本小题 7.5 分）

（1）不正确。 (0.5 分)

理由：乙施工单位是分包单位，与建设单位没有合同关系。 (1.0 分)

（2）变更程序：

① 通过建设单位要求勘察单位出具《勘察报告》； (1.0 分)

② 设计单位根据勘察报告编制技术处理方案及设计变更文件； (1.0 分)

③ 监理单位自接到设计变更后，向甲施工单位签发《工程变更通知单》； (1.0 分)

④ 甲施工单位向乙施工单位转发技术处理方案及《工程变更通知单》； (1.0 分)

⑤ 乙施工单位通过甲施工单位，向监理单位提交《变更价款估价报告》以及《工期顺延报告》； (1.0 分)

⑥ 监理单位自接到《变更价款估价报告》及《工期顺延报告》后的 7 天内完成审核并及时报送发包人。 (1.0 分)

2. （本小题 5 分）

（1）不妥当。 (0.5 分)

理由：乙施工单位是分包单位，与建设单位无合同关系，监理单位只能通过甲总包单位要求乙分包单位整改。 (1.0 分)

（2）问题处理：

① 请法定检测机构对实体进行检测鉴定，能够达到设计要求，应予验收； (1.0 分)

② 如未达设计要求，设计单位进行核算，能够满足承载力要求，应予验收； (1.0 分)

③ 如不能满足承载力要求，应编制《技术处理方案》，经处理后满足承载力要求的，应按处理方案和协商文件验收。 (1.5 分)

3. （本小题 3.5 分）

（1）补偿要求妥当。 (0.5 分)

理由：甲施工单位采购的商品混凝土存在质量问题，是甲施工单位的责任。 (1.0 分)

（2）不妥当。 (0.5 分)

理由：建设单位并非混凝土供应合同的当事人，商品混凝土存在质量问题是甲施工单位应承担的责任，与建设单位无关。 (1.5 分)

4. （本小题 9 分）

（1）不妥之一："施工单位提出，是否整改应视常规批量抽检结果而定"。 (0.5 分)

理由：观感质量不合格应进行整改。 (1.0 分)

（2）不妥之二："施工单位选择有质量问题的钢筋电焊接头作为送检样品"。 (0.5 分)

理由：钢筋接头应按取样标准随机抽取并送检。 (1.0 分)

（3）不妥之三："经施工单位技术负责人封样"。 (0.5 分)

理由：应由专业监理工程师进行封样。 (1.0 分)

(4) 不妥之四:"由专业监理工程师送往实验室"。 (0.5 分)
理由:应当由施工单位试验员将样品送往实验室。 (1.0 分)
(5) 不妥之五:"总监理工程师同意不再对该批接头进行整改"。 (0.5 分)
理由:观感质量不合格应进行整改。 (1.0 分)
(6) 不妥之六:"施工单位将该检测费用列入工程进度款中要求一并支付"。 (0.5 分)
理由:对材料的常规检测费用属于检验试验费,已包含在合同价内。 (1.0 分)
5. (本小题 5 分)
(1) 材料、设备、构配件进场验收报告。 (1.0 分)
(2) 竣工报告。 (1.0 分)
(3) 施工单位签署的《工程质量保修书》。 (1.0 分)
(4) 住宅使用说明书。 (1.0 分)
(5) 住宅质量保证书。 (1.0 分)

二、2020 考点预测

1. 质量管理方法及质量管理程序。
2. 建筑工程验收程序及验收内容。
3. 建筑工程资料、档案的分类、组卷、移交。

第二节 安 全 管 理

考点一:安全管理职责
考点二:安全管理要点
考点三:现场安全检查
考点四:危大工程安全管理
考点五:危险源及救援管理
考点六:现场安全事故管理

一、案例及参考答案

案 例 一

背景资料(2019 年真题)
某新建办公楼工程,地下 2 层,地上 20 层,框架-剪力墙结构,建筑高度 87m。建设单位通过公开招标选定了施工总承包单位并签订了工程施工合同,基坑深 7.6m。
基坑施工前,基坑支护专业施工单位编制了基坑支护专项方案,履行相关审批签字手续后,组织包括总承包单位技术负责人在内的 5 名专家对该专项方案进行专家论证,总监理工程师提出专家论证组织不妥,要求整改。
问题:指出基抗支护专项方案论证的不妥之处,应参加专家论证会的单位还有哪些?

【参考答案】

(本小题 4.5 分)

(1) 不妥之处：

① 不妥之一："基坑支护专业施工单位组织专家论证"。 (1.0 分)

② 不妥之二："包括总承包单位技术负责人在内的 5 名专家进行论证"。 (1.0 分)

(2) 参加论证的单位还有：

① 建设单位； (0.5 分)

② 监理单位； (0.5 分)

③ 勘察单位； (0.5 分)

④ 设计单位； (0.5 分)

⑤ 施工总承包单位。 (0.5 分)

案 例 二

背景资料（2019 年真题）

某高级住宅工程，建筑面积 80000m²，由 3 栋塔楼组成，地下 2 层（含车库），地上 28 层，底板厚度 800mm，由 A 施工总承包单位承建。

项目部制订了项目风险管理制度和应对负面风险的措施，规范了包括风险识别、风险应对等风险管理程序的管理流程；制定了向保险公司投保的风险转移等措施，达到了应对负面风险管理的目的。

施工中，施工员对气割作业人员进行安全作业交底，主要内容有：气瓶要防止暴晒；气瓶在楼层内滚动时应设置防振圈；严禁戴着带油的手套开气瓶。切割时，氧气瓶和乙炔瓶的放置距离不得小于 5m；气瓶离明火的距离不得小于 8m；作业点离易燃物的距离不小于 20m；气瓶内的气体应尽量用完，减少浪费。

问题：

1. 项目风险管理程序还有哪些？应对负面风险的措施还有哪些？

2. 指出施工员安全作业交底中的不妥之处，并写出正确做法。

【参考答案】

1. (本小题 5.0 分)

(1) ①风险评估；②风险监控。 (2.0 分)

(2) ①风险规避；②风险减轻；③风险自留。 (3.0 分)

2. (本小题 6.0 分)

不妥之处：

(1) 不妥之一：气瓶离明火的距离不得小于 8m。 (1.0 分)

正确做法：气瓶离明火的距离至少 10m。 (1.0 分)

(2) 不妥之二：作业点离易燃物的距离不小于 20m。 (1.0 分)

正确做法：作业点离易燃物的距离不小于 30m。 (1.0 分)

(3) 不妥之三：气瓶内的气体应尽量用完，减少浪费。 (1.0 分)

正确做法：气瓶内的气体不能用尽，必须留有剩余压力或重量。 (1.0 分)

案 例 三

背景资料（2017年真题）

某新建仓储工程，屋面梁安装过程中，发生两名施工人员高处坠落事故，一人死亡，当地人民政府接到事故报告后，按照事故调查规定组织安全生产监督管理部门、公安机关等相关部门指派的人员和2名专家组成事故调查组。调查组检查了项目部制定的项目施工安全检查制度，其中规定了项目经理至少每旬组织开展一次定期安全检查，专职安全管理人员每天进行巡视检查。调查组认为项目部经常性安全检查制度规定内容不全，要求完善。

问题：

1. 判断此次高处坠落事故等级，事故调查组还应有哪些单位或部门指派人员参加？
2. 项目部经常性安全检查的方式还应有哪些？

【参考答案】

1．（本小题4分）
（1）一般安全事故。 (1分)
（2）还应有：监察机关、工会、人民检察院等派人参加。 (3分)
2．（本小题3分）
（1）专职安全员、安全值班人员每天例行开展的安全检查。 (1分)
（2）相关管理人员在检查工作的同时进行安全检查。 (1分)
（3）作业班组在班前、班中、班后进行的安全检查。 (1分)

案 例 四

背景资料（2016年真题）

某新建工程，建筑面积15000m²，地下2层，地上5层，钢筋混凝土框架结构，采用800mm厚钢筋混凝土筏形基础，建筑总高度20m。建设单位与某施工总承包单位签订了施工总承包合同。施工总承包单位将基坑工程分包给了建设单位指定的专业分包单位。

该施工总承包单位项目经理部成立了安全生产领导小组，并配备了3名土建类专业安全员。项目经理部对现场的施工安全危险源进行了分辨识别，编制了项目现场防汛应急救援预案，按规定履行了审批手续，并要求专业分包单位按照应急救援预案进行一次应急演练。专业分包单位以没有配备相应救援器材和难以现场演练为由拒绝。总承包单位要求专业分包单位根据国家和行业的相关规定进行整改。

外装修施工时，施工单位搭设了扣件式钢管脚手架（见下页图）。架体搭设完成后进行了验收检查，并提出了整改意见。

项目经理组织参建各方人员进行高处作业的专项安全检查。检查内容包括安全帽、安全网、安全带、悬挑式物料钢平台等。监理工程师认为检查项目不全面，要求按照《建筑施工安全检查标准》（JGJ 59—2011）予以补充。

问题：

1. 本工程至少应配置几名专职安全员？根据《住房和城乡建设部关于印发建筑施工企业主要负责人、项目负责人和专职安全生产管理人员安全生产管理规定实施意见的通知》（2015年206号），项目经理部配置的专职安全员是否妥当？并说明理由。

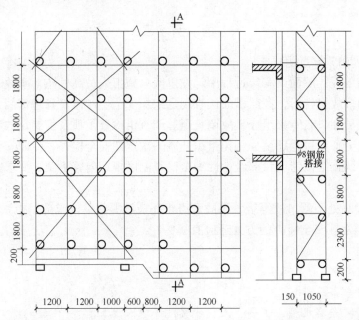

2. 对施工总承包单位编制的防汛应急救援预案，专业承包单位应该如何执行？
3. 指出背景资料中脚手架搭设的错误之处。
4. 按照《建筑施工安全检查标准》，现场高处作业检查的项目还应补充哪些？

【参考答案】
1. （本小题4分）
（1）至少配备2名专职安全员。 (1分)
（2）不妥当。 (1分)
理由：建筑面积在1万~5万m²之间的，至少应配备2名综合类专职安全员，本工程建筑面积15000m²，只配备了3名土建类安全员。 (2分)
2. （本小题4分）
（1）建立防汛应急救援组织或者配备应急救援人员； (1分)
（2）配备防汛救援器材、设备； (1分)
（3）组织相关人员学习防汛应急预案； (1分)
（4）定期组织防汛应急演练。 (1分)
3. （本小题6分）
（1）错误之一：立杆下未设置木垫板； (1分)
（2）错误之二：横向扫地杆应设置在纵向扫地杆的下部； (1分)
（3）错误之三：当立杆的基础不在同一高度上时，必须将高处的纵向扫地杆向低处延长两跨与立杆固定； (1分)
（4）错误之四：图中低处脚手架的最下层的步距为2.3m，双排脚手架的步距不宜大于1.8m； (1分)
（5）错误之五：图中低处脚手架部分主节点处缺少横向水平杆； (1分)
（6）错误之六：脚手架高度在24m以下时，可以使用刚柔连墙件，严禁使用只有钢筋的柔性连墙件； (1分)

(7) 错误之七：剪刀撑的底部未设置木垫板； (1分)
(8) 错误之八：剪刀撑的构造不符合规范要求； (1分)
(9) 错误之九：开口型双排脚手架两端未设置横向斜撑； (1分)
(10) 错误之十：立杆除顶层顶步外不得搭接。 (1分)
【评分准则：答出6项正确的，即得6分】
4. (本小题6分)
(1) 临边防护； (1分)
(2) 洞口防护； (1分)
(3) 通道口防护； (1分)
(4) 攀登作业； (1分)
(5) 悬空作业； (1分)
(6) 移动式操作平台。 (1分)

案 例 五

背景资料（2011年真题）

某公共建筑工程，建筑面积22000m², 地下2层，地上5层，层高3.2m, 钢筋混凝土框架结构。大堂一至三层中空，大堂顶板为钢筋混凝土井字梁结构。屋面设有女儿墙，屋面防水材料采用SBS卷材，某施工总承包单位承担施工任务。

合同履行过程中，发生了下列事件：

事件一：施工总承包单位根据《危险性较大的分部分项工程安全管理办法》，会同建设单位、监理单位、勘察设计单位相关人员，聘请了外单位五位专家及本单位总工程师共计六人组成专家组，对《土方及基坑支护工程施工方案》进行论证。专家组提出了口头论证意见后离开，论证会结束。

事件二：施工总承包单位根据《建筑施工模板安全技术规范》，编制了《大堂顶板模板工程施工方案》，并绘制了模板及支架示意图（见下页图）。监理工程师审查后要求重新绘制。

问题：
1. 指出事件一中的不妥之处，并分别说明理由。
2. 指出事件二中模板及支架示意图的不妥之处，分别写出正确做法。

【参考答案】
1. (本小题4分)
(1) "聘请了外单位五位专家及本单位总工程师共计六人组成专家组"不妥。 (1分)
理由：本项目参建各方的人员不得以专家身份参加专家论证会。 (1分)
(2) "专家组提出了口头论证意见后离开"不妥。 (1分)
理由：专项方案经论证后，专家组应当提交论证报告，对论证的内容提出明确的意见，并在论证报告上签字。 (1分)
2. (本小题8分)
(1) "立柱底部直接落在混凝土底板上"不妥。 (1分)
正确做法：立柱底部应设置垫板和可调底座。 (1分)
(2) "立柱底部没有设置纵横扫地杆"不妥。 (1分)

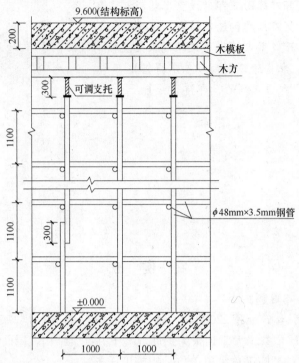

正确做法：在距离地面200mm高的立柱底部，按纵上横下设置纵横扫地杆。 （1分）

（3）"没有设置剪刀撑"不妥。 （1分）

正确做法：应设置竖向和水平的连续剪刀撑。 （1分）

（4）"立柱的接长采用搭接方式"不妥。 （1分）

正确做法：立柱的接长采用对接扣件的连接。 （1分）

（5）"顶部未设水平拉杆"不妥。 （1分）

正确做法：顶部应设水平拉杆。 （1分）

（6）"顶部可调支托300mm"不妥。 （1分）

正确做法：顶部可调支托应在200mm范围内。 （1分）

【评分标准：答出4项正确的，即可得8分】

案 例 六

项目一

某办公楼工程，建筑面积98000m²，劲钢混凝土框筒建筑结构。地下3层、地上46层，建筑高度203m，基坑深度为15m，桩基础为人工挖孔桩，桩长18m。首层大堂的高度为12m，跨度为24m。外墙为玻璃幕墙。吊装施工的垂直运输采用内爬式塔式起重机，单个构件吊装的最大重量为12t。

施工总承包单位编制了附着式整体提升脚手架的专项施工方案，经专家论证，施工单位技术负责人和总监理工程师签字后实施。

项目二

某公共建筑工程，建筑面积22000m²，地下2层，地上5层，层高3.2m，钢筋混凝土框架结构。施工总承包单位根据《危大工程安全管理规定》，会同建设单位、监理单位、勘察设计单位相关人员，聘请了外单位五位专家及本单位总工程师共计六人组成专家组，对《土方及基坑支护工程施工方案》进行论证。专家组提出了口头论证意见后离开，论证会结束。

项目三

某高层办公楼，总建筑面积 137500m²，地下 3 层，地上 25 层。业主与施工总承包单位施工总承包单位完成桩基工程后，将深基坑支护工程的设计委托给了专业设计单位，并自行决定将基坑支护和土方开挖工程分包给了一家专业分包单位施工。

专业设计单位根据业主提供的勘察报告完成了基坑支护设计后，即将设计文件直接给了专业分包单位。专业分包单位在收到设计文件后编制了基坑支护工程和降水工程专项施工组织方案，方案经施工总承包单位项目经理签字后即由专业分包单位组织了施工，专业分包单位在开工前进行了三级安全教育。

专业分包单位在施工过程中，由负责质量管理工作的施工人员兼任现场安全生产监督工作。土方开挖到接近基坑设计标高（自然地坪下 8.5m）时，总监理工程师发现基坑四周地表出现裂缝，即向施工总承包单位发出书面通知，要求停止施工，并要求立即撤离现场施工人员，查明原因后再恢复施工，但总承包单位认为地表裂缝属正常现象没予以理睬。不久基坑发生了严重坍塌，并造成 4 名施工人员被掩埋，经抢救 3 人死亡，1 人重伤。

事故发生后，专业分包单位立即向有关安全生产监督管理部门上报了事故情况。经事故调查组调查，造成坍塌事故的主要原因是由于地质勘查资料中未标明地下存在古河道，基坑支护设计中未能考虑这一因素而造成的。事故造成直接经济损失 80 万元，于是专业分包单位要求设计单位赔偿事故损失 80 万元。

问题：
1. 在项目一中，指出需要专家论证的危大工程安全专项施工方案还有哪几项？
2. 在项目二中，指出整个事件的不妥之处，并分别说明理由。
3. 在项目三中，指出整个事件有哪些做法不妥，并写出正确的做法。

【参考答案】

1. （本小题 5 分）
（1）深基坑支护专项方案； (1.0 分)
（2）深基坑开挖专项方案； (1.0 分)
（3）模板及支撑体系专项方案； (1.0 分)
（4）内爬式塔式起重机的安装及拆卸专项方案； (1.0 分)
（5）构件吊装专项方案； (1.0 分)
（6）玻璃幕墙专项方案； (1.0 分)
（7）人工挖孔桩专项方案。 (1.0 分)

【评分准则：写出 5 项，即得 5 分】

2. （本小题 6 分）
（1）不妥之一："施工单位会同建设、监理、勘察、设计人员"进行论证。 (1.0 分)
理由：施工总包单位应按规定组织专家论证。 (1.0 分)

(2) 不妥之二:"聘请了外单位五位专家及本单位总工程师共六人组成专家组"。
(1.0分)
理由:本项目参建各方的人员不得以专家身份参加专家论证会。 (1.0分)
(3) 不妥之三:"专家组提出口头论证意见后离开,论证会结束"。 (1.0分)
理由:论证会结束后,专家组应编制论证报告,并提出书面意见。 (1.0分)
3. (本小题11.5分)
(1) 不妥之一:"总承包单位自行决定将基坑支护和土方开挖工程分包"。(0.5分)
正确做法:除合同约定外,总包单位应经建设单位同意后,方可依法分包基坑支护和开挖工程。 (0.5分)
(2) 不妥之二:"专业设计单位根据勘察报告完成基坑支护设计"。 (0.5分)
正确做法:专业设计分包单位还应根据总包单位提供的周围及地下管线资料、周边基础工程资料等进行设计。 (0.5分)
(3) 不妥之三:"将设计文件直接给了专业分包单位"。 (0.5分)
正确做法:专业设计文件应当交给施工总承包单位,由总包单位审查合格后转交给专业分包单位。 (0.5分)
(4) 不妥之四:"专业分包单位编制了基坑支护、基坑降水方案"。 (0.5分)
正确做法:开挖深度超过5m的深基坑工程,应编制基坑支护、基坑降水、基坑开挖专项方案。 (1.0分)
(5) 不妥之五:专项施工组织方案,经总包单位项目经理签字后即组织施工。 (0.5分)
正确做法:深基坑工程应由施工总包单位组织专家论证会,分包单位根据论证报告意见修改完善专项方案,经分包单位及总包单位技术负责人、总监理工程师签认后,组织安全技术交底和施工。论证报告经重大修改的,应重新组织专家论证。 (1.5分)
(6) 不妥之六:"负责质量管理工作的施工人员兼任现场安全生产监督工作"; (0.5分)
正确做法:应配备专职安全生产管理人员。 (0.5分)
(7) 不妥之七:"总包单位对总监发出的书面停工不予以理睬。" (0.5分)
正确做法:总承包单位应立即停工,待查明原因并消除隐患后方可继续施工。(0.5分)
(8) 不妥之八:"专业分包单位直接向有关安全生产监督管理部上报事故"。 (0.5分)
正确做法:发生安全事故,实行总承包的,应由总包单位负责人自接到事故报告后的1h内,向工程所在地县级以上人民政府安全生产监督管理部门和负有安全生产监督职责的有关部门报告。 (1.5分)
(9) 不妥之九:"专业分包单位要求设计单位赔偿事故损失"。 (0.5分)
正确做法:专业分包单位只能向总包单位提出索赔。 (0.5分)

案 例 七

背景资料

某工程,建设单位通过公开招标,与甲施工单位签订了施工总承包合同,依据施工合同约定,甲通过招标将钢结构工程依法分包给乙施工单位。

施工过程中发生了如下事件:

事件一: 甲施工单位项目经理安排技术员兼任施工现场安全员,并安排其编制《深基坑支护及降水工程专项施工方案》，项目经理对该施工方案进行安全估算后，即组织现场施工，并将施工方案报送了总监理工程师。

事件二：为了满足钢结构吊装施工的需要，甲施工单位向设备租赁公司租用了一台大型塔式起重机，委托了一家具有相应资质的安装单位进行安装，安装完成后，由甲、乙施工单位对该塔式起重机共同进行了验收，验收合格后投入使用，并在30日内到有关部门进行了登记。

事件三：为了强化乙施工单位的质量安全责任，双方另行签订了补充协议，补充协议中约定：乙施工单位出现质量安全问题，甲施工单位不承担任何法律责任，全部由乙施工单位自己承担所有损失后果。

事件四：钢结构施工中，专监在现场发现乙使用的高强螺栓未经报验，存在严重的安全隐患，即向乙签发了《工程暂停令》，并报告了总监。甲得知后也要求乙立即停工整改，乙为赶工期，边施工边报验，监理单位及时报告了有关主管部门。报告发出的当天，发生了因高强螺栓不符合质量标准导致的钢梁高空坠落事故，造成3人死亡、1人重伤。

事件五：事故发生10分钟后，项目经理向单位负责人报告了事故情况，单位负责人依法向有关行政主管部门进行了报告。工程所在地的县级人民政府委托事故发生单位组织事故调查组进行了事故调查。

问题：

1. 在事件一中，指出项目经理做法的不妥之处，写出正确做法。
2. 对于事件二，指出塔吊验收中的不妥之处，并说明理由。
3. 在事件三中，补充协议的约定是否合法？说明理由。
4. 在事件四中，专监做法是否妥当？说明理由。在上述安全事故中，甲、乙施工单位各应承担什么责任？说明理由。
5. 指出事件五中的不妥之处，说明原因。

【参考答案】

1. （本小题8分）

（1）不妥之一："安排技术员兼任施工现场安全员"。 （1分）

理由：施工现场应配备专职安全员。 （1分）

（2）不妥之二："安排技术员编制《深基坑支护及降水工程专项施工方案》"。 （1分）

理由：应由项目技术负责人编制专项方案；实行分包工程的，可由分包单位项目技术负责人编制。 （1分）

（3）不妥之三："项目经理对该方案进行安全估算"。 （1分）

理由：应由项目经理组织相关人员对专项方案进行估算。 （1分）

（4）不妥之四："即组织现场施工"。 （1分）

理由：专项方案编制完成后，应由施工企业项目技术负责人签审盖章，而后报总监签字、加盖执业印章；由总包单位组织专家论证会，根据论证意见修改完善，并在企业技术负责人及总监审批通过后，方可技术交底；并设专人对专项方案进行监督。 （1分）

2. （本小题4分）

不妥之一："塔式起重机安装完成之后即组织验收"。 （1分）

理由：塔式起重机安装完成后，安装单位应先自检合格，出具《自检合格证书》；并向甲、乙施工单位进行技术交底。 (1分)

不妥之二："甲、乙施工单位共同验收"。 (1分)

理由：甲施工总包方组织乙分包方、塔式起重机安装方、塔式起重机租赁方共同验收。 (1分)

3．（本小题2分）

答：补充协议不合法。 (1分)

理由：总承包单位和分包单位就分包工程对建设单位承担连带责任。 (1分)

4．（本小题6分）

（1）专业监理工程师的做法不妥当。 (1分)

理由：乙施工单位是分包单位，专业监理工程师不能直接向分包单位下达指令，而只能由总监签发《暂停施工令》。 (1分)

（2）责任承担：

① 甲施工单位应承担连带责任。 (1分)

理由：根据《安全管理条例》规定，总包单位和分包单位根据分包合同就分包工程承担连带责任。 (1分)

② 乙施工单位应承担主要责任。 (1分)

理由：分包单位不服从总包单位管理导致安全隐患，分包单位承担主要责任。 (1分)

5．（本小题4分）

（1）不妥之一："事故发生10分钟后，项目经理向单位负责人报告了事故情况"。 (1分)

理由：事故发生后，现场有关人员应立即向本单位负责人报告。 (1分)

（2）不妥之二："县级以上人民政府委托事故发生单位自行组织调查"。 (1分)

理由：发生3人死亡属于较大安全事故，应由设区的市级人民政府或其授权委托的有关部门组织事故调查。 (1分)

案 例 八

背景资料

某委托监理的建设工程，建设单位依法与甲施工单位签订了施工合同，甲施工单位按照施工合同规定依法与乙施工单位签订了设备安装分包合同。

合同履行过程中发生了如下事件：

事件一： 工程开工前，总监组织专业监理工程师审查了施工单位报送的相关资料，其中专职安全管理员和部分特种作业人员只有施工单位的培训合格证明，审查结束后，总监签发了《监理工程师通知单》要求施工单位调换相关人员。

事件二： 甲施工单位将自有的两台自升式塔式起重机运进施工现场后，雇用了乙施工单位的8名安装工人在塔式起重机司机的指挥下，开始安装塔式起重机，专业监理工程师发现后，立即报告了总监，总监到现场后指令甲施工单位停止安装。

事件三： 基坑支护施工中，项目监理机构发现甲施工单位采用了一项新技术，未按已批准的施工技术方案组织施工。项目监理机构认为本工程使用该项新技术存在严重安全隐患，总监理工程师下达了工程暂停令，同时报告了建设单位。

甲施工单位认为该项新技术通过了有关部门的鉴定，不会发生安全问题，仍继续施工。于是项目监理机构报告了建设行政主管部门。甲施工单位在建设行政主管部门干预下才暂停了施工。

事件四： 结构施工至第十层时，工期严重滞后。为保证工期，A劳务公司将部分工程的劳务作业分包给了另一家具有相应资质的B劳务公司。B劳务公司进场工人100人，因场地狭窄，B劳务公司将工人安排在本工程地下室的一个大厅居住。

事件五： 专业监理工程师在现场巡视时，发现乙施工单位违章作业，有可能导致发生重大安全事故。总监理工程师立即口头要求甲施工单位暂停乙施工单位的施工，甲施工单位及时执行了总监理工程师的指令，但乙施工单位没有停工整改。两天后发生了设备安装事故。

问题：

1. 针对事件一，指出总监的做法是否正确？说明原因。《建设工程安全生产管理条例》中规定的特种作业人员包括哪些？

2. 针对事件二，指出总监的做法是否正确？说明原因，根据《建设工程安全生产管理条例》的规定，写出塔式起重机的正确安装程序。

3. 针对事件三，指出施工单位行为的不妥之处，说明理由。如果事件三在建设行政主管部门干预的同时发生了安全事故，试问：监理单位是否承担责任？说明理由。

4. 指出事件四中的不妥之处，并分别说明理由。

5. 就事件五中所发生的安全事故，请指出建设单位、监理单位、甲施工单位和乙施工单位各自应承担的责任，说明理由。

【参考答案】

1. （本小题2分）

总监的做法正确。 (1.0分)

理由：专职安全员应经建设行政主管部门考核合格，取得《考核合格证书》后，方可持证上岗；特种作业人员应当经建设行政主管部门考核合格，并取得《特种作业操作资格证》后，方可持证上岗。 (1.0分)

2. （本小题7分）

（1）总监的做法正确。 (1.0分)

理由：塔式起重机属于危大工程，应由施工单位组织编制《塔式起重机安装专项方案》，经总监审查签认后方可实施。起重机械的安装、拆卸工作，应当由取得《特种作业操作资格证》的专业技术人员操作。发现施工人员违章违规作业的，应当责令其停工整改。 (1.0分)

（2）安装程序：

① 选择具有相应资质的单位； (1.0分)

② 塔式起重机安装前，应编制《塔式起重机安装专项方案》； (1.0分)

③ 安装过程中，专业技术人员应现场监督《安装方案》的实施情况； (1.0分)

④ 安装完毕后，安装单位应自检合格，出具《自检合格证书》；并向施工单位进行安全技术交底； (1.0分)

⑤ 塔式起重机安装完毕后，施工单位依法组织验收；合格后方可投入使用。 (1.0分)

3. (本小题5分)
(1) 不妥之处：
① 不妥之一："甲施工单位采用的新技术未按施工方案进行施工"。 (0.5分)
理由：甲施工单位采用新技术前，应经过评审、鉴定及备案。施工前应制定专项施工方案，并组织专家论证。 (1.0分)
② 不妥之二："施工单位认为没有问题，依然进行施工"。 (0.5分)
理由：施工单位应按总监要求停止施工，按规定编制、审批专项方案，并通过专家论证后方可实施。 (1.0分)
(2) 监理人不应承担责任。 (0.5分)
理由：施工单位拒不整改，监理单位已及时履行了监理职责，上报住建部门。(1.5分)

4. (本小题3分)
(1) 不妥之一："A劳务公司把部分工程的劳务作业分包给了B劳务公司"。(0.5分)
理由：劳务分包工程再行分包，属于违法分包。 (1.0分)
(2) 不妥之二："B劳务公司将工人安排在地下室的大厅居住"。 (0.5分)
理由：B劳务公司不得将工人宿舍安排在尚未竣工的结构工程当中。(1.0分)

5. (本小题4分)
(1) 建设单位不承担责任。 (0.5分)
理由：建设单位没有违反国家有关安全管理的法律、法规、强制性规定。(0.5分)
(2) 监理单位应承担责任。 (0.5分)
理由：乙施工单位未停工整改，监理单位应及时上报有关主管部门。(0.5分)
(3) 甲施工单位承担连带责任。 (0.5分)
理由：总包单位与分包单位就分包工程的安全向发包人承担连带责任。(0.5分)
(4) 乙施工单位承担主要责任。 (0.5分)
理由：分包单位不服从总包单位管理导致安全事故，分包单位承担主要责任。(0.5分)

案 例 九

背景资料

事件一：某新建工程位于中心城区，属于市重点工程，施工单位对安全工作非常重视。公司对项目某次检查评分汇总部分表如下：

单位工程（施工现场）名称	建筑面积/m²	结构类型	总计得分（满分100分）	项目名称及分值									
				安全管理（满分10分）	文明施工（满分20分）	脚手架（满分10分）	基坑与模板（满分10分）	高处作业（满分10分）	施工用电（满分10分）	提升机与施工电梯（满分10分）	塔吊（满分10分）	起重吊装（满分5分）	施工机具（满分5分）
××住宅	5749.8	砖混结构					8.2		8.8	8.2	8.5	4.5	4.5

该工程《安全管理检查评分表》实得分为81分;《高处作业检查评分表》实得分为86分;《落地式脚手架评分表》实得分82分;《悬挑式脚手架评分表》实得分80分;《文明施工检查评分表》中"现场防火"这一项目缺项(该项应得分10分,保证项目总分60分),其他各项实得分68分。

问题: 安全管理、高处作业、脚手架、文明施工在汇总表中的实得分各是多少?本次安全检查的评价结果属于哪个等级?说明理由。

【参考答案】

(本小题7分)

(1) 安全管理:8.1分; (1分)

(2) 高处作业:8.6分; (1分)

(3) 脚手架:$(8.0+8.2) \div 2 = 8.1$ 分; (1分)

(4) 安全文明施工:$68 \div (100-10) \times 20 = 15.2$ 分。 (1分)

答:本次检查结果为优良。 (1分)

理由:汇总表得分 $8.1+8.6+8.1+15.2+8.2+8.2+4.5+4.5+8.5+8.8=82.7$ 分;且分项检查评分表无0分。 (2分)

事件二: 公司安全检查结束后,检查组进行了讲评,并宣布部分检查结果如下:

(1) 该工程《文明施工检查评分表》《高处作业检查评分表》《施工机具检查评分表》等分项检查评分表实得分分别为80分、85分和80分(以上分项中的满分在汇总表中分别占15分、10分和5分)。

(2)《起重吊装安全检查评分表》实得分为0分。

(3) 汇总表得分值为79分。

问题: 根据各分项检查评分表的实得分换算成汇总表中相应分项的实得分。本工程安全生产评价的结果属于哪个等级?说明理由。

【参考答案】

(本小题6分)

(1)《文明施工检查评分表》:$80/100 \times 15 = 12$ 分; (1分)

(2)《高处作业检查评分表》:$85/100 \times 10 = 8.5$ 分; (1分)

(3)《施工机具检查评分表》:$80/100 \times 5 = 4$ 分。 (1分)

结论:不合格。 (1分)

理由:

① 任一分项检查评分表为0分或安全检查汇总表<70分,检查结果为不合格; (1分)

②《起重吊装安全检查评分表》实得分为0分。 (1分)

案 例 十

背景资料

某高校新建校区,包括办公楼、教学楼、科研中心、后勤服务楼、学生宿舍等多个单体建筑,由某建筑工程公司进行该群体工程的施工任务。其中,科研中心工程为现浇钢筋混凝土框架结构,地上10层,地下2层,建筑檐口高度45m。

在施工过程中，发生了下列事件：

事件一：施工单位针对两层通高试验室单独编制了《模板及支架专项施工方案》，内容包括模板和支架选型、构造设计、荷载及其效应计算，并绘制有施工节点详图。除此之外，方案还明确了下列要点：

(1) 模板安装高度超过5m时，必须搭设脚手架。
(2) 脚手架、操作平台上临时堆放的模板不得超过5层。
(3) 钢模板高度 >20m 时，应安设避雷设施，接地电阻不得超过10Ω。
(4) 除操作人员外，脚手架下不得有其他人。
(5) 除非现场停电，否则作业人员不得拉斜杆或拉绳索上下行走。
(6) 在架空输电线路下方施工，如不能停电作业，应设置警示牌。
(7) 遇到6级以上大风，不得再进行吊运作业，但可以适当进行高处作业。

事件二：安全监理现场检查支模作业时，发现个别操作人员冒险从墙顶、独立梁上通行；10号教学楼2层模板支设时，作业人员王某将操作工具散落在脚手板上；另有李某将模板靠放在脚手架上，且未采取任何防滑落措施。安全监理随即向施工单位下发了《监理通知单》，要求立即整改。

事件三：2号楼地下室顶板同条件养护试块强度达到设计要求后，施工单位现场生产经理立即向监理工程师口头申请拆除地下室顶板模板，监理工程师表示同意。操作人员按照"先支后拆、后支先拆；先拆承重、后拆非承重"的原则，大片猛撬拆模，并抛至地面；此时，正有焊工李某在拆模区下方加工马凳。模板拆除后，操作人员将带有钉子的模板搬运至场地空白处集中堆放。

问题：

1. 事件一中，按照监理工程师要求，针对模板及支架施工方案，施工单位应补充哪些必要验算内容？
2. 指出事件一《模板及支架专项施工方案》中的不妥之处，并写出正确做法。
3. 事件二，施工单位应如何纠正上述问题？
4. 指出事件三的不妥之处，说明理由。

【参考答案】

1. （本小题3分）
(1) 模板及支架的强度、刚度、稳定性的验算； (2.0分)
(2) 模板及支架的抗倾覆验算。 (1.0分)

2. （本小题6分）
(1) 不妥之一："模板安装高度超过5m时，必须搭设脚手架"。 (0.5分)
正确做法：模板安装高度超过3m时，就必须搭设脚手架。 (0.5分)
(2) 不妥之二："脚手架或操作平台上临时堆放的模板不得超过5层"。 (0.5分)
正确做法："脚手架或操作平台上临时堆放的模板不宜超过3层"。 (0.5分)
(3) 不妥之三："钢模板高度 >20m 时，应安设避雷设施，接地电阻不得超过10Ω"。
(0.5分)
正确做法：钢模板高度 >15m 时，就应安设避雷设施，接地电阻不得超过4Ω。
(0.5分)

(4) 不妥之四："除非现场停电作业人员不得拉斜杆或拉绳索上下行走"。 (0.5分)
正确做法：操作人员上下通行应借助马道、扶梯、电梯，任何时候均不得拉斜杆或绳索上下行走。 (0.5分)
(5) 不妥之五："架空输电线路下方施工，如不能停电作业，应设置警示牌"。 (0.5分)
正确做法：在架空线路下方施工，如不能停电作业，应采取防护隔离措施。 (0.5分)
(6) 不妥之六："6级以上大风不得再进行吊运作业，可以适当进行高处作业"。 (0.5分)
正确做法：遇6级以上大风，应停止露天高处作业和吊运作业。 (0.5分)

3.（本小题1.5分）
(1) 禁止施工人员在高处墙顶、独立梁或高处模板上行走。 (0.5分)
(2) 高处作业，要求操作人员将工具及附件应放入工具箱中。 (0.5分)
(3) 高处作业，要求将模板放平放稳，严防滑落。 (0.5分)

4.（本小题6分）
不妥之处及理由：
①"现场生产经理口头向监理工程师申请拆除地下室顶板模板"。 (0.5分)
理由：模板拆除前应填写拆模申请，经项目技术负责人签字确认后方可实施。(0.5分)
②"操作人员按先拆承重、后拆非承重的原则拆模"。 (0.5分)
理由：模板拆除应遵循先支后拆、后支先拆；先拆非承重；后拆承重的原则。(0.5分)
③"大片猛撬拆模，并抛至地面"。 (0.5分)
理由：模板拆除不得大片猛撬拆模，且严禁抛掷。 (0.5分)
④"正有焊工在拆模区下方加工马凳"。 (0.5分)
理由：模板拆除作业时，应设置隔离警戒线，且下方不得有人。 (0.5分)
⑤"操作人员将带有钉子的模板搬运至场地空白处集中堆放"。 (0.5分)
理由：模板拆除后，应拔除铁钉、分类存放；露天堆放时，底部应垫高100mm，顶面应铺设防水塑料布。 (1.5分)

案例十一

背景资料

某建筑工程，建筑面积35000m²；地下2层，筏形基础；地上25层，钢筋混凝土框架剪力墙结构。施工总承包单位编制了《项目安全管理实施计划》，内容包括"项目安全管理目标""项目安全管理机构和职责""项目安全管理主要措施"三方面内容，并规定项目安全管理工作贯穿施工阶段。

事件一：落地式操作平台施工前，项目技术负责人根据《危大工程安全管理规定》组织编制了《落地式操作平台专项施工方案》方案中明确了如下内容：
(1) 操作平台施工荷载不得大于5kN/m²，高度不得大于20m，高宽比不得大于4:1。
(2) 操作平台临边应设防护栏杆，外立面设剪刀撑或斜撑，立杆下方设纵向扫地杆。
(3) 单独的操作平台，应设置踏步间距不大于1m的扶梯。
(4) 操作平台一次搭设高度不应超过相邻连墙件以上3步。
(5) 操作平台上的物料除非无法及时转运，否则不得超重、超高堆放。

(6) 操作平台与建筑物应柔性连接或与脚手架连接。

(7) 操作平台应由下而上逐层拆除，连墙件应随施工进度逐层拆除，且必要时上下同时作业。

企业技术负责人认为方案中存在诸多不妥之处，责令相关人员整改后重新报批。

事件二： 安全监理王某在对2标段6号楼落地时操作平台进行验收时，发现操作平台上超限超载警示标志被挪至平台角落处，操作平台因缺乏围护已经锈迹斑斑。操作平台的连墙件自2层起设置，相邻连墙件间隔大约5m，且未设置剪刀撑。安全监理随即下发了《监理通知单》，要求相关人员立即整改；并向项目经理反映现场安全问题。项目经理表示自己非常重视施工现场的安全问题，每个季度都会组织一次对操作平台的定期安全检查，并且安排技术员王某兼职操作平台的日常维护工作。

问题：

1. 项目安全管理实施计划还应包括哪些内容？工程总承包单位安全管理工作应贯穿哪些阶段？

2. 指出事件一《落地式操作平台安全专项施工方案》的错误之处，并写出正确做法。

3. 指出事件二存在的错误之处，并写出正确做法。

【参考答案】

1. （本小题4分）

(1) 对从事危险环境下作业人员的培训教育计划； (1.0分)

(2) 对危险源及其风险规避的宣传与警示方式； (1.0分)

(3) 项目危险源辨识、风险评估与控制； (1.0分)

(4) 项目生产安全事故应急救援预案的演练计划。 (1.0分)

2. （本小题11分）

(1) 错误之一："操作平台施工荷载不得大于$5kN/m^2$，高度不得大于20m，高宽比不得大于4:1"。 (0.5分)

正确做法：施工操作平台的荷载不得大于$2kN/m^2$，否则应专项设计；操作平台高度不得超过15m，高宽比不大于3:1。 (1.5分)

(2) 错误之二："立杆下方设纵向扫地杆"。 (0.5分)

正确做法：除设置纵向扫地杆外，还应设置横向扫地杆和垫板。 (1.0分)

(3) 错误之三："单独的操作平台，应设置踏步间距不大于1m的扶梯"。 (0.5分)

正确做法：单独的操作平台，应设置踏步间距不超过400mm的扶梯。 (1.0分)

(4) 错误之四："操作平台一次搭设高度不应超过相邻连墙件以上3步"。 (0.5分)

正确做法：操作平台一次搭设高度不得超过相邻连墙件以上2步。 (1.0分)

(5) 错误之五："平台物料除非无法及时转运，否则不得超重、超高堆放"。 (0.5分)

正确做法：操作平台上的物料应及时转运，不得超重、超高堆放。 (1.0分)

(6) 错误之六："操作平台与建筑物应柔性连接或与脚手架连接"。 (0.5分)

正确做法：操作平台应与建筑物刚性连接，且不得连接在脚手架上。 (1.0分)

(7) 错误之七："操作平台应由下而上逐层拆除，必要时上下同时作业"。 (0.5分)

正确做法：操作平台必须按照由上到下的顺序拆除，且严禁上下同时作业。 (1.0分)

3. (本小题6分)
(1) 错误之一:"作平台上超限超载警示标志被挪至平台角落处"。 (0.5分)
正确做法:操作平台上的超限超载标志应设置在醒目位置。 (1.0分)
(2) 错误之二:"连墙件自2层起设置,相邻连墙件间隔5m,未设剪刀撑"。 (0.5分)
正确做法:操作平台连墙件应自首层开始设置,相邻连墙件间隔不得超过4m,且应设置剪刀撑。 (1.0分)
(3) 错误之三:"每个季度组织一次对操作平台的定期检查"。 (0.5分)
正确做法:操作平台应至少每月组织一次定期安全检查。 (1.0分)
(4) 错误之四:"安排技术员王某兼职操作平台的日常维护工作"。 (0.5分)
正确做法:应设专人维护日常维护操作平台。 (1.0分)

案例十二

背景资料

某工程是位于市中心区域的住宅小区,小区共10栋楼,地下1层,地上10层,建筑面积108000m^2。基坑深度3.5m,檐高33m,框架剪力墙结构,筏形基础。该工程施工过程中,发生如下事件:

事件一:6号楼基坑工程施工,施工单位编制了《基坑工程专项施工方案》。其中,关于基坑临边围挡部分规定如下:
(1) 基坑临边防护设施应包防护栏杆、挡脚板和密目式安全立网。
(2) 防护栏杆中间部位应能够承受1kN的外力作用,顶部应能承受0.5kN的外力。
(3) 防护栏杆的立杆间距不大于2.5m,且应设置密目式安全平网。
(4) 防护栏杆应设两道横杆,上杆距离地面高度为1.0m;上杆高度超过1.5m时应增设间距不大于800mm的扫地杆。
(5) 防护栏杆的下杆应设在上杆与挡脚板之间,且挡脚板高度不应小于120mm。
企业技术负责人认为方案中存在诸多不妥之处,责令相关人员整改后重新报批。

事件二:工程施工至结构4层时,该地区发生了持续2h的暴雨,并伴有短时六七级大风。风雨结束后,项目负责人组织有关人员对现场脚手架进行检查验收,排除隐患后恢复了施工生产。

事件三:在拆除6层模板支撑钢管时,一根2m长的钢管滑落后从6层北侧穿出,坠落到地面,致使一名过路行人重伤。经事故现场检查,5层作业区安全隐患非常突出,主体外围护安全网破损严重;楼层周边防护栏杆高度只有0.8m,且未设置挡脚板和安全立网;电梯口未设置固定式防护门,电梯井内也未按要求设置安全平网。

事件四:主体结构施工过程中发生塔式起重机倒塌事故,当地县级人民政府接到事故报告后,按规定组织安全生产监督管理部门、负有安全生产监督管理职责的有关部门等派出的相关人员组成了事故调查组,对事故展开调查。施工单位按事故调查组移交的事故调查报告中对事故责任者的处理建议,对事故责任人进行处理。

问题:
1. 指出事件一《基坑工程专项施工方案》中的不妥之处,并说明理由。
2. 结合事件二,说明还有哪些阶段对脚手架应进行检查验收?简述脚手架使用过程中定期检查的内容。

3. 指出事件三临边防护布置的存在的问题，并写出正确做法。导致事故发生的直接原因是什么？

4. 建筑工程基坑临边作业如何防护？

【参考答案】

1. （本小题 7.5 分）

（1）不妥之一："临边防护设施应包防护栏杆、挡脚板和密目式安全立网"。 （0.5 分）

理由：还应包括警示标志和夜间设置的警示灯。 （1.0 分）

（2）不妥之二："防护栏杆顶部应能承受 0.5kN 的外力"。 （0.5 分）

理由：防护栏杆任何部位均应能承受来自任何方向 1kN 的外力。 （1.0 分）

（3）不妥之三："立杆间距不大于 2.5m，且应设置密目式安全平网"。 （0.5 分）

理由：防护栏杆的立杆间距不应大于 2m，且应设置密目式安全立网。 （1.0 分）

（4）不妥之四："上杆距离地面高度为 1.0m；上杆高度超过 1.5m 时应增设间距不大于 800mm 的扫地杆"。 （0.5 分）

理由：防护栏杆的上杆距离地面高度为 1.2m，超过 1.2m 时应增设间距不大于 600mm 的横杆。 （1.0 分）

（5）不妥之五："挡脚板高度不应小于 120mm"。 （0.5 分）

理由：挡脚板的高度不得低于 180mm。 （1.0 分）

2. （本小题 12 分）

（1）搭设阶段

① 脚手架基础完工后，架体搭设前； （1.0 分）

② 每搭设完 6~8m 后； （1.0 分）

③ 搭设高度达到设计高度； （1.0 分）

④ 在作业层上施加荷载前； （1.0 分）

⑤ 冻结地区解冻后； （1.0 分）

⑥ 停工超过 1 个月。 （1.0 分）

（2）检查内容：

① 杆件、连墙件、支撑、门洞桁架的构造是否符合要求； （1.0 分）

② 地基是否积水，底座是否松动； （1.0 分）

③ 立杆是否悬空，扣件是否松动； （1.0 分）

④ 立杆的沉降量及垂直度偏差； （1.0 分）

⑤ 架体安全防护措施是否符合要求； （1.0 分）

⑥ 是否超载使用。 （1.0 分）

3. （本小题 6.5 分）

（1）存在问题：

①"主体外围护安全网破损严重"。 （0.5 分）

正确做法：楼层周边按规定设置有效防护，外围护安全网应牢固、完整。 （1.0 分）

②"楼层周边防护栏杆高度只有 0.8m，且未设置挡脚板和安全立网"。 （0.5 分）

正确做法：楼层周边应设置高度不小于 1.2m 的防护栏杆，且应下设挡脚板、封挂密目

式安全立网"。 (1.0 分)
③ "电梯口未设置固定式防护门"。 (0.5 分)
正确做法：电梯井口应设置高度不低于1.5m的固定式防护门，防护门底端距离地面不得超过50mm，且应下设挡脚板。 (1.0 分)
④ "电梯井内也未按要求设置安全平网"。 (0.5 分)
正确做法：电梯井内应每隔2层且不超过10m设置一层安全平网。 (1.0 分)
(2) 原因：6层钢管滑落，坠落伤人。 (0.5 分)

4. (本小题4分)
(1) 设置高度不低于1.2m的坚实、牢固的防护栏杆； (1.0 分)
(2) 防护栏杆距离基坑边沿应≥0.5m，并应打入地面以下50~70mm； (1.0 分)
(3) 下设不低于180mm的挡脚板，封挂密目式安全立网； (1.0 分)
(4) 设置安全警示标志，设置安全警示灯。 (1.0 分)

二、2020 考点预测

1. 危大工程的程序管理及编论范围。
2. 安全检查评分表的计算及内容。
3. 安全教育培训的类别及目的。
4. 安全生产费用管理程序。
5. 重大危险源控制系统的组成部分。
6. 企业应急救援管理的内容。
7. 企业应急救援预案的内容。
8. 安全事故的上报程序。
9. 安全事故报告、事故调查的内容。
10. 安全事故调查组的职责。

第三节 现场管理

考点一：现场项目管理
考点二：现场施工管理

一、案例及参考答案

案 例 一

背景资料（2019年真题）

某新建办公楼工程，建筑面积48000m^2，地下2层，地上6层，中庭高度为9m，钢筋混凝土框架结构。总承包单位进场前与项目部签订了《项目管理目标责任书》，授权项目经理实施全面管理，项目经理组织编制了项目管理规划大纲和项目管理实施规划。

问题：

上述事件的不妥之处，并说明正确做法。编制《项目管理目标责任书》的依据有哪些？

【参考答案】

（本小题 7 分）

（1）不妥之处："项目经理组织编制了项目管理规划大纲"。 (1分)

理由：根据相关规定，应由企业的管理层编制项目管理规划大纲。 (1分)

（2）依据：

① 工程施工合同文件； (1分)

② 项目管理规划大纲； (1分)

③ 组织的规章制度； (1分)

④ 组织的经营方针和目标； (1分)

⑤ 项目特点和实施条件与环境。 (1分)

案 例 二

背景资料（2019 年真题）

项目部在对卫生间装修工程电气分部工程进行专项检查时发现，施工人员将卫生间内安装的金属管道、浴缸、淋浴器、暖气片等导体与等电位端子进行了连接，局部等电位连接排与各连接点使用截面积 $2.5mm^2$ 黄色标单根铜芯导线进行串联连接，对此，监理工程师提出了整改要求。

问题： 改正卫生间等电位连接中的错误做法。

【参考答案】

（本小题 2.5 分）

（1）错误之一："导体与等电位端子进行了连接"。

改正：导体应与等电位端子盒进行连接。 (0.5分)

（2）错误之二："使用截面积 $2.5mm^2$ 铜芯导线"。

改正：应使用截面积不小于 $4mm^2$ 铜芯导线。 (0.5分)

（3）错误之三："铜芯导线黄色标"。

改正：铜芯导线应选用黄绿色标志。 (0.5分)

（4）错误之四："单根铜芯导线"。

改正：应采用多股铜芯导线。 (0.5分)

（5）错误之五："进行串联连接"。

改正：电位连接排与各连接点不得串联。 (0.5分)

案 例 三

背景资料（2019 年真题）

某施工单位通过竞标承建一工程项目，甲乙双方通过协商对工程合同协议书（编号 HT-XY-201909001），以及专用合同条款（编号 HT-ZY-201909001）和通用合同条款（编号 HT-TY-201909001）修改意见达成一致，签订了施工合同。

项目部材料管理制度要求对物资采购合同的标的、价格、结算、特殊要求等条款重点加强管理。其中，对合同标的的管理要包括物资的名称、花色、技术标准、质量要求等内容。

项目部按照劳动力均衡使用、分析劳动需用总工日、确定人员数量和比例等劳动力计划编制要求,编制了劳动力需求计划。重点解决了因劳动力使用不均衡,给劳动力调配带来的困难,避免出现过多、过大的需求高峰等诸多问题。

问题:
1. 物资采购合同重点管理的条款还有哪些?物资采购合同标的包括的主要内容还有哪些?
2. 劳动力计划编制要求还有哪些?劳动力使用不均衡时,还会出现哪些方面的问题?

【参考答案】

1. (本小题4.0分)
(1) 还包括:
① 数量;   (0.5分)
② 包装;   (0.5分)
③ 运输方式;   (0.5分)
④ 违约责任。   (0.5分)
(2) 还包括:
① 品种;   (0.5分)
② 型号;   (0.5分)
③ 规格;   (0.5分)
④ 等级。   (0.5分)

2. (本小题5.0分)
(1) 还包括:准确计算工程量和施工期限。   (2.0分)
(2) 还会出现的问题有:
① 增加劳动力的管理成本;   (1.0分)
② 带来住宿、交通、饮食、工具等问题。   (2.0分)

案 例 四

背景资料(2019年真题)

某高级住宅工程,建筑面积80000m²,由3栋塔楼组成,地下2层(含车库),地上28层,底板厚度800mm,由A施工总承包单位承建。约定工程最终达到绿色建筑评价二星级。

工程验收竣工投入使用一年后,相关部门对该工程进行绿色建筑评价,按照评价体系各类指标评价结果为:各类指标的控制项均满足要求,评分项得分均在42分以上,工程绿色建筑评价总得分65分,评定为二星级。

问题: 绿色建筑运行评价指标体系中的指标共有几类?不参与设计评价的指标有哪些?绿色建筑评价各等级的评价总得分标准是多少分?

【参考答案】

(本小题6.0分)
(1) 共有7类指标。   (1.0分)
(2) 不参与设计评价的指标:施工管理和运营管理。   (2.0分)
(3) 当绿色建筑总得分分别达到50分、60分、80分时,绿色建筑等级分别为一星级、二星级、三星级。   (3.0分)

案 例 五

背景资料（2018年真题）

某建筑施工场地，东西长110m，南北宽70m，拟建工程平面80m×40m，地下2层，地上6/20层，檐口高26/68m，建筑面积约48000m²。临时设施平面布置图见下图，其中需要布置的临时设施有：现场办公设施、木工加工及堆场、钢筋加工及堆场、油漆库房、施工电梯、塔式起重机、物料提升机、混凝土地泵、大门及围墙、洗车设施（图中未显示的设施均为符合要求）。

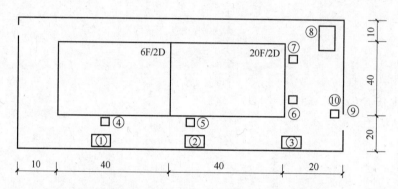

部分临时设施平面布置示意图（单位：m）

问题：
1. 写出图中临时设施编号所处位置最宜布置的临时设施名称（如⑨大门及围墙）。
2. 简单说明布置理由。
3. 施工现场文明施工的宣传方式有哪些？

【参考答案】

1.（本小题9分）

① 钢筋加工及堆场；	(1分)
② 木工加工及堆场；	(1分)
③ 现场办公设施；	(1分)
④ 物料提升机；	(1分)
⑤ 塔式起重机；	(1分)
⑥ 施工升降机；	(1分)
⑦ 混凝土地泵；	(1分)
⑧ 油漆库房；	(1分)
⑨ 大门及围墙；	
⑩ 洗车设施。	(1分)

【评分说明：①和②、⑥和⑦互换的，均不扣分】

2.（本小题8分）

① 钢筋加工及堆场、② 木工加工及堆场的布置均在塔式起重机覆盖范围内，以便减少材料的二次搬运费； (1分)

③ 现场办公设施布置在出入口处，以便加强内外联系； (1分)

④ 物料提升机布置在6层建筑物处,满足搭设高度不超过30m的要求; （1分）
⑤ 塔式起重机布置在20层建筑物处,以便满足高层建筑垂直运输的要求; （1分）
⑥ 施工升降机邻近办公室,便于管理人员及时对各楼层的质量、安全检查; （1分）
⑦ 混凝土地泵布置在高层建筑物处,以便高层混凝土的垂直运输; （1分）
⑧ 油漆库房属于存放危险品类仓库,应单独设置; （1分）
⑩ 洗车设施应设置在大门出入口,以便车辆冲洗。 （1分）

3. （本小题3分）
（1）设置宣传栏; （1分）
（2）设置报刊栏; （1分）
（3）悬挂安全标语; （1分）
（4）设置安全警示标牌。 （1分）
【评分说明：写出3项正确的,即得3分】

案 例 六

背景资料（2018年真题）

一新建工程,地下2层,地上20层,高度为70m,建筑面积40000m²,标准层平面为40m×40m。项目部根据施工条件和需求、按照施工机械设备选择的经济性等原则,采用单位工程量成本比较法选择确定了塔式起重机型号。施工总包单位根据项目部制定的安全技术措施、安全评价等安全管理内容提取了项目安全生产费用。

在一次塔式起重机起吊荷载达到其额定起重量95%的起吊作业中,安全人员让操作人员先将重物吊起离地面15cm,然后对重物的平稳性,设备和绑扎等各项内容进行了检查,确认安全后同意其继续起吊作业。

"在建工程施工防火技术方案"中,对已完成结构施工楼层的消防设施平面布置设计见下图。图中立管设计参数为：消防用水量15L/s,水流速 $i=1.5$m/s。消防箱包括消防水枪、水带与软管。监理工程师按照《建筑工程施工现场消防安全技术规范》（GB 50720—2011）提出了整改要求。

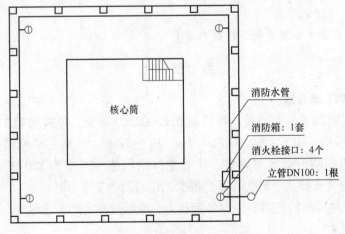

标准层临时消防设施布置示意图
（未显示部分视为符合要求）

问题：

1. 施工机械设备选择的原则和方法分别还有哪些？

2. 节能与能源利用管理中，应分别对哪些用电项设定控制指标？对控制指标定期管理的内容有哪些？

3. 指出图中的不妥之处，并说明理由。

【参考答案】

1.（本小题5分）

（1）选择原则还有：①适应性；②高效性；③稳定性；④安全性。　　　　　　　　（3分）

【评分说明：写出3项正确的，即得3分】

（2）选择方法还有：①折算费用法；②综合评分法；③界限时间比较法。　　　　　（2分）

【评分说明：写出2项正确的，即得2分】

2.（本小题6分）

（1）应分别对①生产；②生活；③办公；④施工设备设定用电控制指标。　　　　　（3分）

【评分说明：写出3项正确的，即得3分】

（2）定期管理的内容有：①计量；②核算；③对比分析；④预防和纠正措施。　　　（3分）

【评分说明：写出3项正确的，即得3分】

3.（本小题6分）

（1）不妥之一：立管DN100的1根。　　　　　　　　　　　　　　　　　　　　　（1分）

理由：立管不应少于2根DN125。　　　　　　　　　　　　　　　　　　　　　　（1分）

（2）不妥之二：消火栓接口的位置。　　　　　　　　　　　　　　　　　　　　　（1分）

理由：消火栓接口设置在明显且易于操作的部位。　　　　　　　　　　　　　　　（1分）

（3）不妥之三：消防箱只设置1套。　　　　　　　　　　　　　　　　　　　　　（1分）

理由：消防箱不应少于2套。　　　　　　　　　　　　　　　　　　　　　　　　（1分）

（4）不妥之四：消防箱内设施。　　　　　　　　　　　　　　　　　　　　　　　（1分）

理由：消防箱内应设置灭火器。　　　　　　　　　　　　　　　　　　　　　　　（1分）

（5）不妥之五：缺消防软管接口。　　　　　　　　　　　　　　　　　　　　　　（1分）

理由：应设置消防软管接口。　　　　　　　　　　　　　　　　　　　　　　　　（1分）

【评分说明：找出3个不妥的，即得6分】

案 例 七

背景资料（2017年真题）

某建设单位投资兴建一办公楼，投资概算25000.00万元，建筑面积21000m²；钢筋混凝土框架-剪力墙结构，地下2层，层高4.5m，地上18层。B施工单位根据工程特点、工作量和施工方法等影响劳动效率因素，计划主体结构施工工期为120天，预计总用工为5.76万个工日，每天安排2个班次，每个班次工作时间为7个小时。

问题：计算主体施工阶段需要多少名劳动力？编制劳动力需求计划时，确定劳动效率通常还应考虑哪些因素？

【参考答案】

（本小题6分）

（1）主体施工阶段需要劳动力：$57600\times8/(2\times7\times120)=274.3$，取275名。（2分）

（2）确定劳动效率通常还应考虑因素：环境、气候、地形、地质、工程特点、实施方案的特点、现场平面布置、劳动组合、施工机具等。（4分）

案 例 八

背景资料（2017年真题）

某新建办公楼工程，总建筑面积68000m²。建设单位与施工单位签订了施工总承包合同。施工中，木工堆场发生火灾。紧急情况下值班电工及时断开了总配电箱开关。经查，火灾是因临时用电布置和刨花堆放不当引起。部分木工堆场临时用电现场布置剖面示意图见下图。

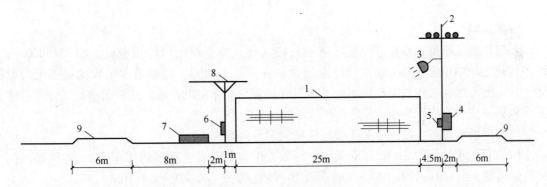

1—模板堆 2—电杆（高5m） 3—碘钨灯 4—堆场配电箱 5—灯开关箱 6—电锯开关箱
7—电锯 8—木工棚 9—场内道路

施工单位为接驳市政水管，安排人员在夜间挖沟、断路施工，被主管部门查处，要求停工整改。

问题：

1. 指出图中相关布置的不妥之处。正常情况下，临时配电系统停电的顺序是什么？
2. 对需要市政停水、封路而影响环境时的正确做法是什么？

【参考答案】

1. （本小题6分）

（1）不妥之处：

① 不妥之一：敞开式木工棚； （1分）
② 不妥之二：电锯与模板堆垛的距离； （1分）
③ 不妥之三：电锯开关箱与分配电箱的距离； （1分）
④ 不妥之四：电杆上安装分配电箱； （1分）
⑤ 不妥之五：电杆与模板堆垛的距离； （1分）
⑥ 不妥之六：照明灯采用碘钨灯； （1分）
⑦ 不妥之七：照明系统与动力系统采用一个回路； （1分）
⑧ 不妥之八：木模板上部未采取防雨措施，下部未垫高，且未设置排水沟； （1分）

⑨不妥之九：易燃材料堆垛和木工棚未设置消防器材及消防水源； （1分）
⑩不妥之十：易燃材料堆垛和木工棚未设置安全警示标志。 （1分）
【评分准则：上述十个不妥中写出4个不妥的，即得4分】
（2）现场临时配电系统停电的顺序：开关箱→分配电箱→总配电箱。 （2分）
2.（本小题4分）
（1）承包人应提前通知发包人办理相关申请批准手续，并按发包人的要求，提供需要承包人提供的相关文件、资料、证件等。经有关主管部门（市政、交通、环保等）同意后，方可进行断路施工； （1分）
（2）施工单位应做好相关的保护、防护方案和防护措施； （1分）
（3）施工单位还应当及时申领夜间施工许可证； （1分）
（4）应在施工前公告附近居民。 （1分）

案 例 九

背景资料

某建筑施工单位在新建办公楼工程前，按《建筑施工组织设计规范》（GB/T 50502—2009）规定的单位工程施工组织设计应包含的各项基本内容，编制了本工程的施工组织设计，并提出了编制工作程序和施工总平面图现场管理总体要求。施工总平面图现场管理总体要求包括"安全有序""不损害公众利益"两项内容。

施工现场平面布置设计中关于现场消防的部分内容如下：

（1）场地周边设置3m宽环形载重单行车道作为主干道（兼作消防车道）。木材场两侧消防通道宽4m，端头处有10m×10m回车场，载重车转弯半径不低于10m。

（2）现场平面呈长方形，在其斜对角布置两个临时消火栓，两者相距86m；其中一个距拟建建筑物3m，另一个距路边3m。消防箱内消防水管长20m。

（3）易燃材料仓库应布置在上风方向，有飞火的烟囱应布置在仓库的上风地带。

（4）材料库房的单间面积应满足：可燃材料库房单间面积应不超过50m²；易燃易爆品库房单间面积应不超过40m²；且房门净宽度为0.6m。

（5）易燃材料与明火作业区应保持25m的防火间距。氧气瓶、乙炔瓶的存放间距不超过2m，作业间距不超过5m；焊、割作业与氧气瓶、乙炔瓶的距离不得小于5m，与易燃易爆物品的距离不得少于25m。

（6）建筑工程内可以存放氧气瓶、乙炔瓶，禁止使用液化石油气"钢瓶"。

问题：

1. 施工单位哪些人员具备审批单位工程施工组织设计的资格？出现哪些情况需要变更、修改施工组织设计？

2. 施工总平面图现场管理总体要求还应包括哪些内容？分别简述施工总平面图的内容和布置原则。

3. 指出施工总平面布置设计的不妥之处，写出正确做法。

【参考答案】

1.（本小题4分）
（1）施工单位技术负责人以及其授权的技术人员。 （1.0分）

(2) 变更条件：
① 施工资源发生重大变化； (1.0 分)
② 施工方法发生重大改变； (1.0 分)
③ 施工环境发生重大变化； (1.0 分)
④ 设计文件、施工图发生重大变更； (1.0 分)
⑤ 法律法规修订、废止和实施。 (1.0 分)
【评分准则：写出 3 项，即得 3 分】

2. （本小题 3 分）
(1) 施工现场生活区、生产区、办公区宜分开设置； (1.0 分)
(2) 合理规划，减少施工场地占用面积； (1.0 分)
(3) 合理运输，减少二次搬运； (1.0 分)
(4) 合理划分场地，合理布置临设，减少相互干扰； (1.0 分)
(5) 合理利用已有的建筑（构）物，减少临时设施建造费用。 (1.0 分)
(6) 符合消防、保卫、环境、安全、文明施工等规定。 (1.0 分)
【评分准则：写出 3 项，即得 3 分】

3. （本小题 9 分）
(1) 不妥之一："设置 3m 宽环形载重单行车道作为主干道（兼作消防车道）"。 (0.5 分)
正确做法：消防车道高度和宽度均不应低于 4m。 (0.5 分)
(2) 不妥之二："木材场两侧消防通道宽 4m，端头处有 10m×10m 回车场，载重车转弯半径不低于 10m"。 (0.5 分)
正确做法：木材两侧应设 6m 宽的消防车道，端头处应有 12m×12m 的回车场，载重车转弯半径不宜小于 15m。 (0.5 分)
(3) 不妥之三："在其斜对角布置两个临时消火栓，两者相距 86m；一个距拟建建筑物 3m，另一个距路边 3m"。 (0.5 分)
正确做法：室外消火栓应沿消防车道和场内道路布置；消火栓距离拟建建筑不小于 5m 且不大于 25m，距离路边不大于 2m。 (0.5 分)
(4) 不妥之四："消防箱内消防水管长 20m"。 (0.5 分)
正确做法：消防箱内消防水管长度不应小于 25m。 (0.5 分)
(5) 不妥之五："易燃材料仓库应布置在上风方向，有飞火的烟囱应布置在仓库的上风地带"。 (0.5 分)
正确做法：易燃材料仓库布置在下风方向，飞火烟囱应布置在仓库下风地带。 (0.5 分)
(6) 不妥之六："可燃材料库房单间面积应不超过 50m²；易燃易爆品库房单间面积应不超过 40m²；且房门净宽度为 0.6m"。 (0.5 分)
正确做法：可燃材料库房单间面积应不超过 30m²；易燃易爆品库房单间面积应不超过 20m²；且房门净宽度不应低于 0.8m。 (0.5 分)
(7) 不妥之七："易燃材料与明火作业区应保持 25m 的防火间距。氧气瓶、乙炔瓶存放间距不超过 2m、作业间距不超过 5m"。 (0.5 分)
正确做法：易燃材料与明火作业区应保持 30m 的防火间距。氧气瓶、乙炔瓶存放间距不小于 2m、作业间距不小于 5m。 (0.5 分)

(8) 不妥之八:"焊、割作业与氧气瓶、乙炔瓶的距离不得小于5m,与易燃易爆物品的距离不得少于25m"。 (0.5分)

正确做法:焊、割作业与氧气瓶、乙炔瓶的距离不得小于10m,与易燃易爆物品的距离不得少于30m。 (0.5分)

(9) 不妥之九:"建筑工程内可以存放氧气瓶、乙炔瓶"。 (0.5分)

正确做法:建筑工程内禁止存放氧气瓶、乙炔瓶。 (0.5分)

案 例 十

背景资料

某施工单位承接了两栋住宅楼工程,总建筑面积65000m², 基础均为筏形基础(上反梁结构),地下2层,地上30层,地下结构连通,上部为两个独立单体一字设置,设计形式一致,地下室外墙南北向的距离40m, 东西向的距离120m。

事件一:工程施工前,项目经理部针对本工程具体情况制定了《×××工程绿色施工方案》,对"四节一环保"提出了具体技术措施。部分内容如下:

(1) 施工现场道路必须硬化,土方应分开堆放,并采取固化、绿化、覆盖等措施;砂浆搅拌场所应采取遮挡措施。

(2) 夜间施工时,应办理《夜间施工许可证》;夜间施工应加设灯罩,电焊作业应露天作业。

(3) 200人以上的食堂应设置隔油池,厨房大厨兼职定期掏油工作。

(4) 向环保部门领取《污水排放许可证》后,便可将泥浆、污水直接排入城市管网。

(5) 固体废弃物、有毒有害废弃物应向环保部门申报登记,分类存放。

(6) 施工现场严禁焚烧有毒有害废弃物,禁止将各类废弃物土方回填。

事件二:对该工程进行绿色建筑各指标评分如下表:

评价指标	节地与室外环境	节能与能源利用	节水与水资源利用	节材与材料资源利用	室内环境质量	施工管理	运营管理
权重	0.17	0.19	0.16	0.14	0.14	0.10	0.10
分数	80	68	78	70	90	65	80

注:该项目附加得分为15分。

问题:

1. 事件一中,指出绿色施工方案的不妥之处,分别写出正确做法。施工现场主干道常用硬化方式有哪些?裸露场地的文明施工防护通常有哪些措施?

2. 根据事件二,计算该绿色建筑评价的总得分。若每项指标控制项均满足要求,根据得分,该绿色建筑为几星级?说明理由。

3. 简述施工单位关于绿色施工管理职责有哪些?

4. 施工现场绿色施工"十项新技术"包括哪些内容?

【参考答案】

1. (本小题11分)

(1) 不妥之处:

① 不妥之一："土方应分开堆放，砂浆搅拌场所应采取遮挡措施"。 (0.5分)
正确做法：土方应集中堆放，并采取覆盖、固化、绿化等措施；砂浆搅拌场所应采取封闭、降尘措施。 (0.5分)
② 不妥之二："夜间施工时，应办理《夜间施工许可证》，电焊作业应露天作业"。 (0.5分)
正确做法：《夜间施工许可证》应在夜间施工前办理；电焊作业应采取遮挡措施，避免弧光外泄。 (0.5分)
③ 不妥之三："200人以上的食堂应设置隔油池，厨房大厨兼职定期掏油工作"。 (0.5分)
正确做法：100人以上的食堂就应设置隔油池，且应设专人定期掏油。 (0.5分)
④ 不妥之四："向环保部门领取《污水排放许可证》"。 (0.5分)
正确做法：《污水排放许可证》应向市政主管部门领取。 (0.5分)
⑤ 不妥之五："可将泥浆、污水直接排入城市管网"。 (0.5分)
正确做法：泥浆、污水必须经二次沉淀处理后，方可排入市政管网。 (0.5分)
⑥ 不妥之六："固体废弃物、有毒有害废弃物应向环保部门申报登记、分类存放。 (0.5分)
正确做法：固体废弃物应向当地环保部门申报登记，分类存放；建筑、生活垃圾应在垃圾消纳中心签署环保协议，及时清运；有毒有害废弃物应运送至有毒有害废弃物消纳中心消纳。 (0.5分)
⑦ 不妥之七："施工现场严禁焚烧有毒有害废弃物，禁止将各类废弃物土方回填"。 (0.5分)
正确做法：施工现场严禁焚烧各类废弃物，禁止将有毒有害土方回填。 (0.5分)
（2）硬化方式：
①水泥混凝土路面；②沥青路面；③煤矸石路面；④钢板铺设。 (2.0分)
（3）防护措施：
①硬化处理；②绿化处理；③覆盖处理；④洒水降尘。 (2.0分)
2. (本小题4分)
得分：0.17×80 + 0.19×68 + 0.16×78 + 0.14×70 + 0.14×90 + 0.1×65 + 0.1×80 + 10 = 85.9分。 (2.0分)
结论：绿色建筑等级为三星级。 (1.0分)
理由：每项指标控制项均满足要求，且评分项得分为80分以上。 (1.0分)
3. (本小题4分)
（1）施工单位是绿色施工的实施主体，应负责其全面实施； (1.0分)
（2）施工单位绿色施工第一责任人为项目经理； (1.0分)
（3）实行施工总承包的，总包单位应对绿色施工负总责； (1.0分)
（4）专业承包单位应对承包范围的绿色施工负责； (1.0分)
（5）总包单位应对专业承包单位的绿色施工组织管理负责； (1.0分)
（6）施工前应编制《绿色施工组织设计》或《绿色施工专项方案》。 (1.0分)
【评分准则：写出4项正确的，即得4分】
4. (本小题10分)
十大新技术包括：

① 混凝土楼地面一次成型新技术； (1.0分)
② 透水混凝土与植生混凝土新技术； (1.0分)
③ 施工扬尘控制新技术； (1.0分)
④ 墙面免抹灰新技术； (1.0分)
⑤ 施工现场太阳能利用新技术； (1.0分)
⑥ 施工噪声控制新技术； (1.0分)
⑦ 施工现场空气能利用新技术； (1.0分)
⑧ 工具式定型化临时设施新技术； (1.0分)
⑨ 封闭降水及水收集综合利用新技术； (1.0分)
⑩ 绿色施工在线监测评价新技术； (1.0分)
⑪ 垃圾管道垂直运输新技术； (1.0分)
⑫ 建筑垃圾减量化与资源化利用新技术。 (1.0分)

【评分准则：写出5条以上，每条可得1分】

案 例 十 一

背景资料

某办公楼工程，建筑面积45000m^2，地下2层，地上26层。施工过程中发生了下列事件：

事件一：工程开工前，市住建局安监站应邀对施工现场进行踏勘，检查至工地食堂时发现如下问题：①由于现场条件相对紧凑，食堂临时设置在离垃圾站较近的地方；②现场食堂未办理卫生许可证，厨房人来人往；③厨房门扇下未设挡鼠板，燃气罐和冰箱堆放在一起；④现场食堂灶台及其周边的瓷砖高度只有半米，粮食直接放在地面上。

事件二：项目部在编制的"项目环境管理规划"中，提出了包括现场文化建设、保障职工安全等文明施工的工作内容。并按照文明施工检查的项目，在已经完成了现场围挡、封闭管理、材料堆放、现场防火、施工现场标牌的基础上，对其他未完成的项目要求尽快完善。

事件三：施工过程中，甲施工单位加强对劳务分包单位的日常管理，坚持开展劳务实名制管理工作。

事件四：企业在例行对施工现场职业健康安全管理体系进行检查后，对项目部的工作成果表示认可，并叮嘱项目经理，要加强对职业卫生防护与管理方面的工作，进一步提高现场管理水平。

问题：

1. 事件一中，有哪些不妥之处，并说明正确做法。
2. 事件二中，现场文明施工还应包含哪些工作内容？未完成的文明施工检查项目还有哪些？
3. 事件三中，按照劳务实名制管理要求，在劳务分包单位进场时，甲施工单位应要求劳务分包单位提交哪些资料进行备案？项目部劳务员的职责有哪些？
4. 劳动力配置计划的编制方法包括哪些？编制劳动力计划应考虑哪些参数？

【参考答案】

1. （本小题4分）

（1）不妥之一："食堂临时设置在了离垃圾站较近的地方"。

正确做法：食堂应设置在离垃圾站、厕所等污染源较远的地方。 (1.0分)
（2）不妥之二："现场食堂未办理卫生许可证，厨房人来人往"。
正确做法：现场食堂应当办理卫生许可证，非炊事人员不得随意进入厨房。 (1.0分)
（3）不妥之三："厨房门扇下未设挡鼠板，燃气罐和冰箱堆放在一起"。
正确做法：厨房门扇下应设置高度不低于0.2m的挡鼠板，燃气罐应单独存放，且存放间应通风良好，并严禁存放其他物品。 (1.0分)
（4）不妥之四："现场食堂灶台及其周边的瓷砖高度只有半米；粮食直接放在地面上"。
正确做法：现场食堂灶台及周边的瓷砖高度不应小于1.5m，储藏室的粮食存放台距墙和地面应不低于0.2m。 (1.0分)

2.（本小题6分）
（1）还应包括：
① 规范场容，保持作业环境整洁卫生； (1.0分)
② 创造文明有序的安全生产条件； (1.0分)
③ 减少对居民和环境的不利影响。 (1.0分)
（2）还应有：
①施工场地；②办公与住宿；③综合治理；④生活设施；⑤社区服务。 (3.0分)

3.（本小题4分）
（1）提交的备案资料包括：
① 施工人员的花名册； (0.5分)
② 施工人员的身份证； (0.5分)
③ 施工人员的岗位技能证书复印件； (0.5分)
④ 施工人员的劳动合同文本。 (0.5分)
（2）劳务员职责：
① 负责日常劳务管理和相关数据的收集； (0.5分)
② 建立劳务费结算、工资结算兑付统计台账； (0.5分)
③ 检查监督劳务分包单位支付工人工资情况； (0.5分)
④ 对劳务单位存在的工资支付问题要求限期整改。 (0.5分)

4.（本小题6分）
（1）按机械设备计算定员； (1.0分)
（2）按劳动定额计算定员； (1.0分)
（3）按岗位计算定员； (1.0分)
（4）按比例计算定员； (1.0分)
（5）按效率计算定员； (1.0分)
（6）按组织计算定员。 (1.0分)

案 例 十 二

背景资料

一新建工程，地下2层，地上20层，高度为70m，建筑面积40000m²，标准层平面为40m×40m。施工总承包单位任命李某为该工程的项目经理，并规定其有权决定授权范围内的项目资金投入和使用；并叮嘱项目经理要严把安全、质量关，做好现场成本管理工作。

事件一：工程开工前，为宣传企业形象，总承包单位在现场办公室前空旷场地树立了悬挂企业旗帜的旗杆，旗杆与基座采用预埋件焊接连接。

事件二：工程开工后，项目负责人安排电工王某与李某负责现场配电箱的安装与调试工作，并一再嘱咐要规范作业，注意做好触电和火灾隐患防控工作，并安排专职安全员张某对其进行全过程监督。

事件三：施工过程中，管道安装工负责焊接一批新的生活水箱，工作到一半后下班。第二天又到另一处焊接一批管道。焊工独自对管道接口进行施焊，结果引燃了正下方九层用于工程的幕墙保温材料，引起火灾。所幸正在进行幕墙作业的施工人员救火及时，无人员伤亡。

问题：
1. 结合事件一，说明动火等级，并给出相应的审批程序。
2. 结合事件二，简述现场电气设备防火要点。
3. 结合事件三，分析说明本次火灾发生的原因。根据本次教训，施工单位应如何加强现场动火作业管理工作？

【参考答案】
1. （本小题3分）
（1）属于三级动火。 (1.0分)
（2）动火审批程序：
① 三级动火，应当由班组编制《动火审批表》； (1.0分)
② 项目安全管理部门和项目责任工程师审批。 (1.0分)
2. （本小题4分）
（1）使用的电气设备必须符合防火要求； (1.0分)
（2）临时用电设备应安装过载保护装置，电闸箱内不准使用易燃、可燃材料； (1.0分)
（3）严禁超负荷使用电气设备； (1.0分)
（4）防火敏感场所不得使用"明露高热的强光源"。 (1.0分)
3. （本小题10分）
（1）原因分析：
① 管道安装工独自对焊工未焊完的管道接口进行施焊； (1.0分)
② 施焊前未采取有效的隔离防护措施； (1.0分)
③ 施焊前未办理动火审批手续； (1.0分)
④ 施焊前未充分了解周边状况； (1.0分)
⑤ 保温材料随意堆放，且未采取隔离保护措施。 (1.0分)
（2）应做好下列工作：
① 电工、焊工作业时，应取得动火证和操作证； (1.0分)
② 动火作业需配备专门的看管人员和灭火器具； (1.0分)
③ 动火前应消除周边火灾隐患，必要时设置防火隔离； (1.0分)
④ 动火作业后，应确认无火源隐患后方可离去； (1.0分)
⑤ 动火证当日当地有效；变更动火地点，需重新办理动火证。 (1.0分)

案 例 十 三

背景资料

某工程项目的年合同造价为 2160 万元,施工企业物资部门按每万元产值 10t 水泥进行采购。由同一水泥厂供货,合同规定水泥厂按每次催货要求时间发货。物资部门提出了三个方案:A1 方案,每月交货一次;A2 方案,每 2 个月交货一次;A3 方案,每 3 个月交货一次。根据历史资料得知,每次催货费用为 $C = 5000$ 元;仓库保管费率为储存材料费的 4%。水泥单价(含运费)为 360 元/t。

问题:

1. 在该工程项目中,企业应采购多少水泥?通过计算,优选费用最低的采购方案。
2. 最优采购批量的含义是什么?其计算公式是什么?
3. 通过计算,寻求最优采购批量和供应间隔期。

【参考答案】

1. (本小题 11 分)

(1) 水泥采购量 = 2160 × 10 = 21600 (t)   (1 分)

(2) 优选方案的计算:

A1 方案:

① 采购次数为 12 ÷ 1 = 12 (次);   (1 分)

② 每次采购数量为 21600 ÷ 12 = 1800 (t);   (1 分)

③ 保管费 + 采购费 = 1800 × 360 ÷ 2 × 0.04 + 12 × 5000 = 12960 + 60000 = 72960 (元)。

(1 分)

A2 方案:

① 采购次数为 12 ÷ 2 = 6 (次);   (1 分)

② 每次采购数量为 21600 ÷ 6 = 3600 (t);   (1 分)

③ 保管费 + 采购费 = 3600 × 360 ÷ 2 × 0.04 + 6 × 5000
        = 25920 + 30000 = 55920 (元)。   (1 分)

A3 方案:

① 采购次数为 12 ÷ 3 = 4 (次);   (1 分)

② 每次采购数量为 21600 ÷ 4 = 5400 (t);   (1 分)

③ 保管费 + 采购费 = 5400 × 360 ÷ 2 × 0.04 + 4 × 5000
        = 38880 + 20000 = 58880 (元)   (1 分)

结论:A2 方案的总费用最小,故应采用 A2 方案。   (1 分)

2. (本小题 4 分)

(1) 最优采购批量也叫最优库存量,指采购费和储存费之和最低的采购批量。   (2 分)

(2) 公式:$Q_0 = \sqrt{2SC/PA}$ (2 分)

3. (本小题 2 分)

从 A1、A2、A3 三个方案的总费用比较来看,A2 方案的总费用最小,故应采用 A2 方案,即每二月采购一次。

案例十四

背景资料

某办公楼工程,施工总承包单位根据材料清单采购了一批装饰装修材料。经计算分析,各种材料价款占该批材料款及累计百分比见下表。

序号	材料名称	所占比例(%)	累计百分比(%)
1	实木门扇(含门套)	30.10	30.10
2	铝合金窗	17.91	48.01
3	细木工板	15.31	63.32
4	瓷砖	11.60	74.92
5	实木地板	10.57	85.49
6	白水泥	9.50	94.99
7	其他	5.01	100.00

问题:根据"ABC分类法",分别指出重点管理材料名称(A类材料)和次要管理材料名称(B类材料)。

【参考答案】

(本小题4分)

(1) 重点管理的材料:实木门扇、铝合金窗、细木工板、瓷砖。 (2分)

(2) 次要管理的材料:实木地板、白水泥。 (2分)

案例十五

背景资料(2011年真题)

某写字楼工程,建筑面积120000m²,地下2层,地上22层,钢筋混凝土框架-剪力墙结构,合同工期780天。某施工总承包单位按照建设单位提供的工程量清单及其他招标文件参加了该工程的投标,并以34263.29万元的报价中标。双方依据《建设工程施工合同(示范文本)》签订了工程施工总承包合同。

合同约定:本工程采用固定单价合同计价模式;当实际工程量增加或减少超过清单工程量5%时,合同单价予以调整,调整系数为0.95或1.05;投标报价中的钢筋、土方的全费用综合单价分别为5800元/t、32元/m³。

合同履行过程中,施工总承包单位任命李某为该工程的项目经理,并规定其有权决定授权范围内的项目资金投入和使用。

问题:根据《建设工程项目管理规范》的规定,项目经理的权限还应有哪些?

【参考答案】

(本小题6分)

(1) 参与招投标与合同签订; (1.0分)

(2) 参与组建项目经理部; (1.0分)

(3) 参与材料供应商的选择; (1.0分)

(4) 参与分包单位的选择； (1.0分)
(5) 参与企业对项目的重大决策； (1.0分)
(6) 授权范围内的资源使用； (1.0分)
(7) 授权范围内与参建各方直接沟通； (1.0分)
(8) 制定《项目管理制度》； (1.0分)
(9) 主持项目部工作； (1.0分)
(10) 法定代表人授予项目经理的其他权利。 (1.0分)

【评分准则：写出6项，即得6分】

二、2020考点预测

1. 出现哪些情况，需要修改施工组织设计？
2. 现场平面布置图的设置原则及设置内容。
3. 施工现场文明施工的内容。
4. 施工现场临时供水系统的组成部分。
5. 施工现场供水布置的要点。

第三章 专业技术

第一节 工程材料

考点一：结构材料
考点二：装饰材料
考点三：功能材料
考点四：材料管理

一、案例及参考答案

案 例

背景资料（2016年真题）

某住宅楼工程，场地占地面积约10000m²，建筑面积约14000m²，地下两层，地上16层，层高2.8m，檐口高47m，结构设计为筏形基础、剪力墙结构。

根据项目试验计划，项目总工程师会同实验员选定1、3、5、7、9、11、13、16层各留置1组C30混凝土同条件养护试件，试件在浇筑地点制作，脱模后放置在下一层楼梯口处。第5层C30混凝土同条件养护试件强度试验结果为28MPa。

问题： 题中同条件养护试件的做法有何不妥？并写出正确做法。第5层C30混凝土同条件养护试件的强度代表值是多少？

【参考答案】

（本小题7分）

（1）不妥之处：

① 不妥之一："选定1、3、5、7、9、11、13、16层各留置1组试件"。 （1分）

正确做法：每拌制100盘且不超过100m³的同配合比混凝土，取样不少于一次；每层楼的同配合比混凝土，应至少留置一组标准养护试件。 （2分）

② 不妥之二："脱模后放置在下层楼梯口处"。 （1分）

正确做法：脱模后的试件应随同浇筑的结构构件同条件养护。 （1分）

（2）第5层C30混凝土同条件养护试件的强度代表值是C25。 （2分）

二、选择题及答案解析

1. 下列属于钢材工艺性能的有（　　）。（2018年真题）

　　A. 冲击性能　　　　B. 弯曲性能　　　　C. 疲劳性能　　　　D. 焊接性能

　　E. 拉伸性能

【答案】 BD

【解析】

(1) 钢材性能两方面,力学工艺分主次。

(2) 力学性能最重要,拉伸冲击抗疲劳。

(3) 工艺加工一回事,弯曲焊接两兄弟。

2. 成型钢筋在进场时无须复验的项目是(　　)。(2016 年真题)

A. 抗拉强度　　　B. 弯曲性能　　　C. 重量偏差　　　D. 伸长率

【答案】 B

【解析】 成型钢筋的弯曲性能一定合格,无须复验。

3. 在工程应用中,钢材的塑性指标通常用(　　)表示。(2015 年真题)

A. 伸长率　　　B. 屈服强度　　　C. 强屈比　　　D. 抗拉强度

【答案】 A

【解析】 钢材的塑性指标有"伸长率和冷弯性能"两项。

4. 下列钢材包含的化学元素中,其含量增加会使钢材强度提高,但塑性下降的有(　　)。(2014 年真题)

A. 碳　　　B. 硅　　　C. 锰　　　D. 磷

E. 氮

【答案】 ADE

【解析】

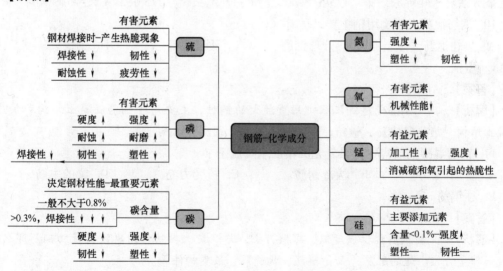

5. 下列钢材化学成分中,属于碳素钢中的有害元素是(　　)。(2013 年真题)

A. 碳　　　B. 硅　　　C. 锰　　　D. 磷

【答案】 D

6. 下列建筑钢材性能指标中,不属于拉伸性能的是(　　)。(2017 年真题)

A. 屈服强度　　　B. 抗拉强度　　　C. 疲劳强度　　　D. 伸长率

【答案】 C

【解析】 反映建筑钢材拉伸性能的指标包括:"屈服抗拉伸长率"。

7. 下列钢筋牌号，属于光圆钢筋的有（　　）。(2012 年真题)
   A. HPB235　　　　B. HPB300　　　　C. HRB335　　　　D. HRB400
   E. HRB500
   【答案】 AB
   【解析】 口诀："带肋 R 光圆 P，两类牌号弹簧腿。"

8. 建筑钢材可分为（　　）。
   A. 钢结构用钢　　　　　　　　　B. 钢筋混凝土结构用钢
   C. 建筑装饰用钢　　　　　　　　D. 工具钢
   E. 特殊性能钢
   【答案】 ABC
   【解析】 口诀："建筑钢材分三类，钢混装饰要熟背"。

9. 碳素结构钢牌号由（　　）4 部分按顺序组成。
   A. 质量等级符号→脱氧方法符号→屈服强度字母（Q）→屈服强度数值
   B. 屈服强度数值→屈服强度字母（Q）→脱氧方法符号→质量等级符号
   C. 屈服强度字母（Q）→屈服强度数值→脱氧方法符号→质量等级符号
   D. 屈服强度字母（Q）→屈服强度数值→质量等级符号→脱氧方法符号
   【答案】 D
   【解析】 碳素结构钢牌号分为表示屈服强度的①字母 Q、②数值、③质量等级符号、④脱氧方法符号 4 部分。如"Q275—AF"表示：屈服强度 −275MPa- A 级- 沸腾钢。

10. 钢筋混凝土结构用钢主要品种有（　　）。
    A. 热轧钢筋　　　B. 热处理钢筋　　　C. 钢丝　　　D. 钢绞线
    E. 型钢
    【答案】 ABCD
    【解析】 热轧钢筋是建筑工程中用量最大的钢种，主要用于钢筋混凝土结构和预应力混凝土结构。热处理钢筋、钢丝、钢绞线主要用于预应力结构。

11. 钢筋混凝土结构中，热轧光圆钢筋主要用于（　　）。
    A. 箍筋　　　　B. 构造钢筋　　　　C. 板受力筋　　　　D. 梁的主筋
    E. 柱钢筋
    【答案】 ABC
    【解析】 光圆钢筋抗拉强度低、摩擦力小，与混凝土黏结作用也没有带肋钢筋那么好，一般用作受力较小处的配筋，如：箍筋、构造筋、板类构件等。
    带肋钢筋的横肋和纵肋大幅增加了其表面摩擦力，使其与混凝土紧密结合，形成良好的工作性能。因此，梁、柱等受力较大的混凝土构件通常选用 HRB335 和 HRB400。在政策倡导下，目前工程中最常见的是 HRB400 级钢筋。

12. 关于钢筋混凝土结构中牌号后面带"E"的钢筋，说法正确的是（　　）。
    A. 钢筋实测抗拉强度与实测屈服强度之比不应小于 1.15
    B. 钢筋最大力下总伸长率不小于 9%
    C. 热轧带肋钢筋应采用挂标牌方法标志

D. 钢筋的屈服强度实测值与屈服强度标准值之比应大于1.3

【答案】 B

【解析】

A错误，钢筋实测的抗拉强度至少要比屈服强度高25%以上，确保受力钢筋有足够的安全边际。即：$\dfrac{钢筋实测抗拉强度}{钢筋实测屈服强度} \geq 1.25$。

C错误，规范规定：热轧带肋钢筋表面应轧上牌号、厂商、公称直径（mm）。公称直径≤10mm的钢筋，可按规定挂标牌而不轧制标志。

D错误，$\dfrac{钢筋实测屈服强度}{钢筋标准屈服强度} \leq 1.3$

13. 建筑钢材力学性能主要包括（   ）。
A. 抗拉性能   B. 冲击韧性   C. 耐疲劳性   D. 焊接性
E. 冷弯性能

【答案】 ABC

14. 钢材在受力破坏前经受永久变形的能力称之为钢材的（   ）。
A. 延性   B. 弹性   C. 塑性   D. 脆性

【答案】 C

【解析】 简单讲，弹性变形的代表是"弹簧"，即变形后可自动恢复的状态；塑性变形的代表是"橡皮泥"，表示变形后不被破坏但也无法自动恢复的状态。

15. 钢筋试件"拉断后标距长度的增量与原标距长度之比的百分比"为（   ）。
A. 伸长率   B. 断后伸长率
C. 总伸长率   D. 断后伸长值

【答案】 B

【解析】 伸长率和最大力下总伸长率不一样。我们通常所说的伸长率为："断后伸长率"。

16. 有关预应力混凝土用钢说法正确的是（   ）
A. 预应力混凝土所用高强钢筋和钢丝具有硬钢特点
B. 预应力钢材的抗拉强度高，无明显的屈服阶段，伸长率小
C. 预应力钢材的屈服现象不明显，不能测定屈服点
D. 预应力钢材以残余变形作为屈服强度
E. 预应力的屈服强度，用（$\sigma_{0.2}$）表示

【答案】 ABCE

【解析】 D选项表述不够准确，慎选！

17. 关于建筑钢材拉伸性能的说法，正确的是（   ）。
A. 拉伸性能指标包括屈服强度、抗拉强度和伸长率
B. 强屈比是反应钢材可靠性的重要指标
C. 强屈比偏大，钢材利用率偏低，容易造成浪费
D. 负温下使用的结构，选用脆性临界温度较使用温度高的钢材
E. 抗拉强度是结构设计中钢材强度的取值依据

【答案】 ABC

【解析】 D错误；脆性临界温度为-30℃的钢材显然比脆性临界温度为-15℃的钢材更加抗冻。由此得到：负温下应选用脆性临界温度比使用温度低的钢材。

18. 有关建筑钢材疲劳性能的说法正确的是（　　）。
A. 疲劳性能是受到交变荷载的反复作用引发的
B. 钢材在应力远低于其屈服强度的情况下，逐渐脆性破坏的现象，为疲劳破坏
C. 疲劳破坏往往会造成灾难性的事故
D. 钢材的疲劳极限与其抗拉强度有关
E. 一般抗拉强度高，疲劳极限也较高

【答案】 ACDE

【解析】 B错误，交变荷载下，"突然发生"脆性破坏的现象，称之为疲劳破坏。

19. 评价钢材可靠性的参数是（　　）。
A. 强屈比　　　　B. 屈服比　　　　C. 弹性比　　　　D. 抗拉比

【答案】 A

20. 下列关于水泥代号说法错误的是（　　）
A. 硅酸盐水泥 P·Ⅰ 或 P·Ⅱ　　　　B. 普通水泥 P·C
C. 火山灰水泥 P·P　　　　D. 复合水泥 P·O
E. 矿渣水泥 P·S·A 或 P·S·B

【答案】 BD

【解析】 口诀："矿渣复合ABC，F粉煤P火灰，硅普早强012，水泥代号不愁背。"由此得到：B、D说反了，普通水泥 P·O，复合水泥 P·C。

21. 下列水泥品种中，配制C60高强混凝土宜优先选用（　　）。（2016年真题）
A. 矿渣水泥　　　　B. 硅酸盐水泥　　　　C. 火山水泥　　　　D. 复合水泥

【答案】 B

【解析】 配置高强混凝土宜选用高强水泥；只有硅酸盐水泥的强度等级能达到62.5MPa。

22. 水泥的初凝时间指（　　）。（2019年真题）
A. 从水泥加水拌和起至水泥浆失去可塑性所需的时间
B. 从水泥加水拌和起至水泥浆开始失去可塑性所需的时间
C. 从水泥加水拌和起至水泥浆完全失去可塑性所需的时间
D. 从水泥加水拌和起至水泥浆开始产生强度所需的时间

【答案】 B

【解析】

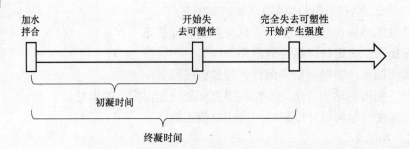

23. 代号为 P·O 的通用硅酸盐水泥是（　　）。（2015 年真题）
   A. 普通硅酸盐水泥　　　　　　　　B. 硅酸盐水泥
   C. 复合硅酸盐水泥　　　　　　　　D. 粉煤灰硅酸盐水泥
   【答案】　A

24. 下列水泥品种中，其水化热最大的是（　　）。（2014 年真题）
   A. 普通水泥　　　　　　　　　　　B. 硅酸盐水泥
   C. 矿渣水泥　　　　　　　　　　　D. 粉煤灰水泥
   【答案】　B
   【解析】　口诀："硅普早强热量大"。

25. 普通气候环境中的普通混凝土应优先用（　　）水泥。（2011 年真题）
   A. 矿渣　　　　　B. 普通　　　　　C. 火山灰　　　　　D. 复合
   【答案】　B
   【解析】　口诀："普环干环负水环，抗渗耐磨经验换"。即：①普通环境、②干燥环境、③水下负温环境、④有抗渗、耐磨要求的混凝土——优选普通水泥。

26. 根据《通用硅酸盐水泥》（GB175），关于六大常用水泥凝结时间的说法，正确的是（　　）。（2011 年真题）
   A. 初凝时间不得短于 40min
   B. 硅酸盐水泥的终凝时间不得长于 6.5h
   C. 普通硅酸盐水泥的终凝时间不得长于 12h
   D. 除硅酸盐水泥外的其他五类常用水泥的终凝时间不得长于 12h
   【答案】　B
   【解析】
   (1) A、C、D 错误；常用水泥的初凝时间均不得短于 45min。水泥的初凝时间长一点，混凝土才有足够的和易性、可泵性；终凝时间短一点，利于工期提前。
   (2) 凝结时间不满足要求的水泥不得使用。

27. 下列水泥中，抗冻性好的有（　　）。
   A. 硅酸盐水泥　　　　　　　　　　B. 普通水泥
   C. 矿渣水泥　　　　　　　　　　　D. 火山灰水泥
   E. 粉煤灰水泥
   【答案】　AB
   【解析】
   (1) 早强水泥：水热（较）大、硬化（较）快、早强（较）高、抗冻（较）好、耐热（较）差、抗蚀（较）差。
   (2) 晚强水泥：水热较小、硬化较慢、早强较低、后强较高、抗蚀较好、抗冻较差。
   (3) 水泥特性："矿粉火山热裂渗"，即：①矿渣水泥耐热好；②粉煤灰水泥抗裂好；③火山灰水泥抗渗好。

28. 在混凝土工程中，配制有抗渗要求的混凝土可优先选用（　　）。（2010 年真题）
   A. 火山灰水泥　　　　　　　　　　B. 矿渣水泥
   C. 粉煤灰水泥　　　　　　　　　　D. 硅酸盐水泥

【答案】　A

【解析】　口诀：抗渗优选火山灰。

29. 关于粉煤灰水泥主要特性的说法，正确的是（　　）。（2018年真题）
   A. 水化热较小　　　　　　　　　B. 抗冻性好
   C. 干缩性较大　　　　　　　　　D. 早期强度高

【答案】　A

【解析】　粉煤灰水泥水热小、抗裂好，因此干缩性小，能有效减少混凝土内部裂纹。

30. 水泥的初凝时间是指从水泥加水拌和起至水泥浆（　　）所需的时间。（2009年真题）
   A. 开始失去可塑性　　　　　　　B. 完全失去可塑性并开始产生强度
   C. 完全失去可塑性　　　　　　　D. 开始失去可塑性并达到1.2MPa强度

【答案】　A

31. 终凝时间不得长于6.5h的水泥品种是（　　）。（2017年真题）
   A. 硅酸盐水泥　　B. 普通水泥　　C. 粉煤灰水泥　　D. 矿渣水泥

【答案】　A

【解析】　六大水泥中，除硅酸盐水泥终凝时间≤6.5h，其他水泥均≤10h。

32. 下列指标中，属于常用水泥技术指标的是（　　）。（2014年真题）
   A. 和易性　　　B. 可泵性　　　C. 安定性　　　D. 保水性

【答案】　C

【解析】　常用水泥技术指标包括：凝结时间、安定性、强度等级、细度、标准稠度用水量、化学指标以及碱含量等。

33. 关于水泥的性能与技术要求，说法正确的是（　　）。（2013年真题）
   A. 水泥的终凝时间是从水泥加水拌和起至水泥浆开始失去可塑性所需的时间
   B. 水泥安定性不良是指水泥在凝结硬化过程中产生不均匀的体积变化
   C. 六大常用水泥的初凝时间均不得长于45min
   D. 水泥中的碱含量太低容易产生碱集（骨）料反应

【答案】　B

【解析】　综合题型，考核考生对水泥性能的综合把握。

34. 常用水泥中，具有水化热较小特性的是（　　）水泥。（2009年真题）
   A. 硅酸盐　　　B. 普通　　　C. 火山灰　　　D. 复合
   E. 粉煤灰

【答案】　CDE

【解析】　早强水泥水化热较大，晚强水泥水化热较小。

35. 国家标准规定，P·O 32.5水泥的强度应采用胶砂法测定。该法要求测定试件的（　　）天和28天抗压强度和抗折强度。（2007年真题）
   A. 3　　　　　B. 7　　　　　C. 14　　　　　D. 21

【答案】　A

【解析】

检测水泥3天抗压、抗折强度试验，是为了控制水泥的早期强度；之所以用28天作为最终强度龄期，水泥强度的快速增长期为28天，高速增长期过后，水泥强度的增长会极为缓慢。

36. 水泥的强度受下列哪些因素的影响（　　）。
   A. 水泥熟料的矿物组成　　　　B. 混合料及石膏掺量
   C. 细度及试验方法　　　　　　D. 养护条件和龄期
   E. 水泥的种类
   【答案】　ABCD
   【解析】　口诀："材料工艺两路走，前4后3七因素"。即：①水泥熟料的矿物组成，②混合料的掺量，③石膏掺量，④细度——此为与材料有关的因素；⑤龄期，⑥养护条件，⑦试验方法的影响——此为与工艺有关的因素。

37. 关于硅酸盐、普通硅酸盐水泥说法正确的是（　　）。
   A. 硅酸盐水泥水化热最大、耐蚀性和耐热性差
   B. 硅酸盐水泥的早期强度最高、凝结硬化最快、抗冻性好
   C. 普通水泥水化热较大、耐蚀性和耐热性较差
   D. 普通水泥的早期强度较高、凝结硬化较快、抗冻性较好
   E. 硅酸盐水泥和普通水泥的通性是干缩性较大
   【答案】　ABCD
   【解析】　E错误，"硅普粉煤干缩小"。即：早强水泥的通性是干缩性小，此外，粉煤灰水泥的干缩性也比较小。

38. 要求快硬早强的混凝土工程，应优先选用的水泥是（　　）。
   A. 硅酸盐水泥　　　　　　　　B. 矿渣水泥
   C. 普通硅酸盐水泥　　　　　　D. 复合水泥
   【答案】　A
   【解析】　硅酸盐水泥水化热最大，凝结硬化为六大通用硅酸盐水泥中最快的。

39. 厚大体积混凝土或长期处于水中的混凝土，应优先选用（　　）。
   A. 矿渣水泥　　　　　　　　　B. 火山灰水泥
   C. 粉煤灰水泥　　　　　　　　D. 复合水泥
   E. 硅酸盐水泥
   【答案】　ABCD
   【解析】　大湿大蚀大体积，晚强水泥均适宜。

40. 下列有关水泥强度与混凝土强度匹配的说法正确的是（　　）。
   A. 普通混凝土采用的水泥强度等级为混凝土强度等级的1.5~2.0倍
   B. 高强混凝土采用的水泥强度等级为混凝土强度等级的0.9~1.5倍
   C. 低强水泥配制高强混凝土时，水泥用量过大，不经济，影响混凝土的性能
   D. 高强水泥配制低强混凝土时，水泥用量偏少，导致混凝土密实度、耐久性差
   E. 普通混凝土或高强混凝土采用水泥的强度等级均为混凝土强度等级的1.5~2.0倍
   【答案】　ABCD
   【解析】　既然A、B正确，E就是错的。

41. 有关混凝土细集料说法错误的是（　　）。
   A. 粒径在4.75mm以下的集料称为细集料，在普通混凝土中指的是砂
   B. 砂可分为天然砂、人工砂、机制砂三类

C. 人工砂是经除土处理的机制砂、混合砂的统称

D. 天然砂包括河砂、湖砂、山砂和淡化海砂

【答案】 B

【解析】 天然砂和人工砂是两个并列的上位概念。天然砂包括"山河湖海"四类。人工砂指用制砂机破碎而成的砂子。机制砂掺上细砂就叫混合砂。

42. 有关混凝土用砂的颗粒级配及粗细程度说法正确的是（ ）。

A. 砂的颗粒级配是指：砂中大小不同的颗粒相互搭配的比例情况

B. 颗粒级配较好，砂粒之间的空隙最少

C. 砂的粗细程度是指不同粒径的砂粒混合后总体的粗细程度

D. 砂根据粗细程度通常有粗砂、中砂与细砂、特细砂之分

E. 在相同质量条件下，细砂的总表面积小，而粗砂的总表面积较大

【答案】 ABC

【解析】

（1）D 错误；砂按细度模数可分为粗、中、细三级。

（2）E 说反了：应该是细砂总表面积大，粗砂总表面积小。这就好比 1 个切开的苹果比一整个苹果的总表面积大，但它俩的体积是一样。

43. 有关配置混凝土时，砂的选用下列说法正确的是（ ）。

A. 配制混凝土时宜优先选用Ⅱ区砂

B. 采用Ⅰ区砂时，应提高砂率，并保持足够的水泥用量

C. 采用Ⅲ区砂时，宜适当降低砂率，以保证混凝土的强度

D. 对于泵送混凝土，宜选用中砂，且砂中 <0.315mm 的颗粒应不低于15%

E. 在选择混凝土用砂时，砂的颗粒级配和粗细程度应分开考虑

【答案】 ABCD

【解析】

（1）A 正确；这样就既确保了混凝土的强度，又确保了混凝土的和易性。

（2）B 正确；Ⅰ区砂为粗砂，砂子在混凝土中起滚珠作用，粗砂比表面积较小，提高砂率才能满足混凝土的和易性要求。

（3）C 正确；Ⅲ区砂为细砂，细砂比表面积大，需要更多水泥浆包裹，水泥浆量太大会降低混凝土的密实度，影响混凝土强度、耐久性，所以要降低砂率。

（4）D 正确；意思就是细砂不能太少。

（5）E 错误；应该是同时考虑。颗粒级配和粗细程度是两个关联性极强的指标。

44. 有关石子强度和坚固性的说法错误的是（ ）

A. 碎石或卵石的强度指标包括"岩石抗压强度和压碎指标"

B. 当混凝土强度等级为 C60 及以上时，应进行岩石抗压强度检验

C. 对经常性的生产质量控制，则可用压碎指标值来检验

D. 用于制作粗集料的岩石的抗压强度与混凝土强度等级之比应≥1.0

【答案】 D

【解析】 D 说法错误，岩石抗压强度/混凝土强度应≥1.5

45. 钢筋混凝土梁截面尺寸为 300mm×500mm，受拉区配 4 根直径 25mm 的钢筋，已知

梁的保护层厚度为25mm，则配制混凝土选用的粗集料不得大于（　　）。

A. 25.5mm　　　　B. 32.5mm　　　　C. 37.5mm　　　　D. 40.5mm

【答案】 C

【解析】 根据图解石子最大粒径相关规定可得：

(1) 300 − (4 × 25) − (25 × 2) = 150（mm）

(2) 150 ÷ 4 = 37.5（mm）

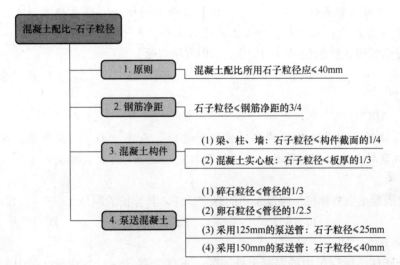

46. 下列混凝土掺合料中，属于非活性矿物掺合料的是（　　）。(2016年真题)

A. 石灰石粉　　　　　　　　　B. 硅灰

C. 沸石粉　　　　　　　　　　D. 粒化高炉矿渣粉

【答案】 A

【解析】 混凝土的掺合料分为：活性掺合料和非活性掺合料。

(1) 活性掺合料是指含氧化钙、氧化硅等活性物质。如粉煤"灰"、"硅灰"、粒化高炉矿渣"粉"、沸石"粉"等。教材中，凡是带"粉"或"灰"的，都属于活性的；凡是"渣、砂、石"这种粒径较大的，如"硬矿渣、石英砂、石灰石"均属于非活性掺合料。

(2) 掺合料的直接作用是：①节约水泥，②改善混凝土性能。

(3) 据统计，建筑工程中使用最多的掺合料是粉煤灰。

47. 影响混凝土拌合物和易性的主要因素包括（　　）。(2018年真题)

A. 强度　　　　　　　　　　　B. 组成材料的性质

C. 砂率　　　　　　　　　　　D. 单位体积用水量

E. 时间和温度

【答案】 BCDE

【解析】 影响混凝土和易性的因素："材料工艺两路走，前4后2六因素"。①单位体积用水量，②砂率，③材料性质——此为材料因素；④时间，⑤温度——此为工艺因素。

其中，"单位体积用水量"对混凝土和易性起决定性作用。

48. 在混凝土配合比设计时，影响混凝土拌合物和易性最主要的因素是（　　）。(2014

年真题）

　　A. 砂率　　　　　　B. 单位体积用水量　C. 温度　　　　　　D. 拌和方式

【答案】　B

49. 下列混凝土拌合物性能中，不属于和易性含义的是（　　）。(2012年真题)

　　A. 流动性　　　　　B. 黏聚性　　　　　C. 耐久性　　　　　D. 保水性

【答案】　C

【解析】　混凝土和易性、强度、耐久性是三个并列概念。和易性表现在几分钟、几十分钟；强度表现为几天、几十天；耐久性表现为几年、几十年。

50. 混凝土的耐久性能包括（　　）。(2011年真题)

　　A. 抗冻性　　　　　B. 抗碳化性　　　　C. 抗渗性　　　　　D. 抗侵蚀性
　　E. 和易性

【答案】　ABCD

【解析】　混凝土耐久性包括"渗冻侵碳碱锈蚀"六个方面。即抗渗性、抗冻性、抗侵蚀、碳化、碱集料反应、钢筋锈蚀。其中抗渗性是"老大"，它直接决定了混凝土的抗冻性和抗侵蚀性。

51. 测定混凝土立方体抗压强度采用的标准试件，其养护龄期是（　　）。(2010年真题)

　　A. 7天　　　　　　B. 14天　　　　　　C. 21天　　　　　　D. 28天

【答案】　D

52. 用于居住房屋建筑中的混凝土外加剂，不得含有（　　）成分。(2013年真题)

　　A. 木质素磺酸钙　　B. 硫酸盐　　　　　C. 亚硝酸盐　　　　D. 尿素

【答案】　D

【解析】　凭常识判断，住宅建筑混凝土中含尿素太多，进屋就像进公厕，那还能住人吗？

53. 通常用于调节混凝土凝结时间、硬化性能的混凝土外加剂有（　　）。(2012年真题)

　　A. 缓凝剂　　　　　B. 早强剂　　　　　C. 膨胀剂　　　　　D. 速凝剂
　　E. 引气剂

【答案】　ABD

【解析】

(1) 改善混凝土流动性：减水引气泵送剂。

(2) 调节混凝土凝结硬化性：早强速凝缓凝剂。

(3) 改善混凝土耐久性：防水引气阻锈剂。

54. 关于细集料"颗粒级配"和"粗细程度"性能指标的说法，正确的是（　　）。(2011年真题)

　　A. 级配好，砂粒之间的空隙小；集料越细，集料比表面积越小

　　B. 级配好，砂粒之间的空隙大；集料越细，集料比表面积越小

　　C. 级配好，砂粒之间的空隙小；集料越细，集料比表面积越大

　　D. 级配好，砂粒之间的空隙大；集料越细，集料比表面积越大

【答案】　C

【解析】　原理同"切苹果"。

55. 混凝土的变形包括荷载变形和非荷载变形。其中荷载变形包括（   ）。
   A. 短期变形　　　　B. 长期徐变　　　　C. 化学收缩　　　　D. 温度变形
   E. 碳化收缩
   【答案】　AB
   【解析】
   （1）混凝土变形分类："变形荷载非荷载"。即①荷载变形，②非荷载变形。
   （2）荷载变形分类："短期长期两方面"。即①短期荷载，②长期荷载（徐变）。
   （3）非荷载变形分类："温度干湿两收缩"。即①化学收缩，②碳化收缩，③干湿变形，④温度变形。

56. 关于混凝土外加剂的说法错误的是（   ）。（2015年真题）
   A. 掺入适量减水剂能改善混凝土的耐久性
   B. 高温季节大体积混凝土施工应掺速凝剂
   C. 掺入引气剂可提高混凝土的抗渗性和抗冻性
   D. 早强剂可加速混凝土早期强度增长
   【答案】　B
   【解析】　B的说法错误；高温季节不应掺速凝剂，而应该掺缓凝剂。

57. 混凝土拌合物的和易性通常包括（   ）。
   A. 密实性　　　　　B. 流动性　　　　　C. 黏聚性　　　　　D. 保水性
   E. 抗裂性
   【答案】　BCD
   【解析】　混凝土和易性简称"流黏保"。三者的关系是：流动性↑，保水性和黏聚性↓；反之亦然。
   （1）流黏保：①流动性：指混凝土在流动作用下铺满模板的能力；②黏聚性：即黏聚力，混凝土具有黏聚力才不会产生严重的分层离析；③保水性：是要求混凝土不发生严重泌水的性能。
   （2）流动性：①普通混凝土流动性指标包括："塌落度和塌落扩展度"；②塌落度<10mm的干硬性混凝土，其流动性指标用"维勃稠度"表示。
   （3）黏聚性+保水性：目测结合经验确定。

58. 影响混凝土强度的因素主要包括材料和工艺两个方面；其中，有关材料方面的影响因素包括（   ）。
   A. 水泥强度　　　　　　　　　　　　　B. 集料的种类、质量数量
   C. 水胶比　　　　　　　　　　　　　　D. 外加剂和掺合料
   E. 搅拌与振捣
   【答案】　ABCD
   【解析】
   （1）影响混凝土强度的因素："材料工艺两路走，前5后4九方面"。
   （2）材料因素包括："两水两料外加剂"。即①水泥强度，②水胶比，③集料种类、质量和数量，④掺合料，⑤外加剂。
   （3）工艺因素："浇捣龄期温湿度"。即①搅拌，②振捣，③养护温度和湿度，④龄期。

59. 有关混凝土抗渗性的说法正确的是（ ）。
A. 混凝土的抗渗性是由抗冻性和抗侵蚀性决定的
B. 混凝土的抗渗性分6个等级
C. 混凝土的抗渗性等级为P4、P6、P8、P10、P12
D. 混凝土的抗渗性的相邻两个等级之间相差2MPa
【答案】 B
【解析】
（1）A错误，说反了，是混凝土的抗渗性直接影响抗冻性和抗侵蚀性。
（2）C少写了一个>P12级。
（3）D错误，不是相差2MPa，而是相差0.2MPa。

60. 混凝土碳化导致的后果包括（ ）。
A. 碱度降低
B. 削弱混凝土对钢筋的保护作用
C. 导致钢筋锈蚀
D. 使混凝土抗压强度减小，抗拉、抗折强度增大
E. 碳化显著增加混凝土的收缩
【答案】 ABCE
【解析】 D说反了，是导致混凝土抗压强度增大，抗拉、抗折强度降低。

61. 提高混凝土的抗渗性和抗冻性的关键是（ ）。
A. 选用合理砂率   B. 增大水胶比
C. 提高密实度   D. 增加集料用量
【答案】 C
【解析】 混凝土的抗冻性和抗渗性，主要与密实度有关；混凝土的密实度又取决于内部构造、孔隙率大小。简单说，孔隙率越小，内部毛细通道越少，混凝土密实度就越高，强度及抗渗性就越好；强度越高，构造越紧密，抵抗冻融循环反复作用的能力就越好。
由此得到，提高抗渗和抗冻的关键是：①提高密实度，②降低孔隙率。

62. 混凝土的抗渗性能主要与其（ ）有关。
A. 密实度   B. 内部孔隙的大小
C. 强度   D. 内部孔隙的构造
E. 保水性
【答案】 ABD

63. 紧急抢修工程主要掺入混凝土的外加剂是（ ）。
A. 早强剂   B. 缓凝剂
C. 引气剂   D. 膨胀剂
【答案】 A
【解析】 早强剂是一种提高混凝土早期强度的外加剂。国外常将早强剂称作促凝剂，意指缩短混凝土凝结时间的外加剂。
早强剂可①加速混凝土硬化和早期强度发展，②缩短养护周期，③加快施工进度，④提高模板周转率，所以早强剂主要用于需要赶工、抢险抢修和冬季施工。

64. 泵送与滑模方法施工主要掺入的外加剂是（　　）。
A. 早强剂　　　　B. 缓凝剂　　　　C. 引气剂　　　　D. 膨胀剂
【答案】 B
【解析】
(1) 缓凝剂主要用于"高大泵滑远距离"。即①高温季节混凝土，②大体积混凝土，③采用泵送与滑模施工的混凝土，④远距离运输的商混。
(2) 缓凝剂不宜用于：①冬季施工（日最低气温＜5℃）混凝土，②早强混凝土，③蒸汽养护混凝土。

65. 下列有关防冻剂的说法错误的是（　　）
A. 含亚硝酸盐、碳酸盐的防冻剂，严禁用于预应力混凝土结构
B. 含有六价铬盐、亚硝酸盐等的防冻剂严禁用于饮用水工程及与食品相接触的工程
C. 含有硝铵、尿素等产生刺激性气味的防冻剂，可用于办公、居住等建筑
D. 防冻剂主要是确保混凝土不冻结
【答案】 C
【解析】 C 的说法错误，含硝铵、尿素等产生刺激性气味的防冻剂，严禁用于办公、居住等建筑。这道题的内容比较冷门，却是出题兴奋点，要求考生掌握。

66. 用于承重的双排孔轻集料混凝土砌块砌体的孔洞率不应大于（　　）。(2018年真题)
A. 25%　　　　B. 30%　　　　C. 35%　　　　D. 40%
【答案】 C
【解析】
(1) 烧结普通砖尺寸：240mm×115mm×53mm
(2) 多孔砖孔洞率≤35%，空心砖孔洞率≥40%。

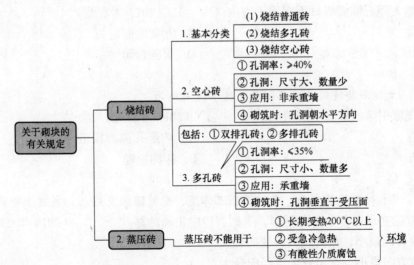

67. 按照成分组成，砌体结构砌筑用砂浆通常可以分为（　　）。
A. 水泥砂浆　　B. 特种砂浆　　C. 混合砂浆　　D. 专用砂浆
E. 石灰砂浆
【答案】 ACD

【解析】 砌筑砂浆分为"水混专用三砂浆"。
（1）水泥砂浆：强度高、耐久好，抗渗性好，但流动、保水性均较差。故常用于①防潮层以下砌体，②对强度要求较高的砌体。
（2）混合砂浆：①水泥石灰砂浆，②水泥黏土砂浆。工程当中常见的是前者，其耐久性，流动性，保水性较好，易于砌筑，但强度不如水泥砂浆。至于后者，只有在砌筑临时性围挡时才会用到，一般不用于永久工程。
（3）专用砂浆：①砌块专用砂浆，②蒸压砖专用砂浆，一种专用胶黏剂。

68. 有关砂浆强度等级的说法正确的是（　　）。
A. 砂浆试块是 70.7mm×70.7mm×70.7mm 的立方体试块
B. 标准养护龄期为 28 天
C. 标准养护温度为 20±2℃，相对湿度 90% 以上
D. 每组取 3 个试块进行抗压强度试验
E. 砂浆试块一组 6 块

【答案】 ABCD

【解析】 E 错误，砌筑砂浆每组取 3 个试块进行抗压强度试验。

69. 关于花岗石特性的说法，错误的是（　　）。（2016 年真题）
A. 强度高　　　　　　　　　　B. 耐磨性能好
C. 密度大　　　　　　　　　　D. 属碱性石材

【答案】 D

【解析】 花岗石构造致密、强度高、密度大、吸水率极低、质地坚硬、耐磨，属"酸性硬石材"。其耐酸、抗风化、耐久性好，使用年限长。但是花岗石所含石英在高温下会发生晶变，体积膨胀而开裂，因此"不耐火"。

70. 天然大理石饰面板材不宜用于室内（　　）。（2012 年真题）
A. 墙面　　　　　　　　　　　B. 大堂地面
C. 柱面　　　　　　　　　　　D. 服务台面

【答案】 B

【解析】 大理石质地较软，不耐磨，故不适用地面。

71. 由湿胀引起的木材变形情况是（　　）。（2011 年真题）
A. 翘曲　　　　　　　　　　　B. 开裂
C. 鼓凸　　　　　　　　　　　D. 接榫松动

【答案】 C

【解析】 "木材变形两方面，干缩湿胀五体现，桌椅湿胀见鼓凸，裂缝松翘找干缩。"

72. 木材的变形在各个方向不同，下列表述中正确的是（　　）。（2018 年真题）
A. 顺纹方向最小，径向较大，弦向最大
B. 顺纹方向最小，弦向较大，径向最大
C. 径向最小，顺纹方向较大，弦向最大
D. 径向最小，弦向较大，顺纹方向最大

【答案】 A

【解析】 "顺小径大弦最大，木材出题兴奋点"。

73. 木材的湿胀干缩变形在各个方向上有所不同,变形量从小到大依次是(　　)。(2015年真题)

A. 顺纹、径向、弦向 　　B. 径向、顺纹、弦向
C. 径向、弦向、顺纹 　　D. 弦向、径向、顺纹

【答案】 A

74. 第一类人造软木地板最适合用于(　　)。(2017年真题)

A. 商店 　　B. 图书馆
C. 走廊 　　D. 家庭居室

【答案】 D

【解析】 "人造木板分三类,重点关注第一类"。

75. 关于普通平板玻璃特性的说法,正确的是(　　)。(2013年真题)

A. 热稳定性好 　　B. 抗拉强度较高
C. 热稳定性差 　　D. 防火性能较好

【答案】 C

【解析】 "平板玻璃最平庸,教材恋旧不舍扔,急冷急热易炸裂,冬冷夏热不保温"。

76. 节能装饰型玻璃包括(　　)。(2016年真题)

A. 压花玻璃 　　B. 彩色平板玻璃
C. 中空玻璃 　　D. "Low-E"玻璃
E. 真空玻璃

【答案】 BCDE

【解析】 "彩色釉面五朵花"。

77. 关于钢化玻璃特性的说法,正确的有(　　)。(2015年真题)

A. 碎后易伤人 　　B. 使用时可切割
C. 热稳定性差 　　D. 可能发生自爆
E. 机械强度高

【答案】 DE

【解析】 "高强弹性耐火好,碎不伤人但自爆"。

78. 有关天然石材的放射性,下列说法错误的是(　　)。

A. 装修材料中的石材按放射性限量分A、B、C三类
B. A类产品的产销与适用范围不受限制
C. B类产品不可用于Ⅰ类民用建筑的内外饰面
D. C类产品只可用于一切建筑的外饰面

【答案】 C

【解析】

(1) 天然石材按照放射性限量分A、B、C三类。

(2) A类:放射性物质含量极少,可以用于一切建筑物的内外饰面。

(3) B类:可以用于Ⅰ类民建的外饰面及其他一切建筑的内外饰面。Ⅰ类民建包括五大类:"老幼病宅校";即养老院、幼儿园、医院、学校、住宅。其余诸如"酒店、商场、图书馆、展览馆、文娱等场所……,都属于Ⅱ类民建。"

(4) C 类石材：只能用于一切建筑的外饰面。

79. 有关人造木板的甲醛释放量的说法错误的是（ ）。
A. Ⅰ类民用建筑的室内装修必须采用 E_1 类人造木地板
B. E_1 类的甲醛释放量不大于 $0.124mg/m^3$
C. 人造木板甲醛释放量采用气候箱法测试
D. 人造木板甲醛释放量采用干燥器法测试
E. 木地板中甲醛释放量不应小于 $0.08mg/m^3$

【答案】 DE

【解析】
(1) 根据 2017 年最新发布的《人造板及其制品中甲醛释放限量》GB 18580—2017：人造木板的甲醛释放量的标准检测方法从三种（穿孔萃取法、干燥器法、气候箱法）缩减为只剩气候箱法一种。
(2) 原先 E_2 类人造板经处理后也可用于Ⅰ类民建。但新规范规定："Ⅰ类民用建筑的室内装修必须采用 E_1 类人造木地板"。
(3) 木地板中的甲醛释放量应 $<0.08mg/m^3$。

80. 阳光镀膜玻璃的特性说法正确的是（ ）。
A. 具有双向透视性   B. 产生暖房效应
C. 又称"Low-E"玻璃   D. 适用于门窗、幕墙、中空玻璃
E. 安装时，应将膜层面向室内

【答案】 DE

81. 下列关于低辐射镀膜玻璃说法正确的是（ ）。
A. 又称"单反"玻璃   B. 一般宜单独使用
C. 宜加工成中空玻璃使用   D. 镀膜面应朝向中空气体层
E. 冬暖夏凉，具有良好的保温效果

【答案】 CDE

【解析】 镀膜玻璃和着色玻璃的原理基本一致，都是通过对光源的反射作用达到节能效果。要求考生准确掌握两者的特性及区别，一旦出题，一定是 80 或 81 题中的任意一个。

82. 中空玻璃的特性下列说法正确的是（ ）。
A. 光学性好   B. 保温隔热，降低能耗
C. 防结露   D. 隔声性好
E. 一般可使噪声可下降 $10\sim20dB$

【答案】 ABCD

【解析】 中空玻璃和前两类节能玻璃的原理不太一样，中空玻璃是基于导热的原理控制室内环境。其特性总结为"隔热隔声防结露"。中空玻璃具有良好的隔声性能，一般可使噪声下降 $30\sim40dB$。

83. 有关真空玻璃下列说法正确的是（ ）。
A. 真空玻璃按保温性能（K 值）分为 1 类、2 类、3 类、4 类
B. 1 类：$K \leq 1.0$；2 类：$1.0 < K \leq 2.0$；3 类：$2.0 < K \leq 3.0$
C. 中空玻璃有比真空玻璃更好的保温、隔热、隔声性能

D. 真空玻璃之间的间隙仅为 0.1~0.2mm

【答案】 D

【解析】 真空玻璃特性："绝热绝声不结露"。故 C 错误；真空玻璃比中空玻璃的保温、隔热、隔声效果更好。

84. 关于高聚物改性沥青防水卷材的说法，错误的是（　　）。（2014 年真题）

A. SBS 卷材尤其适用于较低气温环境的建筑防水
B. APP 卷材尤其适用于较高气温环境的建筑防水
C. 采用冷粘法铺贴时，施工环境温度不应低于 0℃
D. 采用热熔法铺贴时，施工环境温度不应低于 -10℃

【答案】 C

【解析】

（1）改性沥青卷材包括："AB 胎柔橡胶改"。一级建造师考试主要涉及的是 APP 和 SBS 两类。

（2）SBS 为弹性体卷材，其广泛用于工建和民建的屋面及地下防水工程，尤其适用于"低温"环境下的防水工程。

（3）APP 为塑性体卷材，适用于工建和民建的屋面及地下防水工程，以及道路、桥梁等工程的防水，尤其适用于"高温"环境下的防水工程。

85. 下列防水卷材中，温度稳定性最差的是（　　）。（2013 年真题）

A. 高分子防水卷材　　　　　　B. 聚氯乙烯防水卷材
C. 高聚物防水卷材　　　　　　D. 沥青防水卷材

【答案】 D

【解析】 简单了解，沥青防水卷材目前已基本被市场和政策淘汰。

86. 下列装修材料中，属于功能材料的是（　　）。（2012 年真题）

A. 壁纸　　　　　　　　　　　B. 木龙骨
C. 水泥　　　　　　　　　　　D. 防水涂料

【答案】 D

【解析】 水泥属于结构材料，壁纸、龙骨很明显是装修材料。所以功能材料是指除结构、装修材料以外的防水、防火、保温材料。

87. 防水卷材的耐老化性指标可用来表示防水卷材的（　　）性能。（2010 年真题）

A. 大气稳定　　　　　　　　　B. 拉伸
C. 温度稳定　　　　　　　　　D. 柔韧

【答案】 A

88. 沥青防水卷材是传统的建筑防水材料，成本较低，但存在（　　）等缺点。（2010 年真题）

A. 高温易脆裂　　　　　　　　B. 温度稳定性较差
C. 低温易流淌　　　　　　　　D. 耐老化性较差
E. 拉伸强度和延伸率低

【答案】 BDE

【解析】 简单了解，沥青防水卷材目前已基本被市场和政策淘汰。

89. 有关建筑防水说法正确的是（　　）
    A. 建筑防水分构造防水和材料防水
    B. 构造防水是依靠结构本身来防水，材料防水是依靠防水材料防水
    C. 材料防水分为刚性防水和柔性防水
    D. 刚性防水主要是砂浆、混凝土等刚性材料，柔性防水主要是防水卷材、涂料、堵漏灌浆和密封材料
    E. 刚性防水在建筑防水中占主导地位

【答案】 ABCD
【解析】 E错误，柔性防水材料在建筑防水中占主导地位；而防水卷材又在柔性防水材料中占主导地位。

90. 有关防水卷材主要性能的说法正确的是（　　）
    A. 防水卷材具有防水性、力学性、柔韧性、温度稳定性、大气稳定性
    B. 力学性包括：拉力、拉伸强度、断裂伸长率
    C. 大气稳定性包括：耐老化性、老化后性能保持率
    D. 防水性包括：不透水性和抗渗透性
    E. 柔韧性包括柔度、柔性、脆性温度

【答案】 ABCD
【解析】

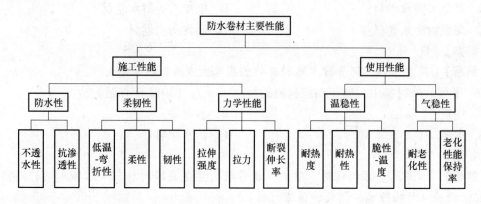

91. 有关防水涂料下列说法正确的是（　　）
    A. 防水涂料按使用部位包括屋面、地下、道桥防水
    B. 防水涂料类别分为挥发型、反应型、反应挥发型
    C. 防水涂料不适合各种复杂、不规则部位的防水
    D. 适用于屋面、地下室、地面的防潮、防渗
    E. 防水涂料分为：丙烯酸类、聚氨酯类、有机硅类、改性沥青类

【答案】 ABDE
【解析】
（1）C错误，防水涂料属于流体，可满足各种不规则、复杂部位、孔洞等。
（2）防水涂料的三大分类方法：①按使用部位分为："道桥屋面地下防"；②按涂料类别分为"挥发反应反挥发"；③按成膜物质划分为："丙烯硅酸聚氨酯"。

92. 堵漏灌浆材料按主要成分不同可分为（　　）。

A. 丙烯酸胺类　　　　　　　　　B. 甲基丙烯酸酯类

C. 环氧树脂类　　　　　　　　　D. 聚氨酯类

E. 复合类

【答案】　ABCD

【解析】　E 不存在。堵漏灌浆材料："二丙环氧聚氨酯"——带着二丙（太阳镜）参加环法自行车赛，赛道面采用聚氨酯地坪材料制作。

93. 下列钢结构防火涂料类别中，不属于按厚度进行分类的是（　　）。（2016年真题）

A. B 类　　　　　　　　　　　　B. CB 类

C. H 类　　　　　　　　　　　　D. N 类

【答案】　D

【解析】　防火涂料按厚度划分："厚薄超薄三厚度"（CB、B、H）

（1）超薄（CB）：涂层厚度≤3mm；

（2）薄型（B）：3mm＜涂层厚度≤7mm；

（3）厚型（H）：7mm＜涂层厚度≤45mm。

94. 有关"燃烧"的说法错误的是（　　）。

A. 燃烧三特征是放热、发光、生成新物质

B. 燃烧三要素包括可燃物、助燃物、火源

C. 物体阻燃是指物体本身具有防止、减缓、终止燃烧的能力

D. 阻燃和防火是一回事

【答案】　D

【解析】　简言之，阻燃的对象是物体本身，而防火的对象是被保护物体。防火有点像英雄，"牺牲自己保护别人"；阻燃是"保护自己"，指材料本身就具有防止、减缓或终止燃烧的性能。

95. 属于非膨胀型防火材料的是（　　）。（2019年真题）

A. 超薄型防火涂料　　　　　　　B. 薄型防火涂料

C. 厚型防火涂料　　　　　　　　D. 有机防火堵料

【答案】　C

【解析】　厚型防火材料也被称之为不发泡的防火材料，其主要起防火作用，但不隔热。

96. 用于建筑物保温的材料一般要求包括（　　）的特性。

A. 密度小、吸水率低、导热系数小　　B. 环境友好、保温性能可靠

C. 施工方便　　　　　　　　　　D. 尺寸稳定性好

E. 造价昂贵

【答案】　ABCD

【解析】　E 错误，应该是造价合理。

97. 建筑保温材料按材质可分为（　　）。

A. 无机保温材料　　　　　　　　B. 有机保温材料

C. 复合保温材料　　　　　　　　D. 纤维保温材料

E. 多空保温材料

【答案】 ABC

【解析】 "有无复合三保温"。

98. 影响保温材料导热系数的因素有（   ）。(2019年真题)
A. 材料的性质   B. 表观密度与孔隙特征
C. 温度及湿度   D. 材料几何形状
E. 热流方向

【答案】 ABCE

【解析】

（1）材料的性质：保温材料的导热系数排序：金属＞非金属＞气体。

（2）表观密度与孔隙：保温材料的表观密度直接决定了材料的导热性。简单讲，表观密度越小、材料的孔隙越小，导热系数也越小，保温性越好。

（3）湿度：材料吸湿受潮导热性↑↑↑，保温性会大幅↓↓↓。原因是水的导热系数是空气的20倍，所以要做好保温材料的防潮工作。

（4）温度：温度对导热系数的影响并非是线性的，只有高温和负温环境下的保温材料，才考虑温度影响。

（5）热流方向：叫"平行较弱垂直强"。即：传热方向与纤维方向平行时，导热系数大，保温性就差。反之，传热方向和保温纤维方向垂直时，导热性差，保温性就好。

99. 保温材料根据材料的适用温度范围可分为（   ）
A. 高温保温材料（700℃以上）   B. 中温保温材料（250～700℃）
C. 低温保温材料（低于250℃）   D. 保冷材料（低于0℃）
E. 耐火保温材料（温度＞2000℃）

【答案】 ABCD

【解析】 E错误，保温材料温度＞1000℃就属于耐火材料。关于保温材料的这四大类别记一句话："0257一千度，冷低中高四保温"。

100. 关于各类保温材料的温度适用范围可分为（   ）
A. 改性酚醛泡沫塑料抗1000℃火焰的能力可达1h
B. 岩棉最高使用温度可达820～870℃
C. 矿渣棉最高使用温度为600～650℃
D. 超细棉使用温度不超过400℃，普通玻璃棉为不超过300℃
E. 大部分岩棉制品的密度为20～80kg/m³

【答案】 BCD

【解析】

（1）A错误，改性酚醛泡沫塑料抗1000℃火焰的能力可达2h（120min）。

（2）E错误，普通玻璃棉的密度80～100kg/m³。

三、2020考点预测

1. 结构材料的特性、应用及检验。
2. 装饰装修材料的特性及检验。
3. 功能材料的分类、特性及检验。

第二节 工程设计

考点一：建筑设计
考点二：结构设计
考点三：装配设计

一、选择题及答案解析

1. 下列空间可不计入建筑层数的有（　　）。(2018 年真题)
   A. 室内顶板面高出室外设计地面 1.2m 的半地下室
   B. 设在建筑底部室内高度 2.0m 的自行车库
   C. 设在建筑底部室内高度 2.5m 的敞开空间
   D. 建筑屋顶突出的局部设备用房
   E. 建筑屋顶凸出屋面的楼梯间

   【答案】　ABDE
   【解析】

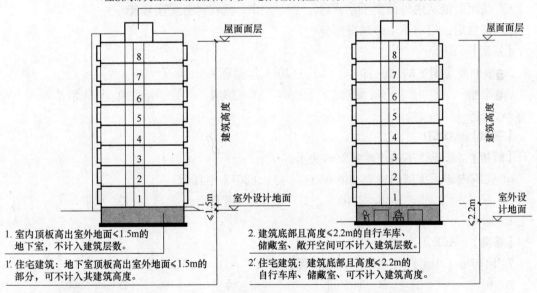

2. 住宅建筑室内疏散楼梯的最小净宽度为（　　）。(2018 年真题)
   A. 1.0m　　　　　　　　　　B. 1.1m
   C. 1.2m　　　　　　　　　　D. 1.3m

   【答案】　B

3. 楼梯踏步最小宽度不应小于 0.28m 的是（　　）的楼梯。(2013 年真题)
   A. 专用疏散　　　　　　　　B. 医院

C. 住宅套内   D. 幼儿园

【答案】 B

【解析】

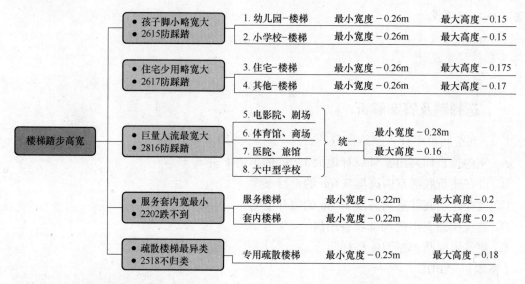

4. 下列防火门构造的基本要求中，正确的有（　　）。（2018年真题）

A. 甲级防火门耐火极限应为1.0h B. 向内开启
C. 关闭后能从内外两侧手动开启 D. 具有自行关闭功能
E. 开启后，门扇不应跨越变形缝

【答案】 CDE

5. 楼地面应满足的功能有（　　）。（2018年真题）

A. 平整   B. 耐磨   C. 防滑   D. 易于清洁
E. 经济

【答案】 ABCD

【解析】 经济性不属于对功能的要求。

6. 建筑内非承重墙的主要功能有（　　）。（2017年真题）

A. 保温   B. 美化   C. 隔声   D. 承重
E. 防水

【答案】 ACE

7. 涂饰施工中必须使用耐水腻子的部位有（　　）。（2018年真题）

A. 厨房   B. 卫生间   C. 卧室   D. 地下室
E. 客厅

【答案】 ABD

【解析】 多水的房间要"耐水"，这是常识。

8. 可能造成外墙装修层脱落、表面开裂的原因有（　　）。（2011年真题）

A. 装修材料的弹性过大   B. 结构发生变形
C. 结构材料的强度偏高   D. 粘接不好

E. 结构材料与装修材料的变形不一致

【答案】 BDE

【解析】 一言以蔽之：之所以会开裂、脱落，是因为两种材料的变形不一致。

9. 关于装饰装修构造必须解决的问题说法正确的有（　　）。(2017年真题)

A. 装修层的厚度与分层、均匀与平整

B. 与建筑主体结构的受力和温度变化相一致

C. 为人提供良好的建筑物理环境、生态环境

D. 防火、防水、防潮、防空气渗透和防腐处理等问题

E. 全部使用不燃材料

【答案】 ABCD

10. 某厂房在经历强烈地震后，其结构仍能保持整体稳定而不发生倒塌，此项功能属于结构的（　　）。(2015年真题)

A. 安全性　　　　B. 适用性　　　　C. 耐久性　　　　D. 稳定性

【答案】 A

【解析】 只要一谈到倾覆、滑移、倒塌一定是在说结构安全性；谈到过大变形、过大裂缝、过大振幅一定是在说结构适用性；而跟"长期"有关的诸如腐蚀、老化等，一定是在谈耐久性。

11. 一般情况下，钢筋混凝土梁是典型的受（　　）构件。(2013年真题)

A. 拉　　　　　　B. 压　　　　　　C. 弯　　　　　　D. 扭

【答案】 C

【解析】 常识性考点：梁是典型的受弯构件，柱是典型的受压构件。

12. 预应力混凝土构件的混凝土最低强度等级不应低于（　　）。(2014年真题)

A. C30　　　　　B. C35　　　　　C. C40　　　　　D. C45

【答案】 C

13. 设计使用年限为50年，处于一般环境的大截面钢筋混凝土柱，其混凝土强度等级不应低于（　　）。(2016年真题)

A. C15　　　　　B. C20　　　　　C. C25　　　　　D. C30

【答案】 C

14. 设计使用年限50年的普通住宅工程，其结构混凝土的强度等级不应低于（　　）。(2013年真题)

A. C20　　　　　B. C25　　　　　C. C30　　　　　D. C35

【答案】 B

15. 直接接触土体浇筑的普通钢筋混凝土构件，其混凝土保护层厚度不应小于（　　）。(2018年真题)

A. 50mm　　　　B. 60mm　　　　C. 70mm　　　　D. 80mm

【答案】 C

【解析】 基础中纵筋的保护层厚度：设计无要求时，有垫层≥40mm，无垫层≥70mm。

16. 建筑结构可靠性包括（　　）。(2017年真题)

A. 安全性　　　　B. 经济性　　　　C. 适用性　　　　D. 耐久性

E. 合理性

【答案】 ACD

【解析】 "结构可靠三方面,安全适用耐久性"。

17. 一般环境中,要提高混凝土结构的设计使用年限,对混凝土强度等级和水胶比的要求是(   )。(2011年真题)

A. 提高强度等级,提高水胶比　　　　B. 提高强度等级,降低水胶比
C. 降低强度等级,提高水胶比　　　　D. 降低强度等级,降低水胶比

【答案】 B

【解析】 "提高混凝土的强度等级,降低水胶比"是提高混凝土结构设计年限(耐久性)最直接的方式。

18. 海洋环境下,引起混凝土内钢筋锈蚀的主要因素是(   )。(2011年真题)

A. 混凝土硬化　　　　　　　　　　　B. 反复冻融
C. 氯盐　　　　　　　　　　　　　　D. 硫酸盐

【答案】 C

【解析】 这也是为什么混凝土结构一般不用海砂的原因。

19. 关于剪力墙优点的说法,正确的有(   )。(2018年真题)

A. 结构自重大　　　　　　　　　　　B. 水平荷载作用下侧移小
C. 侧向刚度大　　　　　　　　　　　D. 间距小
E. 平面布置灵活

【答案】 BC

20. 下列建筑结构体系中,侧向刚度最大的是(   )。(2016年真题)

A. 桁架结构体系　　　　　　　　　　B. 筒体结构体系
C. 框剪结构体系　　　　　　　　　　D. 混合结构体系

【答案】 B

21. 房屋建筑筒中筒结构的内筒,一般由(   )组成。(2012年真题)

A. 电梯间和设备间　　　　　　　　　B. 楼梯间和卫生间
C. 设备间和卫生间　　　　　　　　　D. 电梯间和楼梯间

【答案】 D

22. 作用于框架结构体系的风荷载和地震力,可简化成(   )进行分析。(2011年真题)

A. 节点间的水平分布力　　　　　　　B. 节点上的水平集中力
C. 节点间的竖向分布力　　　　　　　D. 节点上的竖向集中力

【答案】 B

23. 以承受轴向压力为主的结构有(   )。(2011年真题)

A. 拱式结构　　B. 悬索结构　　C. 网架结构　　D. 桁架结构
E. 壳体结构

【答案】 AE

24. 下列常见建筑结构体系中,适用房屋建筑高度最高的结构体系是(   )。(2010年真题)

A. 框架　　　　　B. 剪力墙　　　　　C. 筒体　　　　　D. 框架-剪力墙
【答案】　C

25. 大跨度混凝土拱式结构的建（构）筑物，主要利用了混凝土良好的（　　）。（2010 年真题）

　　A. 抗剪性能　　　B. 抗弯性能　　　C. 抗拉性能　　　D. 抗压性能
【答案】　D
【解析】　拱式结构属于"纯受压"结构。

26. 既有建筑装修时，如需改变原建筑使用功能，应取得（　　）许可。（2016 年真题）

　　A. 原设计单位　　B. 建设单位　　　C. 监理单位　　　D. 施工单位
【答案】　A

27. 下列荷载中，属于可变荷载的有（　　）。（2013 年真题）

　　A. 雪的荷载　　　B. 结构自重　　　C. 基础沉降　　　D. 安装荷载
　　E. 吊车荷载
【答案】　ADE

28. 为控制装修对建筑结构的影响，正确的做法有（　　）。（2012 年真题）

　　A. 装修时不能自行改变原来的建筑使用功能
　　B. 新的装修构造做法产生的荷载值不能超过原有楼面结构荷载设计值
　　C. 经原设计单位的书面有效文件许可，即可在原有承重结构构件上开洞凿孔
　　D. 装修时不得自行拆除任何承重构件
　　E. 装修施工中可以临时在建筑楼板上堆放大量建筑装修材料
【答案】　ABCD

29. 装饰施工中，需在承重结构上开洞凿孔，应经相关单位书面许可，其单位是（　　）。（2018 年真题）

　　A. 原建设单位　　　　　　　　　　B. 原设计单位
　　C. 原监理单位　　　　　　　　　　D. 原施工单位
【答案】　B

30. 在非地震区，最有利于抵抗风荷载作用的高层建筑平面形状是（　　）。（2011 年真题）

　　A. 菱形　　　　　B. 正方形　　　　C. 圆形　　　　　D. 十字形
【答案】　C

31. 下列装饰装修施工事项中，所增加的荷载属于集中荷载的有（　　）。（2016 年真题）

　　A. 在楼面加铺大理石面层　　　　　B. 悬挂大型吊灯
　　C. 室内加装花岗石罗马柱　　　　　D. 封闭阳台
　　E. 局部设置假山盆景
【答案】　BCE

32. 关于一般环境条件下建筑结构混凝土板的构造要求说法，错误的是（　　）。（2015 年真题）

A. 屋面板厚度一般不小于60mm	B. 楼板的保护层厚度不小于35mm
C. 楼板的厚度一般不小于80mm	D. 楼板受力钢筋间距不宜大于250mm

【答案】 B

33. 均布荷载作用下，连续梁弯矩分布特点是（ ）。（2013年真题）
A. 跨中正弯矩，支座负弯矩	B. 跨中正弯矩，支座零弯矩
C. 跨中负弯矩，支座正弯矩	D. 跨中负弯矩，支座零弯矩

【答案】 A

34. 砌体结构的特点有（ ）。（2017年真题）
A. 抗压性能好	B. 材料经济、就地取材
C. 抗拉强度高	D. 抗弯性能好
E. 施工简便

【答案】 ABE

35. 关于砌体结构构造措施的说法，正确的有（ ）。（2013年真题）
A. 砖墙的构造措施主要有：伸缩缝、沉降缝和圈梁
B. 伸缩缝两侧结构的基础可不分开
C. 沉降缝两侧结构的基础可不分开
D. 圈梁可以增加房屋结构的整体性
E. 圈梁可以抵抗基础不均匀沉降引起墙体内产生的拉应力

【答案】 ABDE

36. 不利于提高框架结构抗震性能的措施是（ ）。（2017年真题）
A. 加强角柱	B. 强梁弱柱
C. 加长钢筋锚固	D. 增强梁柱节点

【答案】 D

【解析】 强柱弱梁才有利于提高框架结构的抗震性能。

37. 关于钢筋混凝土框架结构震害严重程度的说法，错误的是（ ）。（2014年真题）
A. 柱的震害重于梁	B. 角柱的震害重于内柱
C. 短柱的震害重于一般柱	D. 柱底的震害重于柱顶

【答案】 D

38. 基础部分必须断开的是（ ）。（2013年真题）
A. 伸缩缝	B. 温度缝	C. 沉降缝	D. 施工缝

【答案】 C

39. 关于有抗震设防要求砌体结构房屋构造柱的说法，正确的是（ ）。（2015年真题）
A. 房屋四角构造柱的截面应适当减小
B. 构造柱上下端箍筋间距应适当加密
C. 构造柱的纵向钢筋应放置在圈梁纵向钢筋外侧
D. 横墙内的构造柱间距宜大于两倍层高

【答案】 B

40. 悬挑空调板的受力钢筋应布置在（ ）。（2013年真题）

A. 上部　　　　　　B. 中部　　　　　　C. 底部　　　　　　D. 端部

【答案】　A

41. 多层小砌块房屋的女儿墙高度最小超过（　　）m 时，应增设锚固于顶层圈梁的构造柱或芯柱。（2009 年真题）

A. 0.50　　　　　　B. 0.75　　　　　　C. 0.90　　　　　　D. 1.20

【答案】　A

42. 预制混凝土板水平运输时，叠放不应超过（　　）。（2018 年真题）

A. 3 层　　　　　　B. 4 层　　　　　　C. 5 层　　　　　　D. 6 层

【答案】　D

43. 下列有关建筑物按层高或层数的类别划分正确的是（　　）。

A. 根据《民用建筑设计通则》，1~3 层为低层住宅，4~6 层为多层住宅，7~9 层为中高层住宅，10 层及以上为高层住宅
B. 根据《消防设计规范》，高度超过 54m 的为一类高层住宅；27m＜高度≤54m 的为二类高层住宅，高度不大于 27m 的为单层或多层住宅
C. 根据《民用建筑设计通则》，高度＞100m 为超高层建筑
D. 根据《消防设计规范》，高度＞50m，或藏书＞100 万册的建筑，为二类高层公建
E. 高度＞24m，且总面积＞1000m² 的多功能建筑为Ⅰ类高层公建

【答案】　ABC

【解析】

（1）D 错误，高度＞50m，或藏书＞100 万册的建筑，为一类高层公建；

（2）E 错误，是高度＞24m，且任一楼层面积＞1000m² 的多功能建筑为Ⅰ类高层公建。

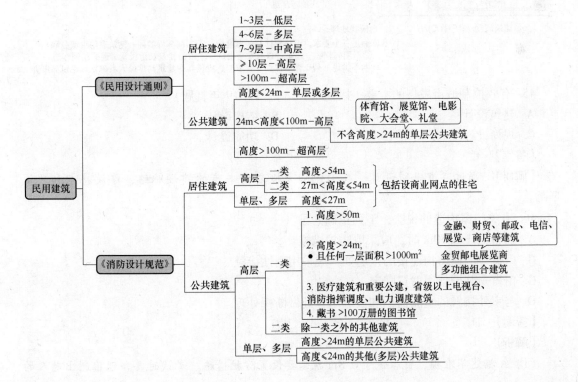

44. 有关建筑高度计算，下列说法错误的是（ ）。
A. 坡屋面的建筑高度 = 建筑室外设计地面 +（檐口 + 屋脊）/2
B. 平屋面建筑高度 = 建筑室外设计地面高度 + 屋面面层高度
C. 有多种形式屋面的建筑，建筑高度应分别计算后取最大值
D. 台阶式地坪应按建筑高度最大者确定该建筑的高度

【答案】 D
【解析】

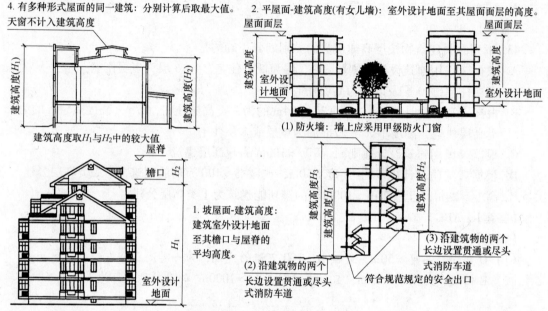

45. 有效控制城市发展的重要手段是（ ）。（2019年真题）
A. 建筑设计   B. 结构设计
C. 规划设计   D. 功能设计

【答案】 C
【解析】 通过城市规划设计，我们能够大概看清本市的建设脉络、建设特点和政策导向。

46. 有关门窗构造的说法，下列正确的是（ ）。
A. 窗台低于0.50m时，应采取防护措施
B. 门窗与墙体结构连接的接缝处，应采用刚性接触
C. 门窗安装严禁用射钉固定
D. 与室外接触的金属窗框和玻璃结合处做断桥处理

【答案】 D
【解析】

（1）A描述不准确，窗台低于0.8m就需要设置防护措施。考试时要合理推测出题人的

意图，单选题要选择最合适的那个答案。多选题原则上要保守，除非特别有把握，否则"宁可放过，不可选错"。

（2）B错误，门窗与墙体接缝处应采用"避免刚性连接"，采用弹性密封材料。

（3）C不准确，砌块、砖、石为脆性材料，因此在砌体上安装门窗才严禁使用射钉。

（4）D正确，金属保温窗主要问题就是"结露"，因此要将与室外接触的金属框和玻璃接合处"断桥处理"。

47. 有关墙身细部构造的做法错误的是（ ）。
A. 窗洞过梁和外窗台要做好滴水，滴水凸出墙身不小于60mm
B. 女儿墙与屋顶交接处应做泛水，高度不小于250mm
C. 女儿墙压檐板上表面应向屋顶方向倾斜10%，并出挑不小于30mm
D. 墙体与窗框连接处，必须用塑性材料嵌缝

【答案】 C
【解析】
（1）C错误，女儿墙压檐应挑出不小于60mm。
（2）A正确，滴水槽凸出墙身不小于60mm是为了防止雨水污染墙面。
（3）B正确，泛水是指屋面与墙面的转角部位做防水附加层，通俗点说就是用防水材料把转角处（易渗漏部位）包住，加强此处防水性能。
（4）D正确，应采用"弹性材料"嵌缝；此处虽简单，但也应重点关注。

48. 水平防潮层应设在（ ）。
A. 室内地坪（±0.000）以下60mm处　　B. 室内地坪（±0.000）以下80mm处
C. 室外地坪（±0.000）以上60mm处　　D. 室外地坪（±0.000）以上80mm处

【答案】 A
【解析】 水平防潮层的位置应设置"内外中部60毫"——即：①墙体内，②高于室外地坪，③位于室内地层密实材料垫层中部，④室内地坪（±0.000）以下60mm处。

49. 关于钢筋混凝土单向板与双向板受力特点的说法，正确的有（ ）。
A. 两对边支承的板是单向板，双向受弯
B. 当长边与短边之比小于或等于2时，应按单向板计算
C. 当长边与短边之比大于2但小于3时，宜按双向板计算
D. 当按短边方向受力的单向板计算时，应沿长边方向布置足够数量的构造筋
E. 当长边与短边长度之比大于或等于3时，可按沿短边方向受力的单向板计算

【答案】 CDE
【解析】 本题略伤脑筋，考试时需要在草稿纸上绘图理解。
（1）A错误，单向板是单向受弯。
（2）B错误，长短边之比小于或等于2时，应按双向板（双向受力）计算；长短边之比为10:5=2，那么应按双向板计算；长短边之比是10:6≈1.67，也是按双向板计算。
（3）D正确，短边方向受力的单向板，受力筋配置在短边，长边自然是构造钢筋。

50. 关于连续梁、板的受力特点的说法正确的是（ ）。
A. 主梁按塑性理论计算
B. 次梁和板可考虑按弹性变形内力重分布的方法计算

C. 连续梁、板的受力特点是跨中有负弯矩，支座有正弯矩

D. 连续梁、板的受力特点是跨中有正弯矩，支座有负弯矩

【答案】 D

【解析】 A和B说反了，主梁按弹性理论计算，次梁和板可考虑按塑性变形内力重分布的方法计算。C错误，应当是跨中正弯矩、支座负弯矩，因此支座处应当配置负筋。

51. 关于钢筋混凝土梁在超筋、适筋、少筋情况下破坏特征的说法，正确的是（ ）。

A. 都是塑性破坏 B. 都是脆性破坏
C. 只有适筋梁是塑性破坏 D. 只有超筋梁是塑性破坏

【答案】 C

【解析】 超筋梁（配筋率过大）和少筋梁（配筋率太小）的破坏形态均为毫无征兆的脆性破坏，只有适筋梁为塑性破坏。

52. 影响允许高厚比的主要因素有（ ）。

A. 砂浆强度 B. 构件类型、砌体种类
C. 截面形式、支承约束条件 D. 墙体开洞、承重和非承重
E. 砌体强度

【答案】 ABCD

【解析】 影响砌体允许高厚比的因素有"砂构截体墙支撑"。

53. 由于温度改变，砌体结构容易在墙体上出现裂缝，可用（ ）将房屋分成若干单元，使每单元的长度限制在一定范围内。

A. 后浇带 B. 地圈梁
C. 沉降缝 D. 伸缩缝

【答案】 D

54. 多层砌体房屋地震破坏部位主要是（ ）。

A. 楼盖 B. 墙身
C. 圈梁 D. 构造柱

【答案】 B

【解析】 地震作用下，多层砌体房屋的破坏部位主要是墙身，楼盖本身的破坏较轻。原因是墙身是竖向构件，而楼盖是水平构件。

55. 多层砌体房屋抗震措施主要有（ ）。

A. 设置钢筋混凝土构造柱 B. 钢筋混凝土圈梁与构造柱连接起来
C. 加强墙体的连接 D. 加强楼梯间的整体性
E. 提高混凝土强度

【答案】 ABCD

二、2020考点预测

1. 各结构体系的特点。
2. 各结构体系的力学性能。
3. 各结构体系的构造设计及抗震构造设计。

第三节 工程施工

考点一：地基基础
考点二：主体结构
考点三：防水工程
考点四：装修工程
考点五：节能工程
考点六：室内污染
考点七：质量通病

一、案例及参考答案

案 例 一

背景资料（2019年真题）

某工程的钢筋混凝土基础底板，长度120m，宽度100m，厚度2.0m，混凝土设计强度等级P6C35，设计无后浇带。施工单位选用商品混凝土浇筑，P6C35混凝土设计配合比为1:1.7:2.8:0.46（水泥:中砂:碎石:水），水泥用量400kg/m³。粉煤灰掺量20%（等量替换水泥），实测中砂含水率4%、碎石含水率1.2%。采用跳仓法施工方案，分别按1/3长度与1/3宽度分成9个浇筑区（见图1），每区混凝土浇筑时间3天、各区依次连续浇筑，同时按照规范要求设置测温点（见图2）。（资料中未说明条件及因素均视为符合要求）

4	B	5
A	3	D
1	C	2

注：1、2、3、4、5为第一批浇筑顺序；A、B、C、D为填充浇筑区编号

图1 跳仓法分区示意图

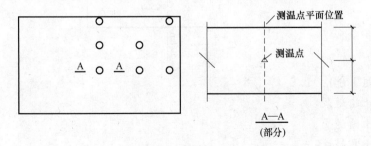

图2 分区测温点位置平面示意图

问题：

1. 计算施工方大体积混凝土设计配合比的水泥、中砂、碎石、水用量是多少？计算施工方大体积混凝土施工配合比的水泥、中砂、碎石、水、粉煤灰的用量是多少？（单位：kg，小数点后保留2位）
2. 写出图1中无浇筑区A、B、C、D的先后浇筑顺序，如表示为A—B—C—D。
3. 在图2上画出A—A侧面示意图（可手绘），并补齐应布置的竖向测温点位置。
4. 写出施工现场混凝土浇筑常用的机械设备名称。

【参考答案】

1. （本小题9分）

（1）设计配合比

① 水泥：400.00kg   （1分）

② 中砂：400×1.7＝680.00（kg）   （1分）

③ 碎石：400×2.8＝1120.00（kg）   （1分）

④ 水：400×0.46＝184.00（kg）   （1分）

（2）施工配合比

① 水泥：400×(1－20%)＝320.00（kg）   （1分）

② 中砂：680×(1+4%)＝707.20（kg）   （1分）

③ 碎石：1120×(1+1.2%)＝1133.44（kg）   （1分）

④ 水：184－680×4%－1120×1.2%＝143.36（kg）   （1分）

⑤ 粉煤灰：400×20%＝80.00（kg）   （1分）

2. （本小题4分）

C—A—B—D 或 C—A—D—B   （4分）

3. （本小题4分）

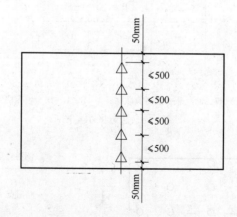

4. （本小题3分）

（1）混凝土输送泵。   （1分）

（2）混凝土输送管。   （1分）

（3）混凝土布料机。   （1分）

或：手推车、机动翻斗车、混凝土搅拌输送车等。

案 例 二

背景资料（2019年真题）

某新建办公楼工程，地下2层，地上20层，框架-剪力墙结构，建筑高度87m。建设单位通过公开招标选定了施工总承包单位并签订了工程施工合同，基坑深7.6m。

项目部对装饰装修工程门窗子分部进行过程验收中，检查了塑料门窗安装等各分项工程，并验收合格；检查了外窗气密性能等有关安全和功能检测项目合格报告，观感质量符合要求。

问题：
1. 门窗子分部工程中还包括哪些分项工程？
2. 门窗工程有关安全和功能检测项目还有哪些？

【参考答案】

1.（本小题2.0分）
① 木门窗安装； (0.5分)
② 金属门窗安装； (0.5分)
③ 特种门安装； (0.5分)
④ 门窗玻璃安装。 (0.5分)

2.（本小题2.0分）
① 水密性能； (1.0分)
② 抗风压性能。 (1.0分)

案 例 三

背景资料（2019年真题）

某新建住宅工程，建筑面积22000m^2，地下1层，地上16层，框架-剪力墙结构，抗震设防烈度7度。

240mm厚灰砂砖填充墙与主体结构连接施工的要求有：填充墙与柱连接钢筋为2Φ6@600，伸入墙内500mm；填充墙与结构梁下最后三皮砖空隙部位，在墙体砌筑7天后，采取两边对称斜砌填实；化学植筋连接筋Φ6做拉拔试验时，将轴向受拉非破坏承载力检验值设为5.0kN，持荷时间2min，期间各检测结果符合相关要求，即判定该试样合格。

屋面防水层选用2mm厚的改性沥青防水卷材，铺贴顺序和方向按照平行于屋脊、上下层不得相互垂直等要求，采用热粘法施工。

问题：
1. 指出填充墙与主体结构连接施工要求中的不妥之处，并写出正确做法。
2. 屋面防水卷材铺贴方法还有哪些？屋面卷材防水铺贴顺序和方向要求还有哪些？

【参考答案】

1.（本小题8.0分）
（1）不妥之一："填充墙与柱连接钢筋为2Φ6@600，伸入墙内500mm"。 (1.0分)
正确做法：填充墙与柱连接钢筋应为2Φ6@500mm，伸入墙内1000mm。 (1.0分)
（2）不妥之二："填充墙与结构梁下最后三皮砖空隙部位，在墙体砌筑7天后，采取两

边对称斜砌填实。" (1.0分)

正确做法：填充墙梁下最后 3 皮砖应在下部墙体砌完 14 天后砌筑，并由中间开始向两边斜砌顶紧。 (2.0分)

（3）不妥之三："化学植筋连接筋φ6做拉拔试验时，将轴向受拉非破坏承载力检验值设为 5.0kN，持荷时间 2min。" (1.0分)

正确做法：当采用化学植筋的连接方式时，应进行实体检测。锚固钢筋拉拔试验的受拉非破坏承载力检验值应为 6.0kN。抽检钢筋在检验值作用下基材应无裂缝、滑移、裂损现象；持荷 2min 期间荷载值降低不大于 5%。 (2.0分)

2.（本小题 4.5 分）
（1）铺贴方法还有：
① 冷粘法； (0.5分)
② 热熔法； (0.5分)
③ 自粘法； (0.5分)
④ 焊接法； (0.5分)
⑤ 机械固定法。 (0.5分)
（2）铺贴顺序和方向要求还有：
① 平行屋脊的卷材搭接缝应顺流水方向； (0.5分)
② 相邻两幅卷材短边搭接缝应错开，且不得小于 500mm； (0.5分)
③ 相邻两幅卷材长边搭接缝应错开，且不得小于幅宽的 1/3； (0.5分)
④ 檐沟、天沟卷材施工时，宜顺檐沟、天沟方向铺贴。 (0.5分)

案 例 四

背景资料（2019 年真题）

某高级住宅工程，建筑面积 80000m²，由 3 栋塔楼组成，地下 2 层（含车库），地上 28 层，底板厚度 800mm，由 A 施工总承包单位承建。约定工程最终达到绿色建筑评价二星级。

工程开始施工正值冬季，A 施工单位项目部编制了冬期施工专项方案，根据当地资源和气候情况对底板混凝土的养护采用综合蓄热法，对底板混凝土的测温方案和温差控制、温降梯度，及混凝土养护时间提出了控制指标要求。

外墙挤塑板保温层施工中，项目部对保温板的固定、构造节点处理内容进行了隐蔽工程验收，保留了相关的记录和图像资料。

问题：

1. 冬期施工混凝土养护方法还有哪些？对底板混凝土养护中温差控制、温降梯度、养护时间应提出的控制指标是什么？
2. 墙体节能工程隐蔽工程验收的部位或内容还有哪些？

【参考答案】

1.（本小题 6.5 分）
（1）养护方法：
① 蓄热法； (0.5分)
② 加热法； (0.5分)

③ 暖棚法； (0.5 分)
④ 负温养护法； (0.5 分)
⑤ 掺外加剂。 (0.5 分)
(2) 指标包括：
① 混凝土的中心温度与表面温度的差值不应大于 25℃； (1.0 分)
② 表面温度与大气温度的差值不应大于 20℃； (1.0 分)
③ 温降梯度不得大于 3℃/天； (1.0 分)
④ 养护时间不应少于 14 天。 (1.0 分)
2. (本小题 7.0 分)
(1) 保温层附着的基层及其表面处理； (1.0 分)
(2) 锚固件； (1.0 分)
(3) 增强网铺设； (1.0 分)
(4) 墙体热桥部位处理； (1.0 分)
(5) 现场喷涂或浇注有机类保温材料的界面； (1.0 分)
(6) 被封闭的保温材料厚度； (1.0 分)
(7) 保温隔热砌块填充墙。 (1.0 分)

案 例 五

背景资料（2018 年真题）

某高校图书馆工程，地下 2 层，地上 5 层，建筑面积约 35000m²，现浇钢筋混凝土框架结构，部分屋面为正向抽空四角锥网架结构。施工单位与建设单位签订了施工总承包合同，合同工期为 21 个月。

问题： 监理工程师的建议是否合理？网架安装方法还有哪些？网架高空散装法施工的特点还有哪些？

【参考答案】
(本小题 7 分)
(1) 监理工程师建议是合理的。 (1 分)
(2) 网架安装方法还有：
① 滑移法； (1 分)
② 整体吊装法； (1 分)
③ 整体提升法； (1 分)
④ 整体顶升法。 (1 分)
【评分说明：写出 3 项正确的，即得 3 分】
(3) 高空散装法施工的特点还有：
① 脚手架用量大； (1 分)
② 工期较长； (1 分)
③ 需占建筑物场内用地； (1 分)
④ 技术上有一定难度。 (1 分)

案 例 六

背景资料（2018年真题）

某新建高层住宅工程，地下1层，地上12层，2层以下为现浇钢筋混凝土结构，2层以上为装配式混凝土结构，预制墙板钢筋采用套筒灌浆连接施工工艺。

施工总承包合同签订后，施工单位项目经理遵循项目质量管理程序，按照质量管理PDCA循环工作方法持续改进质量工作。

监理工程师在检查土方回填施工时发现：回填土料混有建筑垃圾；土料铺填厚度大于400mm；采用振动压实机压实2遍成活；每天将回填土2~3层的环刀法取样统一送检测单位检测压实系数。监理工程师对此提出整改要求。

"后浇带施工专项方案"中确定：模板独立支设；剔除模板用钢丝网；因设计无要求，基础底板后浇带10天后封闭。

监理工程师在检查第4层外墙板安装质量时发现：钢筋套筒连接灌浆满足规范要求；留置了3组边长为70.7mm的立方体灌浆料标准养护试件；留置了1组边长70.7mm的立方体坐浆料标准养护试件；施工单位选取第4层外墙板竖缝两侧11mm的部位在现场进行淋水试验。对此要求整改。

问题：

1. 指出土方回填施工中的不妥之处？并写出正确做法。
2. 指出"后浇带专项方案"中的不妥之处？写出后浇带混凝土施工的主要技术措施。
3. 指出第4层外墙板施工中的不妥之处？并写出正确做法。装配式混凝土构件钢筋套筒连接灌浆质量要求有哪些？

【参考答案】

1. （本小题6分）

（1）不妥之一：回填土料混有建筑垃圾。（1分）

正确做法：回填土料应尽量用同类土，不得混有建筑垃圾。（1分）

（2）不妥之二：土料铺填厚度大于400mm。（1分）

正确做法：采用振动压实机时，回填土的每层虚铺厚度为250~350mm。（1分）

（3）不妥之三：采用振动压实机压实2遍成活。（1分）

正确做法：采用压实机压实回填土，每层压实遍数为3~4遍。（1分）

（4）不妥之四：每天将回填2~3层的土样统一送检测单位检测压实系数。（1分）

正确做法：每层回填土均应检测压实系数，下层压实系数试验合格，才能进行上层回填土施工。（1分）

【评分说明：找出3个不妥并写出正确做法的，即得6分】

2. （本小题5分）

（1）不妥之处如下：

① 不妥之一：剔除模板用钢丝网。（1分）

理由：应保留后浇带钢丝网。

② 不妥之二：因设计无要求，基础底板后浇带10天后封闭。（1分）

理由：设计无要求时，后浇带混凝土应至少在两侧结构浇筑完28天后再浇筑。

(2) 后浇带主要技术措施：
① 后浇带应当自两侧混凝土完工至少 28 天后再开始浇筑 (1分)
② 后浇带应采用"微膨胀混凝土"浇筑，且要比两侧混凝土强度等级要高一个级别 (1分)
③ 后浇带浇筑完毕后，至少养护 14 天；有防水要求时，至少养护 28 天 (1分)
【评分说明：写出 2 项正确的，即得 2 分】

3.（本小题 7 分）
(1) 不妥之处如下：
① 不妥之一：留置 3 组边长 70.7mm 的立方体灌浆料标准养护试件。 (1分)
正确做法：每层应至少留置 3 组 40mm×40mm×160mm 的灌浆料标准养护试件。(1分)
② 不妥之二：留置 1 组边长 70.7mm 的立方体坐浆料标准养护试件。 (1分)
正确做法：每层应至少留置 3 组边长 70.7mm 的立方体坐浆料标准养护试件。 (1分)
③ 不妥之三：选第 4 层外墙板竖缝两侧 11mm 的部位，进行现场淋水试验。 (1分)
正确做法：外墙板抽查部位应为相邻两层四块墙板形成的十字接缝区域，面积不得少于 $10m^2$，进行现场淋水试验。 (1分)
(2) 质量要求如下：灌浆应饱满、密实，所有出口处均应出浆。 (1分)

案 例 七

背景资料（2017 年真题）

某新建别墅群项目，总建筑面积 $45000m^2$，各幢别墅均为地下 1 层，地上 3 层，砖混结构。项目部对地下室 M5 水泥砂浆防水层施工提出了技术要求；采用普通硅酸盐水泥、自来水、中砂、防水剂等材料拌和，中砂含泥量不得大于 3%；防水层施工前应采用强度等级 M5 的普通砂浆将基层表面的孔洞、缝隙堵塞抹平；防水层施工要求一遍成型，铺抹时应压实、表面应提浆压光，并及时进行保湿养护 7 天。

问题：找出项目部对地下室水泥砂浆防水层施工技术要求的不妥之处，并分别说明理由。

【参考答案】

（本小题 8 分）
(1) 不妥之一："中砂含泥量不得大于 3%"。 (1分)
理由：防水砂浆中的中砂含泥量不应大于 1%。 (1分)
(2) 不妥之二："采用 M5 的普通砂浆将基层表面的孔洞、缝隙堵塞抹平"。 (1分)
理由：应采用与防水层相同的水泥砂浆堵塞抹平。 (1分)
(3) 不妥之三："施工要求一遍成型，铺抹时应压实、表面应提浆压光"。 (1分)
理由：防水层应分层铺抹，最后一层表面应提浆压光。 (1分)
(4) 不妥之四："及时进行保湿养护 7 天"。 (1分)
理由：防水砂浆终凝后开始保湿养护，养护时间不得少于 14 天。 (1分)

案 例 八

背景资料（2017 年真题）

某新建住宅工程项目，建筑面积 $23000m^2$，地下 2 层，地上 18 层，现浇钢筋混凝土剪力墙结构，项目实行项目总承包管理。

施工过程中，项目部针对屋面卷材防水层出现的起鼓（直径＞30mm）问题，制定了割补法处理方案。方案规定了修补工序，并要求先铲除保护层、把鼓泡卷材割除、对基层清理干净等修补工序依次进行处理整改。

问题：卷材鼓泡采用割补法治理的工序依次还有哪些？

【参考答案】

（本小题4分）

(1) 用喷灯烘烤旧卷材槎口，并分层剥开，除去旧胶结材料； (1分)

(2) 依次将旧卷材分片重新粘贴好，上面铺贴第一层新卷材； (1分)

(3) 再依次粘贴旧卷材，上面铺贴第二层新卷材，周边压实刮平； (1分)

(4) 重做保护层，并进行成品保护。 (1分)

案 例 九

背景资料（2016年真题）

某综合楼工程，地下3层，地上20层，总建筑面积68000m²，地基基础设计等级为甲级，灌注桩筏形基础，现浇钢筋混凝土框架-剪力墙结构。建设单位与施工单位按照《建设工程施工合同（示范文本）》签订了施工合同，约定竣工时须向建设单位移交变形测量报告，部分主要材料由建设单位采购提供。施工单位委托第三方测量单位进行施工阶段的建筑变形测量。

基础桩设计桩径800mm、长度35~42m，混凝土强度等级C30，共计900根，施工单位编制的桩基施工方案中列明：采用泥浆护壁成孔、导管法水下灌注C30混凝土；灌注时桩顶混凝土面超过设计标高500mm；每根桩留置1组混凝土试件；成桩后按总桩数的20%对桩身质量进行检验。监理工程师审查方案时认为存在错误，要求施工单位改正后重新上报。

地下结构施工过程中，测量单位按变形测量方案实施监测时，发现基坑周边地表出现明显裂缝，立即将此异常情况报告给施工单位。施工单位立即要求测量单位及时采取相应的检测措施，并根据观测数据制订后续防控对策。

问题：

1. 指出桩基施工方案中的错误之处，并分别写出相应的正确做法。

2. 变形测量发现异常情况后，第三方测量单位应及时采取哪些措施？针对变形测量，除基坑周边地表出现明显裂缝外，还有哪些异常情况也应立即报告委托方？

【参考答案】

1. （本小题4分）

(1) 错误之一：灌注时桩顶混凝土面超过设计标高500mm。 (1分)

正确做法：灌注时桩顶混凝土面标高至少比设计标高超灌0.8~1.0m。 (1分)

(2) 错误之二：成桩后按总桩数的20%对桩身质量进行检验。 (1分)

正确做法：本工程的地基基础设计等级为甲级，对桩身质量进行检验的抽检数量不应少于总数的30%，即900×30%=270根。 (1分)

2. （本小题6分）

(1) 立即报告委托方，及时增加观测次数，调整变形测量方案。 (1分)

(2) 立即报告委托方的异常情况：
① 变形量或变形速率出现异常变化； (1分)
② 变形量达到或超出预警值； (1分)
③ 周边或开挖面出现塌陷滑坡情况； (1分)
④ 建筑本身及周边建筑物出现异常； (1分)
⑤ 自然灾害引起的其他异常变形情况。 (1分)

案 例 十

背景资料（2016年真题）

某新建体育馆工程，建筑面积约2300m^2，现浇钢筋混凝土结构，钢结构网架屋盖，地下1层，地上4层，地下室顶板设计为后张法预应力混凝土梁。

地下室顶板同条件养护试块强度达到设计要求后，施工单位现场生产经理立即向监理工程师口头申请拆除地下室顶板模板，监理工程师同意后，施工单位将地下室顶板的模板及支架全部拆除。

屋盖网架采用Q390GJ钢，因钢结构制作单位首次采用该材料，施工前，监理工程师要求其对首次采用Q390GJ钢及相关的接头形式、焊接工艺参数、预热和后热措施等焊接参数组合条件进行焊接工艺评定。

填充墙砌体采用单排孔轻集料混凝土小砌块，专用小砌块砂浆砌筑，现场检查中发现：进场的小砌块产品期达到21天后，即开始浇水湿润，待小砌块表面出现浮水后，开始砌筑施工；砌筑时将小砌块的底面朝上反砌于墙上，小砌块的搭接长度为块体长度的1/3；砌体的砂浆饱满度要求为：水平灰缝90%以上，竖向灰缝85%以上；墙体每天砌筑高度为1.5m，填充墙砌筑7天后进行顶砌施工；为施工方便，在部分墙体上留置了净宽度为1.2m的临时施工洞口。检查后，监理工程师要求对错误之处进行整改。

问题：

1. 监理工程师同意地下室顶板拆模是否正确？背景资料中地下室顶板预应力梁拆除底模及支架的前置条件有哪些？

2. 除背景资料已明确的焊接参数组合条件外，还有哪些参数的组合条件也需要进行焊接工艺评定？

3. 针对背景资料中填充墙砌体施工的不妥之处，写出相应的正确做法。

【参考答案】

1. （本小题4分）
（1）不正确。 (1分)
（2）前置条件：
① 作业班组拆除作业前填写拆模申请，同条件养护试块达到要求，经项目技术负责人批准，方可拆除； (1分)
② 底模必须在预应力张拉后方可拆除。 (1分)
③ 有黏结预应力的孔道已灌浆，灌浆强度不应低于C30。 (1分)

2. （本小题3分）
（1）焊接材料； (1分)

(2) 焊接方法； (1分)
(3) 焊接位置。 (1分)

3. （本小题6分）
(1) 不妥之一：进场小砌块龄期达到21天后，开始砌筑施工。
正确做法：进场小砌块的龄期不得少于28天。 (1分)
(2) 不妥之二：浇水湿润，待小砌块表面出现浮水后，开始砌筑施工。
正确做法：吸水率小的轻骨料砌块，砌筑前不应浇水湿润；吸水率大的轻集料砌块，砌筑前1~2天浇水湿润，砌筑时不得有浮水。 (1分)
(3) 不妥之三：小砌块的搭接长度为块体长度的1/3。
正确做法：单排孔小砌块的搭接长度应为块体长度的1/2。 (1分)
(4) 不妥之四：竖向灰缝的砂浆饱满度为85%。
正确做法：竖向灰缝砂浆饱满度不得低于90%。 (1分)
(5) 不妥之五：填充墙砌筑7天后即开始顶砌施工。
正确做法：填充墙梁下最后3皮砖应在下部墙体砌完14天后砌筑。 (1分)
(6) 不妥之六：在部分墙体上留置了净宽度为1.2m的临时施工洞口。
正确做法：墙体上留置的临时施工洞口净宽度不应超过1m。 (1分)

案例十一

背景资料（2015年真题）

某高层钢结构工程，建筑面积28000m²，地下1层，地上20层，外围护结构为玻璃幕墙和石材幕墙，外墙保温材料为新型材料；屋面为现浇混凝土板，防水等级为Ⅰ级，采用卷材防水。

施工过程中发生了如下事件：

事件一：钢结构安装施工前，监理工程师对现场的施工准备工作进行了检查，发现钢构件现场堆放存在问题，现场堆放应具备的基本条件不够完善，劳动力进场情况不符合要求，责令施工单位进行整改。

事件二：施工中，施工单位对幕墙与各层楼板间的缝隙防火隔离处理进行了检查；对幕墙的抗风压性能、空气渗透性能、雨水渗漏性能、平面变形性能等有关安全和功能检测项目进行了见证取样和抽样检测。

事件三：监理工程师对屋面卷材防水进行了检查，发现屋面女儿墙墙根处等部位的防水做法存在问题（节点施工做法如下页图所示），责令施工单位整改。

事件四：本工程采用某新型保温材料，按规定进行了评审、鉴定和备案，同时施工单位完成相应程序性工作后，经监理工程师批准后投入使用。施工完成后，由施工单位项目负责人主持，组织了总监理工程师、建设单位项目负责人、施工单位技术负责人、相关专业质量员和施工员进行了节能分部工程的验收。

问题：

1. 事件一中，高层钢结构安装前现场的施工准备还应检查哪些工作？钢构件现场堆场应具备哪些基本条件？

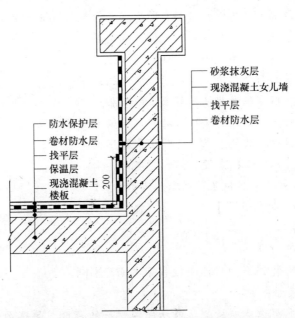

2. 事件二中，建筑幕墙与各楼层楼板间的缝隙隔离的主要防火构造做法是什么？幕墙工程中有关安全和功能的检测项目还有哪些？

3. 事件三中，指出防水节点施工图做法图示中的错误？

4. 事件四中，新型保温材料使用前还应有哪些程序性工作？节能分部工程的验收组织有什么不妥？

【参考答案】

1. （本小题6分）

（1）还应有：

① 钢构件预检和配套； (1分)
② 安装机械的选择； (1分)
③ 定位轴线及标高和地脚螺栓的检查； (1分)
④ 安装流水段的划分和安装顺序的确定。 (1分)

（2）基本条件：

① 堆场应临近场内道路、堆场应平整并进行硬化处理、无积水、通风好； (1分)
② 堆场应在塔式起重机覆盖范围内、堆场周边应设置排水沟渠。 (1分)

2. （本小题4分）

（1）防火构造：

① 采用不燃材料封堵，填充材料可采用岩棉或矿棉，其厚度不应小于100mm； (1分)
② 不燃材料应满足设计的耐火极限要求，在楼层间形成水平防火烟带； (1分)

（2）检测项目：

① 硅酮结构胶的相容性试验； (1分)
② 后置埋件的现场拉拔试验； (1分)

3. （本小题5分）

（1）不妥之一：现浇混凝土楼板上未设找平层和隔汽层； (1分)

(2) 不妥之二：保温层之上的找平层与防水层之间应设置隔汽层； （1分）
(3) 不妥之三：防水层与保护层之间应设置隔离层； （1分）
(4) 不妥之四：泛水高度不应小于250mm； （1分）
(5) 不妥之五：屋面与女儿墙交接处应做成圆弧； （1分）
(6) 不妥之六：防水层在女儿墙根部未设附加层； （1分）
(7) 不妥之七：女儿墙根部与保护层之间未按规定设置缝隙； （1分）
(8) 不妥之八：卷材收头处未采用金属压条钉压； （1分）
(9) 不妥之九：女儿墙压顶未设向内的坡度； （1分）
(10) 不妥之十：女儿墙压顶未设鹰嘴或滴水槽。 （1分）
【写出5项正确的，即得5分】

4. （本小题5分）
(1) 程序性工作：
① 材料进场后对合格证、出厂检测报告等书面资料进行核查，并进行外观检查，包括品种、型号、规格、尺寸； （1分）
② 材料使用前进行见证取样检测，包括保温材料的密度、导热系数、燃烧性能，黏结材料的黏结强度，增强网的力学性能； （1分）
③ 编制节能工程的施工方案，报监理单位和建设单位审批后实施。 （1分）
(2) 不妥之处：
① 不妥之一："由施工单位项目负责人主持"。
理由：根据相关规定，分部工程应由总监理工程师组织验收。 （1分）
② 不妥之二："参加验收的人员"。
理由：根据相关规定，参加节能分部工程验收的人员还应包括施工单位技术部门负责人、施工单位质量部门负责人、施工单位项目技术负责人、设计单位项目负责人。 （1分）

案例十二

背景资料（2014年真题）

某办公楼工程，建筑面积45000m^2，钢筋混凝土框架-剪力墙结构，地下1层，地上12层，层高5m，抗震等级为一级，内墙装饰面层为油漆、涂料。地下工程防水为混凝土自防水和外贴卷材防水。施工过程中，发生了下列事件：

事件一：项目部按规定向监理工程师提交调直后的HRB400E、直径12mm的钢筋复试报告。检测数据为：抗拉强度实测值561N/mm^2，屈服强度实测值460N/mm^2，实测重量0.816kg/m。HRB400E钢筋：屈服强度标准值400N/mm^2，抗拉强度标准值540N/mm^2，理论重量0.888kg/m。

事件二：五层某施工段的现浇结构尺寸检验批验收表（部分）见下页表。

事件三：监理工程师对三层油漆和涂料施工质量检查中，发现部分房间有流坠、刷纹、透底等质量通病，下达了整改通知单。

事件四：在地下防水工程质量检查验收时，监理工程师对防水混凝土强度、抗渗性能和细部节点构造进行了检查，提出了整改要求。

	项　目		允许偏差/mm	检查结果								
一般项目	轴线位置	基础	15	10	2	5	7	16				
		独立基础	10									
		柱、梁、墙	8	6	5	7	8	3	9	5	9	1	10
		剪力墙	5	6	1	5	2	7	4	3	2	0	1
	垂直度	层高 ≤5m	8	8	5	7	8	11	5	9	6	12	7
		>5m											
		全高（H）	$H/1000$ 且 ≤30										
	标高	层高	±10	5	7	8	11	7	9	6	12	8	7
		全高	±30										

问题：

1. 事件一中，计算钢筋的强屈比、超屈比、重量偏差（保留两位小数），并根据计算结果分别判断该指标是否符合要求。

2. 事件二中，指出验收表中的错误，计算表中正确数据的允许偏差合格率。

3. 事件三中，涂料工程还有哪些质量通病？

4. 事件四中，地下工程防水分为几个等级？一级防水的标准是什么？防水混凝土验收时，需要检查哪些部位的设置和构造做法？

【参考答案】

1. （本小题 6 分）

（1）强屈比：$561/460 = 1.22$。　　　　　　　　　　　　　　　　　　　　　　　　（1 分）

强屈比不得小于 1.25，所以不符合要求。　　　　　　　　　　　　　　　　　　　（1 分）

（2）超屈比：$460/400 = 1.15$。　　　　　　　　　　　　　　　　　　　　　　　（1 分）

超屈比不得大于 1.30，所以符合要求。　　　　　　　　　　　　　　　　　　　　（1 分）

（3）重量偏差：$(0.816 - 0.888)/0.888 \times 100\% = -8.11\%$；　　　　　　　　　　（1 分）

直径 6~12mm 的 HRB400E 钢筋，重量负偏差不得大于 7%，该指标不符合要求。

　　　　　　　　　　　　　　　　　　　　　　　　　　　　　　　　　　　　　（1 分）

2. （本小题 5 分）

（1）第五层现浇混凝土的检查中出现"基础"检查数据是错误的。　　　　　　　　（1 分）

（2）允许偏差合格率：

① 柱、梁、墙的轴线位置：$7/10 = 70\%$；　　　　　　　　　　　　　　　　　　（1 分）

② 剪力墙的轴线位置：$8/10 = 80\%$；　　　　　　　　　　　　　　　　　　　　（1 分）

③ 层高的垂直度：$7/10 = 70\%$；　　　　　　　　　　　　　　　　　　　　　　（1 分）

④ 层高的标高：$8/10 = 80\%$。　　　　　　　　　　　　　　　　　　　　　　　（1 分）

3. （本小题 4 分）

① 泛碱；

② 咬色；

③ 疙瘩；

④ 砂眼；

⑤漏涂;
⑥起皮;
⑦掉粉。

4. (本小题5分)
(1) 地下工程防水分为四级。 (1分)
(2) 一级防水的标准：不允许渗水，结构表面无湿渍。 (1分)
(3) 检查的部位：
① 变形缝; (1分)
② 施工缝; (1分)
③ 后浇带; (1分)
④ 穿墙管; (1分)
⑤ 埋设件。 (1分)
【评分准则：检查部位写出3项正确的，即可得3分】

案 例 十 三

背景资料（2014年真题）

某办公楼工程，建筑面积45000m^2，地下2层，地上26层，框架-剪力墙结构，设计基础底标高为-9.0m，由主楼和附属用房组成。基坑支护采用复合土钉墙，地质资料显示，该开挖区域为粉质黏土且局部有滞水层。

监理工程师在审查复合土钉墙边坡支护方案时，对方案中制定的采用钢筋网喷射混凝土面层、混凝土终凝时间不超过4h等构造做法及要求提出了整改完善的要求。

问题：基坑土钉墙护坡其面层的构造还应包括哪些技术要求？

【参考答案】

(本小题6分)
(1) 钢筋网：钢筋直径宜为6~10mm，钢筋间距宜为150~250mm; (2分)
(2) 搭接：钢筋网搭接长度应大于300mm; (1分)
(3) 连接：应设置承压板或加强钢筋等构造措施，使面层与土钉可靠连接; (1分)
(4) 混凝土：强度等级不宜低于C20，面层厚度不宜小于80mm。 (2分)

案 例 十 四

背景资料（2013年真题）

某商业建筑工程，地上6层，砂石地基，砖混结构，建筑面积24000m^2。外窗采用铝合金窗，内门采用金属门。在施工过程中发生了如下事件：

事件一：砂石基础施工中，施工单位采用细砂（掺入30%的碎石）进行铺垫。监理工程师检查发现其分层铺设厚度和分段施工的上下层搭接长度不符合规范要求，令其整改。

事件二：二层现浇混凝土楼板出现收缩裂缝，经项目经理部分析认为原因有：混凝土原材料质量不合格（集料含泥量大），水泥和掺合料用量超出规定。同时提出了相应的治理措施：选用合格的原材料，合理控制水泥和掺合料用量。监理工程师认为项目经理部的分析不全面，要求进一步完善原因分析和防治方法。

问题:

1. 事件一中,砂石地基采用的原材料是否正确?砂石地基还可以采用哪些原材料?除事件一列出的项目外,砂石地基施工过程还应检查哪些内容?

2. 事件二中,出现裂缝原因还可能有哪些?并补充完善其他常见的防治方法?

【参考答案】

1. (本小题 6 分)

(1) 正确。(1分)

(2) 中砂、粗砂、砾石、卵石、石屑。(2分)

(3) 还应检查:

① 夯实时的加水量;(1分)

② 夯压遍数;(1分)

③ 压实系数。(1分)

2. (本小题 5 分)

(1) 原因还有:

① 混凝土水灰比大、坍落度大、和易性差。(1分)

② 混凝土振捣质量差,养护不及时。(1分)

(2) 防治方法还有:

① 由有资质的试验室进行混凝土配合比设计,并确保搅拌质量。(1分)

② 确保混凝土浇筑振捣密实,并在初凝前及时进行二次抹压。(1分)

③ 及时养护混凝土,并保证养护质量满足要求。(1分)

案例十五

背景资料(2012年真题)

某办公楼工程,地下1层,地上12层,总建筑面积26800m²,筏形基础、框架剪力墙结构。

基坑开挖完成后,经施工总承包单位申请,总监理工程师组织勘察、设计单位的项目负责人和施工总承包单位的相关人员等进行验槽。首先,验收小组经检验确认了该基础不存在空穴、古墓、古井及其他地下埋设物;其次根据勘察单位项目负责人的建议,验收小组仅核对基坑的位置之后就结束了验收工作。

问题:验槽的组织方式是否妥当?基坑验槽还包括哪些内容?

【参考答案】

(本小题 5 分)

(1) 验槽的组织方式不妥。(1分)

(2) 基坑验槽还应包括:

① 检查基槽的开挖平面位置、尺寸、槽底深度是否符合设计要求;(1分)

② 检查坑底坑壁土质、地下水情况是否与勘察报告相符合;(1分)

③ 检查基坑边坡外缘与邻近建筑物的距离,对邻近建筑物稳定性的影响;(1分)

④ 审核钎探资料,对存在的异常点进行复查。(1分)

案例十六

背景资料（2012年真题）

某教学楼工程，建筑面积1.7万m^2，地下1层，地上6层，檐高25.2m，主体为框架结构，砌筑及抹灰所用砂浆采用现场拌制。

工程验收前，相关单位对一间240m^2的公共教室选取4个检测点，进行了室内环境污染物浓度的测试，其中两个主要指标的检测数据如下：

点 位	1	2	3	4
甲醛/(mg/m^3)	0.08	0.06	0.05	0.05
氨/(mg/m^3)	0.20	0.15	0.15	0.14

问题： 该房间检测点的选取数量是否合理？说明理由。该房间两个主要指标的报告检测值为多少？分别判断该两项检测指标是否合格？

【参考答案】

（本小题9分）

（1）合理。 (1分)

理由：根据相关规定，当房间使用面积大于等于100m^2、小于500m^2时，检测点不应少于3个。 (2分)

（2）检测值：

① 甲醛：(0.08 + 0.06 + 0.05 + 0.05)/4 = 0.06（mg/m^3） (1分)

② 氨：(0.20 + 0.15 + 0.15 + 0.14)/4 = 0.16（mg/m^3） (1分)

（3）判断：

① 甲醛浓度合格。 (1分)

理由：Ⅰ类民用建筑工程甲醛浓度限量≤0.08mg/m^3。 (1分)

② 氨浓度合格。 (1分)

理由：Ⅰ类民用建筑工程氨浓度限量应≤0.2mg/m^3。 (1分)

房间使用面积/m^2	检测点数/个	房间使用面积/m^2	检测点数/个
<50	1	≥500、<1000	不少于5
≥50、<100	2	≥1000、<3000	不少于6
≥100、<500	不少于3	≥3000	每1000m^2不少于3

污染物	Ⅰ类民用建筑工程	Ⅱ类民用建筑工程	污染物	Ⅰ类民用建筑工程	Ⅱ类民用建筑工程
氡/(Bq/m^3)	≤200	≤400	氨/(mg/m^3)	≤0.2	≤0.2
甲醛/(mg/m^3)	≤0.08	≤0.1	TVOC/(mg/m^3)	≤0.5	≤0.6
苯/(mg/m^3)	≤0.09	≤0.09			

案例十七

背景资料（2012年真题）

某施工单位承接了两栋住宅楼工程，总建筑面积65000m^2，基础均为筏形基础（上反梁结构),地下2层,地上30层,地下结构连通,上部为两个独立单体一字设置,设计形式一致,地下室外墙南北向的距离40m,东西向的距离120m。

施工过程中发生了以下事件:

事件一: 项目经理部首先安排了测量人员进行平面控制测量定位,测量人员很快提交了测量成果,为工程施工奠定了基础。

事件二: 基坑及土方施工时设置了降水井,项目经理部针对本工程具体情况制定了《×××工程绿色施工方案》,对"四节一环保"提出了具体技术措施,实施中取得了良好的效果。

事件三: 房心回填土施工时正值雨季,土源紧缺,工期较紧,项目经理部在回填后立即浇筑地面混凝土面层,在工程竣工初验时,该部位地面局部出现下沉,影响使用功能,监理工程师要求项目经理部整改。

问题:

1. 事件一中,测量人员从进场测设到形成细部放样的平面控制测量成果需要经过哪些主要步骤?

2. 分析事件三中导致地面局部下沉的原因有哪些?在利用原填方土料的前提下,写出处理方案中的主要施工步骤。

【参考答案】

1.(本小题3分)

(1)先建立场区控制网,再分别建立建筑物施工控制网; (1分)

(2)根据平面控制网的控制点,测设建筑物的主轴线; (1分)

(3)根据主轴线再进行建筑物的细部放样。 (1分)

2.(本小题8分)

(1)导致地面局部下沉的原因有:

① 填料不符合设计和规范的要求,致使回填土的密实度达不到要求; (1分)

② 土的含水率过大,致使回填土的密实度达不到要求; (1分)

③ 碾压或夯实机械的能量不够,致使密实度达不到要求。 (1分)

(2)处理方案中的主要施工步骤包括:

① 拆除混凝土垫层和面层; (1分)

② 换填不符合要求的土料; (1分)

③ 对于含水率过大的土层,翻松晾晒、重新夯实; (1分)

④ 对于碾压或夯实能量不够的土层,应更换大功率的机械; (1分)

⑤ 房心回填土处理完毕后,应重新浇筑混凝土垫层和面层。 (1分)

案例十八

背景资料(2011年真题)

某公共建筑工程,建筑面积22000m²,地下2层,地上5层,层高3.2m,钢筋混凝土框架结构。大堂1~3层中空,大堂顶板为钢筋混凝土井字梁结构。屋面设有女儿墙,屋面防水材料采用SBS卷材,某施工总承包单位承担施工任务。

合同履行过程中,发生了下列事件:

事件一： 施工总承包单位进入现场后，采购了110t Ⅱ级钢，钢筋出厂合格证明资料齐全。

施工总承包单位将同一炉罐号的钢筋组批，在监理工程师见证下取样复试。复试合格后，施工总承包单位在现场采用冷拉方法调直钢筋，冷拉率控制为3%。监理工程师责令施工总承包单位停止钢筋加工工作。

事件二： 屋面进行闭水试验时，发现女儿墙根部漏水。经查证，主要原因是转角处卷材开裂，施工总承包单位进行了整改。

问题：
1. 指出事件一中施工总承包单位做法的不妥之处，分别写出正确做法。
2. 按先后次序说明事件二中女儿墙根部漏水质量问题的治理步骤。

【参考答案】

1．（本小题5分）
（1）不妥之一"将同一炉罐号的钢筋组批"。 (1分)

正确做法：应将同厂家、同品种、同一类型、同一批次钢筋抽取样品进行复验，且一批不应超过30t，本工程110t Ⅱ级钢筋应抽取4个批次进行复试。 (2分)

（2）不妥之二"冷拉率控制为3%"。 (1分)

正确做法：Ⅱ级钢冷拉率不应超过1%。 (1分)

2．（本小题3分）
（1）割开卷材，烘烤剥离，清除旧料； (1分)
（2）新卷材分层压入，搭接粘贴牢固； (1分)
（3）裂缝处增设一层卷材，四周粘牢。 (1分)

案 例 十 九

背景资料（2011年真题）

某办公楼工程，建筑面积82000m²，地下3层，地上20层，钢筋混凝土框-剪力墙结构。距邻近6层住宅楼7m。

合同履行过程中，发生了下列事件：

事件一： 基坑支护工程专业施工单位提出了基坑支护降水采用"排桩+锚杆+降水井"方案，施工总承包单位要求基坑支护降水方案进行比选后确定。

事件二： 底板混凝土施工中，混凝土浇筑从高处开始，沿短边方向自一端向另一端进行。在混凝土浇筑完12h内对混凝土表面进行保温保湿养护，养护持续7天。养护至72h时，测温显示混凝土内部温度70℃，混凝土表面温度35℃。

问题：
1. 事件一中，适用于本工程的基坑支护降水方案还有哪些？
2. 指出事件二中底板大体积混凝土浇筑及养护的不妥之处，并说明正确做法。

【参考答案】

1．（本小题3分）
（1）地下连续墙+锚杆+降水井。 (1分)
（2）地下连续墙+内支撑+降水井。 (1分)

(3) 排桩+内支撑+截水帷幕+降水井。 (1分)

2. (本小题6分)

(1) 不妥之一:"混凝土浇筑从高处开始,沿短边方向自一端向另一端进行"。 (1分)

正确做法:混凝土浇筑应从低处开始,沿长边方向自一端向另一端进行。 (1分)

(2) 不妥之二:"在混凝土浇筑完12h内对混凝土表面进行保温保湿养护,养护持续7天"。 (1分)

正确做法:混凝土浇筑完成后,应及时覆盖保温保湿材料,进行12h的保温保湿养护,浇水养护时间不少于14天。 (1分)

(3) 不妥之三:"混凝土内部温度70℃,混凝土表面温度35℃"。 (1分)

正确做法:采取措施使混凝土内外温差不大于25℃。 (1分)

案例二十

背景资料(2011年真题)

某写字楼工程,建筑面积120000m²,地下2层,地上22层,钢筋混凝土框架-剪力墙结构,合同工期780天。

普通混凝土小型空心砌块施工中,项目部采用的施工工艺有:小砌块使用时充分浇水湿润;砌块底面朝上反砌于墙上;芯柱砌块砌筑完成后立即进行该芯柱混凝土浇灌工作;外墙转角处的临时间断处留直槎,砌成阴阳槎,并设拉结筋。监理工程师对施工工艺提出了整改要求。

问题:指出上述事件中的不妥之处,分别说明正确做法。

【参考答案】

(本小题6分)

(1) 不妥之一:"小砌块使用时充分浇水湿润"。 (1分)

正确做法:小砌块使用时不宜浇水,当天气炎热干燥时可适当地洒水湿润。 (1分)

(2) 不妥之二:"芯柱砌块砌筑完成后立即进行该芯柱混凝土浇灌工作"。 (1分)

正确做法:芯柱砌块砌筑完成后,清除空洞内的杂物,并用水冲洗,养护一段时间,待砂浆强度大于1MPa时,方可进行该芯柱混凝土浇灌工作。 (1分)

(3) 不妥之三:"外墙转角处的临时间断处留直槎"。 (1分)

正确做法:外墙转角处临时间断处留斜槎,斜槎长度不应小于高度的三分之二。 (1分)

案例二十一

背景资料(2009年真题)

某施工总承包单位承担一项建筑基坑工程的施工,基坑开挖深度12m,基坑南侧距基坑边6m处有一栋6层住宅楼。基坑土质状况从地面向下依次为:杂填土0~2m,粉质土2~5m,砂质土5~10m,黏性土10~12m。上层滞水水位在地表以下5m(渗透系数为0.5m/天),地表下18m以内无承压水。基坑支护设计采用灌注桩加锚杆。施工前,建设单位为节约投资,指示更改设计,除南侧外,其余三面均采用土钉墙支护,垂直开挖。基坑在开挖过程中北侧支护出现较大变形,但一直没有发现,最终导致北侧支护部分坍塌。事故调查中发现:

（1）施工总承包单位对本工程做了重大危险源分析，确认南侧毗邻建筑物、临边防护、上下通道的安全为重大危险源，并制订了相应的措施，但未审批。
（2）施工总承包单位有健全的安全制度文件。
（3）施工过程中无任何安全检查记录、交底记录及培训教育记录等其他记录资料。

问题：
1. 本工程基坑最小降水深度应为多少？降水宜采用何种方式？
2. 该基坑坍塌的直接原因是什么？从技术层面分析造成本工程基坑坍塌的主要因素有哪些？

【参考答案】
1.（本小题4分）
（1）最小降水深度： (2分)
① 以地下水位为标准：$12-5+0.5=7.5$（m）。
② 以自然地坪为标准：$12+0.5=12.5$（m）。
（2）降水宜采用喷射井点。 (2分)
2.（本小题5分）
（1）直接原因：采用土钉墙支护，垂直开挖。 (1分)
（2）主要因素：
① 基坑深度12m不适用于土钉墙支护； (1分)
② 基坑土质状况不适用于土钉墙支护； (1分)
③ 如果采用土钉支护，必须按1:0.2的坡度放坡，不得垂直开挖； (1分)
④ 基坑开挖过程中，应进行变形监测，达到预警值时，立即采取措施处理。 (1分)

案例二十二

背景资料（2004年真题）

某建筑工程，建筑面积205000m²，现浇混凝土结构，筏形基础，地下3层，地上12层，基础埋深12.4m，该工程位于繁华市区，施工场地狭小。

工程所在地区地势北高南低，地下水流从北向南。施工单位的降水方案计划在基坑南边布置单排轻型井点。

基坑开挖到设计标高后，施工单位和监理单位共同对基坑进行了验槽，并对基底进行了钎探，发现地基东南角有约350m²软土区，监理工程师随即指令施工单位进行换填处理。

问题：
1. 该工程基坑开挖降水方案是否可行？说明理由。
2. 发现基坑基底软土区后应按什么工作程序进行基底处理？

【参考答案】
1.（本小题4分）
不可行。
理由： (1分)
（1）地下水流从北向南，井点应布置在地下水位的上游一侧，即应该在基坑北边布置降水井点。 (1分)

(2) 基坑面积较大,宽度显然超过6m,井点应采用环形或U形布置; (1分)
(3) 基坑深度较大,应采用喷射井点降水。 (1分)
2. (本小题6分)
处理程序:
(1) 监理单位应立即上报建设单位; (1分)
(2) 建设单位应要求勘察单位对软土区进行补勘; (1分)
(3) 建设单位应要求设计单位根据补勘结果编制地基处理方案; (1分)
(4) 监理单位应要求施工单位根据设计单位编制的地基处理方案制定施工处理方案,并经审查合格后,签字确认; (1分)
(5) 由总监理工程师签发工程变更单,指示施工单位进行地基处理; (1分)
(6) 总监理工程师应批准因此增加的费用和延误的工期。 (1分)

案例二十三

背景资料(2005年真题)

某建筑工程,建筑面积108000m²,现浇剪力墙结构,地下3层,地上50层。基础埋深14.4m,底板厚3m,底板混凝土强度等级C35/P12。

底板钢筋施工时,板厚1.5m处的HRB335级直径16mm钢筋,施工单位征得监理单位和建设单位同意后,用HPB235级直径10mm的钢筋进行代换。

底板混凝土浇筑时当地最高大气温度38℃,混凝土最高入模温度40℃。浇筑完成12h以后采用覆盖一层塑料膜、一层保温岩棉养护7天。测温记录显示:混凝土内部最高温度75℃,其表面最高温度45℃。

监理工程师检查发现底板表面混凝土有裂缝,经钻芯取样检查,取样样品均有贯通裂缝。

问题:
1. 该基础底板钢筋代换是否合理?说明理由。
2. 本工程基础底板产生裂缝的主要原因是什么?
3. 大体积混凝土裂缝控制的常用措施是什么?

【参考答案】
1. (本小题3分)
不合理。 (1分)
理由:钢筋代换属于设计变更,应征得设计单位同意,由设计单位签发《设计变更通知单》后,施工单位方可进行钢筋代换。 (2分)
2. (本小题4分)
(1) 混凝土入模温度过高; (1分)
(2) 混凝土浇筑完成后,未及时进行覆盖保温、保湿养护; (1分)
(3) 抗渗混凝土浇水养护时间不符合规范规定; (1分)
(4) 混凝土里表温差超过25℃。 (1分)
3. (本小题10分)
(1) 严格执行混凝土配合比设计; (1分)

（2）应优先选用中、低热的硅酸盐水泥或低热的矿渣水泥； (1分)
（3）掺入的缓凝剂、减水剂、膨胀剂应符合外加剂规范的要求； (1分)
（4）砂、石、水搅拌前应进行冷却处理； (1分)
（5）及时进行二次振捣和二次抹压； (1分)
（6）控制混凝土里表温差不超过25℃； (1分)
（7）控制混凝土表气温不差超过25℃； (1分)
（8）控制混凝土降温速率不超过2℃/天； (1分)
（9）混凝土浇筑完成后的12h内，应及时覆盖保温保湿养护；抗渗混凝土浇水养护时间不得少于14天； (1分)
（10）按设计要求留置变形缝、后浇带或进行跳仓法施工。 (1分)

案例二十四

背景资料（2006年真题）

某办公大楼由主楼和裙楼两部分组成，平面呈不规则四方形，主楼29层，裙楼4层，地下2层，总建筑面积81650m²。该工程5月份完成主体施工，屋面防水施工安排在8月份。屋面防水层由一层聚氨酯防水涂料和一层自粘SBS高分子防水卷材构成。

主楼屋面防水工程检查验收时发现少量卷材起鼓，鼓泡有大有小，直径大的达到90mm，鼓泡割破后发现有冷凝水珠。经查阅相关技术资料后发现：没有基层含水率试验和防水卷材粘贴试验记录；屋面防水工程技术交底要求自粘SBS卷材搭接宽度为50mm，接缝口应用密封材料封严，宽度不小于5mm。

问题：
1. 试分析卷材起鼓的原因，并指出正确的处理方法。
2. 自粘SBS卷材搭接宽度和接缝口密封材料封严宽度应满足什么要求？

【参考答案】

1.（本小题4分）
（1）卷材起鼓原因：
① 铺贴卷材前未做基层含水率试验和卷材粘贴试验； (1分)
② 基层含水率过大，找平层不平整，聚氨酯涂刷不均匀； (1分)
③ 卷材黏结不实，遇热膨胀鼓泡。 (1分)
（2）处理方法：采用抽气、灌浆、压砖法处理直径100mm以内的鼓泡。 (1分)

2.（本小题4分）
（1）自粘SBS卷材搭接宽度为60mm。 (2分)
（2）接缝口用密封材料封严，宽度≥10mm。 (2分)

案例二十五

背景资料（2006年真题）

某学校活动中心工程，现浇钢筋混凝土框架结构，地上6层，地下2层，采用自然通风。在基础底板混凝土浇筑前，监理工程师检查施工单位的技术管理工作，要求施工单位按规定检查混凝土运输单，并做好混凝土扩展度测定等工作。全部工作完成并确认无误后，方可浇筑混凝土。

问题：

除已列出工作内容外，施工单位针对混凝土运输单还要做哪些技术管理与测定工作？

【参考答案】

（本小题4分）

(1) 核查混凝土配合比；　　　　　　　　　　　　　　　　　　　　　　（1分）

(2) 确认混凝土强度等级；　　　　　　　　　　　　　　　　　　　　　（1分）

(3) 检查混凝土运输时间；　　　　　　　　　　　　　　　　　　　　　（1分）

(4) 测定混凝土坍落度。　　　　　　　　　　　　　　　　　　　　　　（1分）

案例二十六

背景资料（2006年真题）

某建设单位投资兴建一大型商场，地下2层，地上9层，钢筋混凝土框架结构，建筑面积为71500m^2。

施工总承包单位为加快施工进度，土方采用机械一次性开挖至设计标高；租赁了30辆特重渣土运输汽车外运土方，在城市道路路面遗撒了大量渣土；用于垫层的2:8灰土提前2天拌好备用。

问题： 分别指出上述事件中施工单位做法的错误之处，并说明正确做法。

【参考答案】

（本小题6分）

(1) 错误之一："土方采用机械一次开挖至设计标高"。　　　　　　　　　（1分）

正确做法：在接近设计坑底标高时应预留20～30cm厚的土层，由人工清底。　（1分）

(2) 错误之二："渣土外运时，在城市道路路面遗撒了大量渣土"。　　　　（1分）

正确做法：应采取可靠措施，防止渣土遗撒，并设置专人沿途检查。　　　（1分）

(3) 错误之三："2:8灰土提前2天搅拌好备用"。　　　　　　　　　　　　（1分）

正确做法：2:8灰土拌制完成后，应当在当日铺填并夯压完毕。　　　　　（1分）

案例二十七

背景资料（2016年真题）

某人防工程，建筑面积5000m^2，地下1层，层高4.0m。工程施工过程中，发生了下列事件：

事件一：施工单位进场后，根据建设单位提供的原场区内方格控制网坐标进行该建筑物的定位测设。

事件二：砌体工程施工时，监理对工程变更部分新增构造柱的钢筋做法提出疑问。

事件三：该工程在进行设计时就充分考虑"平战结合、综合使用"的原则。平时用作停车库，人员通过电梯或楼梯通道上到地面。工程竣工验收时，相关部门对主体结构、建筑电气、通风空调、装饰装修等分部工程进行了验收。

问题：

1. 事件一中，建筑物细部点定位测设有哪几种方法？本工程最适宜采用哪种方法？

2. 事件二中，顺序列出新增构造柱钢筋安装的过程。
3. 根据人防工程的特点和事件三中的描述，本工程验收时还应包含哪些分部工程？

【参考答案】

1. （本小题5分）

（1）建筑物细部点定位测设方法：直角坐标法、极坐标法、角度前方交会法、距离交会法、方向线交会法。 (3分)

【评分准则：测设方法写出3种正确的，即得3分。】

（2）本工程最适宜采用的方法是直角坐标法。 (2分)

2. （本小题4分）

（1）构造柱纵向受力筋伸入基础500mm； (1分)

（2）构造柱的箍筋按设计和规范要求绑扎； (1分)

（3）构造柱沿墙高每500mm设置2根直径6mm的拉筋，每边伸入墙内不少于1m； (1分)

（4）构造柱应与圈梁连接，节点处的箍筋加密应符合设计和规范要求。 (1分)

3. （本小题6分）

（1）地基基础工程； (1分)

（2）屋面工程； (1分)

（3）电梯安装工程； (1分)

（4）给排水工程； (1分)

（5）智能化建筑； (1分)

（6）建筑节能工程。 (1分)

案例二十八

背景资料（2009年真题）

某建筑工程，建筑面积23824m²。地上10层，地下2层（地下水位-2.0m）。主体结构为非预应力现浇混凝土框架-剪力墙结构（柱网为9m×9m，局部柱距为6m），梁模板起拱高度分别为20mm、12mm。抗震设防烈度7度。梁、柱受力钢筋为HRB335，接头采用挤压连接。结构主体地下室外墙采用P8防水混凝土浇筑，墙厚250mm，钢筋净距60mm，混凝土为商品混凝土。一、二层柱混凝土强度等级为C40，以上各层柱为C30。

事件一： 钢筋施工时发现梁、柱钢筋的挤压接头有位于梁、柱端箍筋加密区的情况。在现场留取接头试件样本时，是以同一层每600个为一验收批，并按规定抽取试件样本进行合格性检验。

事件二： 结构主体地下室外墙防水混凝土浇筑过程中，现场对粗集料的最大粒径进行了检测，检测结果为40mm。

问题：

1. 该工程梁模板的起拱高度是否正确？说明理由。该工程梁底模板拆除时，混凝土强度应满足什么要求？

2. 事件一中，梁、柱端箍筋加密区出现挤压接头是否妥当？如不可避免，应如何处理？按规范要求指出本工程挤压接头的现场检验验收批确定有何不妥？应如何改正？

3. 事件二中，商品混凝土粗集料最大粒径控制是否准确？请从地下结构外墙的截面尺寸、钢筋净距和防水混凝土的设计原则三方面分析本工程防水混凝土的最大粒径。

【参考答案】

1. （本小题5分）

（1）该工程梁模板的起拱高度正确。（1分）

理由：对跨度大于4m的现浇钢筋混凝土梁、板，其模板应按设计要求起拱；当设计无具体要求时，起拱高度应为跨度的1/1000~3/1000。对于跨度为9m的梁模板的起拱高度应为9~27mm；对于跨度为6m的梁模板的起拱高度应为为6~18mm。（2分）

（2）底模板拆除时，混凝土的强度应达到设计强度等级的百分比：6m梁跨的，≥75%；9m梁跨的，≥100%。（2分）

2. （本小题5分）

（1）梁、柱端箍筋加密区出现挤压接头不妥，因本工程有抗震设防要求。（1分）

（2）无法避开时，控制接头百分率不大于50%。（1分）

（3）"以同一层每600个为一验收批"不妥。（1分）

（4）改正：同一施工条件下采用同一批材料的同等级、同形式、同规格接头，以500个为一个验收批进行检验与验收，不足500个也作为一个验收批。（2分）

3. （本小题6分）

（1）商品混凝土粗集料最大粒径为40mm准确。（1分）

（2）商品混凝土粗集料最大粒径≤截面最小尺寸的1/4，即250×1/4=62.5mm。（2分）

（3）商品混凝土粗集料最大粒径≤钢筋净距的3/4，即60×3/4=45mm。（2分）

（4）防水混凝土粗集料最大粒径不宜大于40mm。（1分）

二、选择题及答案解析

考点一：地基基础

1. 民用建筑上部结构沉降观测点宜布置在（　　）。（2018年真题）

A. 建筑四角 B. 核心筒四角
C. 大转角处 D. 高低层交接处
E. 基础梁上

【答案】 ABCD

【解析】 一言以蔽之：建筑物观测点应设置在"受力较大处"。无论是沉降观测，还是位移观测，也可能是变形观测均遵循此逻辑。

2. 对施工控制网为轴线形式的建筑场地，最方便的平面位置放线测量方法是（　　）。（2011年真题）

A. 直角坐标法 B. 角度前方交会法
C. 距离交会法 D. 极坐标法

【答案】 A

【解析】 直角坐标法：就是把方格网放在一个直角坐标系中。因此当建筑场地的施工控制网为方格网或轴线形式时，采用直角坐标法放线最为方便。

3. 针对平面形式为椭圆的建筑，建筑外轮廓线放样最适宜采用的测量方法是（　　）。

(2017年真题)

　　A. 直角坐标法　　　　　　　　　B. 角度交会法
　　C. 距离交会法　　　　　　　　　D. 极坐标法
【答案】　D

4. 某高程测量，已知 A 点高程为 H_A，欲测得 B 点高程 H_B，安置水准仪于 A、B 之间，后视读数为 a，前视读数为 b，则 B 点高程 H_B 为（　　）。（2009年真题）

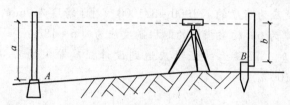

　　A. $H_B = H_A - a - b$　　　　　　B. $H_B = H_A + a + b$
　　C. $H_B = H_A + a - b$　　　　　　D. $H_B = H_A - a + b$
【答案】　C
【解析】　高程测设公式简化版：$H_A + a = H_B + b$；通常，我们把已知点 a 称之为"后视读数"，未知点（待测点）b 称之为"前视读数"。故该公式的内涵为：已知的高程 H_A + 已知点标尺读数 a = 待测点的高程 H_B + 待测点标尺上的读数 b。

5. 当建筑场地的施工控制网为方格网或轴线形式时，采用（　　）进行建筑物细部点的平面位置测设最为方便。（2009年真题）
　　A. 直角坐标法　　　　　　　　　B. 极坐标法
　　C. 角度前方交会法　　　　　　　D. 距离交会法
【答案】　A
【解析】　"直角坐标极坐标，角度距离方向线，一建二建兴奋点，顺利掌握无风险。"

6. 不能测量水平距离的仪器是（　　）。（2013年真题）
　　A. 水准仪　　B. 经纬仪　　C. 全站仪　　D. 垂准仪
【答案】　D
【解析】　冷门考点，适当关注。

7. 工程测量用水准仪的主要功能是（　　）。（2010年真题）
　　A. 直接测量待定点的高程　　　　B. 测量两个方向之间的水平夹角
　　C. 测量两点间的高差　　　　　　D. 直接测量竖直角
【答案】　C
【解析】　水准仪不能直接测算高程，只能先测量两点之间的高差，通过计算得出高程。

8. 对某一施工现场进行高程测设，M 点为水准点，已知高程为 12.00m；N 点为待测点，安置水准仪于 M、N 之间，先在 M 点立尺，读得后视读数为 4.500m，然后在 N 点立尺，读得前视读数为 3.500m，N 点高程为（　　）m。（2010年真题）
　　A. 11.00　　　B. 12.00　　　C. 12.50　　　D. 13.00
【答案】　D
【解析】　根据公式："$H_A + a = H_B + b$" 可得 $12 + 4.5 = 3.5 + 13$

9. 下列土钉墙基坑支护的设计构造，正确的有（　　）。（2011年真题）

A. 土钉墙墙面坡度 1:0.2　　　　　B. 土钉长度为开挖深度的 0.8 倍
C. 喷射混凝土强度等级 C20　　　　D. 土钉的间距为 2m
E. 坡面上下段钢筋网搭接长度为 250cm

【答案】　ABCD

【解析】

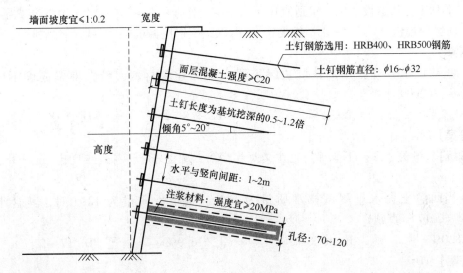

10. 工程基坑开挖采用井点回灌技术的主要目的是（　　）。（2011 年真题）
A. 避免坑底土体回弹
B. 避免坑底出现管涌
C. 减少排水设施，降低施工成本
D. 防止降水井点对周围建筑物、地下管线的影响

【答案】　D

【解析】　井点回灌：是为防止降水危及基坑及周边环境安全而采取的平衡措施；通过地下水回灌，避免周边建筑的不均匀沉降。

11. 可以起到防止深基坑坑底突涌的措施有（　　）。（2016 年真题）
A. 集水明排　　　　　　　　　B. 水平封底隔渗
C. 井点降水　　　　　　　　　D. 井点回灌
E. 钻孔减压

【答案】　BE

【解析】　"封底减压防突涌，案例考点要记牢"。

12. 针对渗透系数较大的土层，适宜采用的降水技术是（　　）。（2015 年真题）
A. 真空井点　　B. 轻型井点　　C. 喷射井点　　D. 管井井点

【答案】　D

【解析】　"轻射管井三降水，尤其管井兴奋点，5 年 3 考主客观，轻松拿分笑开颜"。

13. 不以降低基坑内地下水位为目的的井是（　　）。（2017 年真题）
A. 集水井　　　B. 减压井　　　C. 回灌井　　　D. 降水井

【答案】　C

14. 适合挖掘地下水中土方的机械有（　　）。(2017年真题)
   A. 正铲挖掘机　　B. 反铲挖掘机　　C. 抓铲挖掘机　　D. 铲运机
   E. 拉铲挖掘机
   【答案】　BCE
   【解析】　"7年3考主客观，反拉抓铲三挖掘"。

15. 下列土方机械设备中，最适宜用于水下挖土作业的是（　　）。(2013年真题)
   A. 抓铲挖掘机　　B. 正铲挖掘机　　C. 反铲挖掘机　　D. 铲运机
   【答案】　A

16. 浅基坑土方开挖中，基坑边缘堆置土方和建筑材料，最大堆置高度不应超过（　　）m。(2009年真题)
   A. 1.2　　　　　B. 1.5　　　　　C. 1.8　　　　　D. 2.0
   【答案】　B
   【解析】　案例考点。①基坑周边严禁超载；②土质良好时，荷载距坑边1m开外，堆放高度≤1.5m。

17. 当回填土含水量测试样本质量为142g、烘干后质量为121g时，其含水量是（　　）。(2017年真题)
   A. 8.0%　　　　B. 14.8%　　　　C. 16.0%　　　　D. 17.4%
   【答案】　D
   【解析】　(142－121)/121＝17.4%

18. 关于土方回填施工工艺的说法，错误的是（　　）。(2016年真题)
   A. 土料应尽量采用同类土　　　　B. 应从场地最低处开始回填
   C. 应在相对两侧对称回填　　　　D. 虚铺厚度根据含水量确定
   【答案】　D
   【解析】　"3年2考主客观"：设计无要求时，土方回填的虚铺厚度应根据夯实机械确定。

19. 基坑土方填筑应（　　）进行回填和夯实。(2010年真题)
   A. 从一侧向另一侧平推　　　　　B. 在相对两侧或周围同时
   C. 由近到远　　　　　　　　　　D. 在基坑卸土方便处
   【答案】　B
   【解析】　土方回填时，两侧或四周应同时回填，防止基础、埋管中心线偏移。

20. 在进行土方平衡调配时，需要重点考虑的性能参数是土的（　　）。(2015年真题)
   A. 密实度　　　　B. 天然含水量　　C. 可松性　　　　D. 天然密度
   【答案】　C
   【解析】　土的可松性是计算"两土两平一运输"的重要参数——即①土方机械生产率，②回填土方量，③运输机具数量，④进行场地平整规划竖向设计，⑤土方平衡调配的重要参数。

21. 关于岩土工程性能的说法，正确的是（　　）。(2014年真题)
   A. 内摩擦角不是土体的抗剪强度指标
   B. 土体的抗剪强度指标包含内摩擦力和内聚力

C. 在土方填筑时，常以土的天然密度控制土的夯实标准

D. 土的天然含水量对土体边坡稳定没有影响

【答案】 B

【解析】 A错误，内摩擦角是土体的抗剪强度指标；C错误，在土方填筑时，以土的"干密度"控制土的夯实标准；D错误，土的天然含水量是决定边坡稳定性的因素之一。

22. 冬季填方施工时，每层铺土厚度应比常温时（ ）。（2012年真题）

A. 增加20%~25%　　B. 减少20%~25%　　C. 减少35%~40%　　D. 增加35%~40%

【答案】 A

【解析】 "土方工程重点看，主观客观必考点"。

23. 根据《建筑地基基础工程施工质量验收规范》的规定，属于一级基坑的有（ ）。（2012年真题）

A. 重要工程的基坑

B. 开挖深度8m的基坑

C. 支护结构做主体结构一部分的基坑

D. 与邻近建筑物距离在开挖深度以外的基坑

E. 基坑范围内有历史文物需要严加保护的基坑

【答案】 ACE

【解析】 基坑的分级以及每级的具体条件，属于地基基础工程的根本性认知，考不考都要掌握！

24. 基坑验槽中遇持力层明显不均匀时，应在基坑底普遍进行（ ）。（2012年真题）

A. 观察　　　　　B. 轻型动力触探　　C. 钎探　　　　D. 静载试验

【答案】 B

25. 建筑物基坑采用钎探法验槽时，钎杆每打入土层（ ）mm，应记录一次锤击数。（2010年真题）

A. 200　　　　　B. 250　　　　　C. 300　　　　　D. 350

【答案】 C

【解析】 钎探通常为2.1m，每打入300mm记录一次锤击数。该考点新版教材已经删除，但作为现场实操常识点和重要出题点，考生必须掌握。

26. 关于涂饰工程基层处理，正确的有（ ）。（2010年真题）

A. 新建筑物的混凝土或抹灰基层在涂饰前涂刷抗碱封闭底漆

B. 旧墙面在涂饰前清除疏松的旧装修层，并刷界面剂

C. 厨房、卫生间墙面采用耐水腻子

D. 金属基层表面进行防静电处理

E. 混凝土基层含水率在8%~10%间时涂刷溶剂型涂料

【答案】 ABC

27. 关于观察法验槽的说法，正确的有（ ）。

A. 以观察法为主，基底以下隐蔽部位，辅以钎探法配合完成

B. 观察槽壁、槽底的土质情况，验证基槽开挖深度

C. 观察基槽边坡是否稳定，是否有影响边坡稳定的因素存在

D. 观察基槽内有无旧的房基、洞穴、古井、掩埋的管道和人防设施
E. 在进行直接观察时，可用袖珍式贯入仪作为主要手段

【答案】 ABCD

【解析】 E 错误，应当是"辅助手段"。袖珍贯入仪是用于对大面积填方工程碾压后的密实度和均匀性进行检测的工具。

28. 强夯法处理地基土的有效加固深度的起算标高面是（ ）。（2017 年真题）
A. 终夯后地面   B. 原始地面   C. 最初起夯面   D. 夯锤顶面

【答案】 C

【解析】 该考点新版教材已删除，但作为现场实操的重要出题点，建议考生掌握。

29. 下列桩基施工工艺中，不需要泥浆护壁的是（ ）。（2014 年真题）
A. 冲击钻成孔灌注桩   B. 回转钻成孔灌注桩
C. 潜水电钻成孔灌注桩   D. 钻孔压浆灌注桩

【答案】 D

【解析】 该考点新版教材已删除，可作为冷门备考点适当关注。

30. 下列混凝土灌注桩质量检查项目中，在混凝土浇筑前进行检查的有（ ）。（2014 年真题）
A. 孔深   B. 桩身完整性   C. 孔径   D. 承载力
E. 沉渣厚度

【答案】 ACE

【解析】 桩身完整性和承载力是成桩后的检测项目。需注意，沉渣厚度的检测结果应是二次清孔后的结果。第一次清孔在成孔之后进行，第二次清孔是在钢筋笼下放之后进行。

31. 采用锤击沉桩法施工的摩擦桩，主要以（ ）控制其入土深度。（2013 年真题）
A. 贯入度   B. 持力层   C. 锤击数   D. 标高

【答案】 D

【解析】

（1）摩擦桩：其荷载主要是桩侧土与桩间土的摩擦力来承受，桩端无持力层。因此，摩擦桩是以设计单位计算好的设计"标高"为主要依据。

（2）端承型桩：是指桩顶荷载主要由桩端阻力承受，桩侧阻力相对桩端阻力而言可忽略不计。因此端承桩以"贯入度"控制其入土深度。

（3）所谓"贯入度"，就是桩身进入土体的深度，桩端到达了持力层时，贯入度为 0。

32. 下列预应力混凝土管桩压桩的施工顺序中，正确的是（ ）。（2013 年真题）
A. 先深后浅   B. 先小后大
C. 先短后长   D. 自四周向中间进行

【答案】 A

【解析】 预制桩的沉桩顺序总体上为："顺口施打"。即：先深后浅（深浅）、先大后小（大小）、先长后短（长短）、先密后疏（密疏）；密集桩群宜从中间向四周或两边对称施打，当一侧毗邻建筑物时，由毗邻建筑物处向外施打。

注意，砂石地基是例外。由于砂石地基本身比较松散，由内向外施打起不到加固地基的作用，因此砂石地基预制桩应由外向内施打。

33. 锤击沉桩法施工程序：确定桩位和沉桩顺序→桩机就位→吊桩喂桩→（　　）→锤击沉桩→接桩→再锤击沉桩→送桩→收锤→切割桩头。（2007 年真题）
   A. 检查验收　　　B. 校正　　　C. 静力压桩　　　D. 送桩
   【答案】 B
   【解析】 锤击沉桩与静力压桩核心流程相同，只是说法略有差异，考点要求考生按简答题掌握。

34. 为设计提供依据的试验桩检测，主要确定（　　）。（2018 年真题）
   A. 单桩承载力　　　　　　　B. 桩身混凝土强度
   C. 桩身完整性　　　　　　　D. 单桩极限承载力
   【答案】 D

35. 锤击沉管灌注桩施工方法适用于在（　　）中使用。（2012 年真题）
   A. 黏性土层　　　　　　　　B. 密实粗砂层
   C. 砂砾石层　　　　　　　　D. 淤泥质土层
   E. 淤泥层
   【答案】 ADE
   【解析】 冷门考点，新教材已删，作为出题人"爆冷门"的基本方向适当了解。

36. 采用锤击法进行混凝土预制桩施工时，宜采用（　　）。（2017 年真题）
   A. 低锤轻打　　　B. 重锤低击　　　C. 重锤高击　　　D. 低锤重打
   E. 高锤重打
   【答案】 BD
   【解析】 考常识，实操题，建议考生掌握。

37. 关于钢筋混凝土预制桩的沉桩顺序说法，正确的有（　　）。（2015 年真题）
   A. 对于密集桩群，从中间开始分头向四周或两边对称施打
   B. 当一侧毗邻建筑物时，由毗邻建筑物处向另一方向施打
   C. 对基础标高不一的桩，宜先浅后深
   D. 基坑不大时，打桩可逐排打设
   E. 对不同规格的桩，宜先小后大
   【答案】 ABD
   【解析】 预制桩的沉桩顺序把握一个核心逻辑——"应力外扩"，只有砂石地基反其道而行。

38. 采用插入式振动器振捣本工程底板混凝土时，其操作应（　　）。（2007 年真题）
   A. 慢插慢拔　　　B. 慢插快拔　　　C. 快插慢拔　　　D. 快插快拔
   【答案】 C
   【解析】 "快插"，是为了防止混凝土拌合物振捣不均匀，导致分层离析；"慢拔"，是为了让混凝土拌合物充分填补振捣器拔出时留下的缺口。

39. 该工程底板的混凝土养护时间最低不少于（　　）天。（2007 年真题）
   A. 7　　　　　B. 14　　　　　C. 21　　　　　D. 28
   【答案】 B

40. 砌体基础必须采用（　　）砂浆砌筑。（2013 年真题）

A. 防水 B. 水泥混合 C. 水泥 D. 石灰

【答案】 C

【解析】 砌体基础对砂浆强度、耐久性要求较高,因此砌体基础主要是用水泥砂浆。

41. 下列砌体结构墙体裂缝现象中,主要原因不是地基不均匀下沉引起的是（　　）。(2016 年真题)

A. 纵墙两端出现斜裂缝 B. 裂缝通过窗口两个对角
C. 窗间墙出现水平裂缝 D. 窗间墙出现竖向裂缝

【答案】 D

【解析】 案例题考点,以理解为主,前期切忌死记硬背。

42. 造成挖方边坡大面积塌方的原因可能有（　　）。(2010 年真题)

A. 土方施工机械配置不合理 B. 基坑开挖坡度不够
C. 未采取有效的降排水措施 D. 边坡顶部堆载过大
E. 开挖次序、方法不当

【答案】 BCDE

【解析】 边坡大面积塌方的核心原因可总结为:①外侧应力过大,②内侧支撑不足。本考点按简答题掌握。

43. 施工测量现场主要工作有（　　）等。

A. 长度、角度的测设 B. 面积的测设
C. 建筑物细部点的平面位置的测设 D. 建筑物细部点高程位置的测设
E. 倾斜线的测设

【答案】 ACDE

【解析】 口诀:"长度角度倾斜线,平面位置高程点"。

44. 不属于施工测量的基本工作是（　　）。

A. 测角 B. 测距 C. 测高差 D. 测面积

【答案】 D

【解析】 施工测量的基本工作包括"测角测距测高差"。

45. 关于平面控制测量必须遵循的组织实施原则的说法,正确的是（　　）。

A. 由平面到立面 B. 由立面到平面
C. 由整体到局部 D. 由局部到整体

【答案】 C

【解析】

(1) 平面控制测量顺序为"由整体到局部",这样可以有效避免放样误差的积累。

(2) 大中型施工测量顺序:建立场区控制网→分别建立各建筑物施工控制网→测设建筑物的主轴线→进行建筑物的细部放样。

46. 建筑物细部点平面位置的测设方法有（　　）。

A. 直角坐标法 B. 极坐标法
C. 角度前方交会法 D. 方向线交会法和距离交会法
E. 高层传递法

【答案】 ABCD

【解析】 建筑物细部点平面位置测设方法包括:"直角坐标极坐标,角度距离方向线"。

47. 关于地下连续墙支护优点的说法,正确的有( )。
A. 施工振动小　　　　　　　　　B. 噪声低
C. 承载力大　　　　　　　　　　D. 成本低
E. 防渗性能好
【答案】 ABCE
【解析】 地下连续墙支护特性几乎为"全优";唯一的缺点就是投资较大、烧钱。

48. 排桩根据工程情况可分为( )。
A. 悬臂式支护结构　　　　　　　B. 锚拉式支护结构
C. 内撑式支护结构　　　　　　　D. 内撑-锚拉式支护结构
E. 内撑-悬臂式结构
【答案】 ABCD
【解析】 排桩的四个类别:"悬拉内撑双排桩"。即①悬臂式,②锚拉式,③内撑式,④内撑-锚拉混合式。当以上支护方式都均不合适,可考虑双排桩。

49. 常用截水帷幕包括( )。
A. 高压喷射注浆　　　　　　　　B. 地下连续墙
C. 小齿口钢板桩　　　　　　　　D. 深层水泥土搅拌桩
E. CFG 桩
【答案】 ABCD
【解析】
(1) 截水帷幕是配合降水使用,切断或部分切断坑外地下水进入坑内的流量。没能打入不透水层的止水帷幕叫悬挂式止水帷幕。
(2) 常见的截水帷幕包括:"高压水泥钢板墙"四类。其中,深层水泥搅拌桩最为常见。

50. 在地下水位以下挖土施工时,应将水位降低至基底以下至少( )。
A. 30cm　　　B. 50cm　　　C. 80cm　　　D. 120cm
【答案】 B
【解析】 降水应使地下水位始终处于基底以下半米(500mm)的位置。降水深度从"自然地坪标高"起算,至"地下水位标高"。

51. 设计无要求时,降水工作应持续到( )施工完成。
A. 底板　　　B. 基础　　　C. 回填土　　　D. 主体结构
【答案】 B

52. 不宜用于填土土质的降水方法是( )。(2019年真题)
A. 轻型井点　　　B. 降水管井　　　C. 喷射井点　　　D. 电渗井点
【答案】 B
【解析】 此题可使用排除法。轻型、喷射、电渗井点的适用范围都差不多;只有管井井点无论降深还是降速都比前三类大,本题为单选题,所以选最特殊的那个。

53. 按地基变形设计或应做变形验算且需进行地基处理的建筑物或构筑物,应对处理后的地基进行( )。

A. 稳定验算　　　　B. 变形验算　　　　C. 位移验算　　　　D. 沉降验算

【答案】　B

【解析】　题干中已经明确按地基"变形"设计或应做"变形"验算。

54. 受较大水平荷载或位于斜坡上的建筑物及构筑物，当建造在处理后的地基上时，应进行（　　）验算。

A. 变形　　　　　　B. 沉降　　　　　　C. 位移　　　　　　D. 地基稳定性

【答案】　D

【解析】　这叫"斜坡高层稳定性"；建筑物高度越大，承受的水平荷载越大。

55. 混凝土预制桩的吊运，下列说法正确的是（　　）。

A. 混凝土设计强度达到 70% 及以上方可起吊

B. 混凝土设计强度达到 100% 时方可运输和施打

C. 混凝土设计强度达到 80% 及以上方可起吊

D. 混凝土设计强度达到 95% 时方可运输和施打

E. 混凝土设计强度达到 75% 及以上方可起吊、运输和施打

【答案】　AB

【解析】　此考点与混凝土板桩相结合："七十起吊百运打"。

56. 单节桩采用两支点起吊时，吊点距离桩端为（　　）。

A. 0.2L　　　　　　B. 0.3L　　　　　　C. 0.4L　　　　　　D. 0.5L

【答案】　A

【解析】　单节桩两支点起吊时，吊点距桩端宜为 0.2L（L—桩段长），这个距离下的起吊受力最为合理。吊运过程中严禁采用拖拉取桩方法。

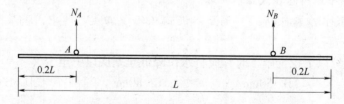

57. 采用锤击沉桩的预制桩的接桩方法（　　）。

A. 焊接　　　　　　B. 螺纹连接　　　　C. 机械啮合　　　　D. 铆接

E. 搭接

【答案】　ABC

【解析】　这叫"锤击沉桩焊螺啮"。

58. 采用静力压桩的桩接接头方法（　　）。

A. 焊接法、螺纹式　　　　　　　　　　B. 锚栓式

C. 啮合式　　　　　　　　　　　　　　D. 卡扣式

E. 抱箍式

【答案】　ACDE

【解析】　静力压桩接头包括："螺焊抱合卡扣式"。除焊接法，其余四种均为快接接头。

59. 人工挖孔灌注桩施工中，应用较广的护壁方法是（　　）。
   A. 混凝土护壁　　　　　　　　　　B. 砖砌体护壁
   C. 沉井护壁　　　　　　　　　　　D. 钢套管护壁
   【答案】　A
   【解析】
   （1）人工挖孔桩护壁方法："混混钢钢木砖井"。即：①现浇混凝土护壁，②喷射混凝土护壁，③砖砌体护壁，④沉井护壁，⑤钢套管护壁，⑥型钢工具式护壁，⑦木板桩工具式护壁。
   （2）本考点按简答题准备。

60. 灰土地基、砂和砂石地基施工过程中应检查（　　）。
   A. 分层铺设的厚度　　　　　　　　B. 分段施工时上下两层的搭接长度
   C. 夯实加水量、夯压遍数、压实系数　D. 砂和砂石地基的承载力
   E. 灰土地基承载力
   【答案】　ABC
   【解析】　D、E为施工后检查内容。本题为2013年一级建造师案例考点，应重点掌握。

考点二：主体结构
1. 跨度8m的钢筋混凝土梁，当设计无要求时，其底模及支架拆除时的混凝土强度应大于或等于设计混凝土立方体抗压强度标准值的（　　）。（2011年真题）
   A. 50%　　　　　　　　　　　　　B. 75%
   C. 85%　　　　　　　　　　　　　D. 100%
   【答案】　B
   【解析】
   （1）混凝土构件底模拆除条件："板梁拱壳悬臂件，2857510"。
   （2）混凝土构件侧模拆除条件："侧模拆除较宽松，只需构件不破损，墙体大模板例外，拆除强度1MPa"。

2. 拆除跨度为7m的现浇钢筋混凝土梁的底模及支架时，其混凝土强度至少是混凝土设计抗压强度标准值的（　　）。（2017年真题）
   A. 50%　　　　　　　　　　　　　B. 75%
   C. 85%　　　　　　　　　　　　　D. 100%
   【答案】　B

3. 某跨度8m的混凝土楼板，设计强度等级C30，模板采用快拆支架体系，支架立杆间距2m，拆模时混凝土的最低强度是（　　）MPa。（2015年真题）
   A. 15　　　　　　　　　　　　　　B. 22.5
   C. 30　　　　　　　　　　　　　　D. 25.5
   【答案】　A
   【解析】　本题的重点在于"快拆体系"，快拆支架体系的支架立杆间距不应大于2m，对应"板跨≤2m"时的拆模强度。因此混凝土的最低强度是15MPa（50%）。

4. 跨度为8m，混凝土设计强度等级为C40的钢筋混凝土简支梁，混凝土强度最少达到（　　）N/mm² 时才能拆除底模。（2013年真题）

A. 28 B. 30
C. 32 D. 34

【答案】 B

5. 模板工程设计的主要原则，下列说法正确的是（　　）。
   A. 安全性 B. 实用性
   C. 经济性 D. 耐久性
   E. 普遍性

【答案】 ABC

【解析】 模板设计原则包括："安全实用经济性"三个方面。
① 安全性：满足刚度、强度、稳定性要求。
② 实用性：具有构造合理、安拆方便、表面平整、接缝严密等特性。
③ 经济性：确保永久工程质量、安全的前提下，尽量减少投入量、增加周转率。

6. 某跨度 6m、设计强度 C30 的钢筋混凝土梁，其同条件养护试件（150mm）抗压强度见下表，则可拆除该梁底模的最早时间是（　　）。（2013 年真题）

时间/天	7	9	11	13
强度/MPa	16.5	20.8	23.1	25

A. 7 天 B. 9 天
C. 11 天 D. 13 天

【答案】 C

7. 在常温条件下一般墙体大模板，拆除时混凝土强度最少要达到（　　）。
   A. 0.5N/mm² B. 1.0N/mm²
   C. 1.5N/mm² D. 2.0N/mm²

【答案】 B

8. 常用模板中，具有轻便灵活、拆装方便、通用性强、周转率高、接缝多且严密性差、混凝土成型后外观质量差等特点的是（　　）。（2009 年真题）
   A. 木模板 B. 组合钢模板
   C. 钢框木胶合板模板 D. 钢大模板

【答案】 B

【解析】 未来可能作为"冷门考点"出现在一级建造师卷面上，建议适当关注。

9. 关于钢筋加工的说法，正确的是（　　）。（2015 年真题）
   A. 不得采用冷拉调直 B. 不得采用手动液压切断下料
   C. 不得采用喷砂除锈 D. 不得反复弯折

【答案】 D

【解析】
A 错误，尽管很多地区都明文规定不允许施工现场使用经冷拉调直过的钢筋，但国家规范并未完全禁止对钢筋的冷拉调直，只是对钢筋的冷拉调直率做出明确规定（一级钢光圆钢筋≤4%，二级钢及以上带肋钢筋≤1%）因此 A 选项暂时认为是错的。

D 正确，钢筋受到交变荷载（反复弯折）作用会导致脆断，故不得反复弯折。

10. 钢筋配料时，弯起钢筋（不含搭接）的下料长度是（ ）。（2012年真题）
   A. 直段长度+弯钩增加长度
   B. 直段长度+斜段长度+弯钩增加长度
   C. 直段长度+斜段长度−弯曲调整值+弯钩增加长度
   D. 直段长度+斜段长度+弯曲调整值+弯钩增加长度
   【答案】 C
   【解析】 2018年11月24日广东、海南补考实操题，2020年适当关注。

11. 框架结构的主梁、次梁与板交叉处，其上部钢筋从上往下的顺序是（ ）。（2016年真题）
   A. 板、主梁、次梁   B. 板、次梁、主梁
   C. 次梁、板、主梁   D. 主梁、次梁、板
   【答案】 B
   【解析】 框架结构主次梁与板交接处的传力顺序为：板→次梁→主梁。

12. 根据《混凝土结构设计规范》（GB 50010—2002），混凝土梁的钢筋保护层厚度是指（ ）的距离。（2011年真题）
   A. 箍筋外表面至梁表面   B. 箍筋形心至梁表面
   C. 主筋外表面至梁表面   D. 主筋形心至梁表面
   【答案】 A
   【解析】 现场常识性知识点，不考也得掌握。

13. 受力钢筋代换应征得（ ）同意。（2017年真题）
   A. 监理单位   B. 施工单位
   C. 设计单位   D. 勘察单位
   【答案】 C
   【解析】 钢筋代换属于"设计变更"，故应征得设计单位同意。2020年警惕钢筋代换与设计变更程序相结合的作文题。

14. 关于钢筋代换的说法，正确的有（ ）。（2011年真题）
   A. 钢筋代换时应征得设计单位的同意
   B. 同钢号之间的代换按钢筋代换前后用钢量相等的原则代换
   C. 当构件配筋受强度控制时，按钢筋代换前后强度相等的原则代换
   D. 当构件受裂缝宽度控制时，代换前后应进行裂缝宽度和挠度验算
   E. 当构件按最小配筋率配筋时，按钢筋代换前后截面面积相等的原则代换
   【答案】 ACDE
   【解析】 传统案例题考点，未来可能演变为实操题，要求重点掌握。

15. 一般情况下，当受拉钢筋最小直径大于（ ）mm时，不宜采用绑扎搭接接头。（2009年真题）
   A. 22   B. 25   C. 28   D. 32
   【答案】 B
   【解析】 "拉25，压28，钢筋连接不绑扎"，即①受拉钢筋>25mm，②受压钢筋>28mm不宜绑扎搭接。

16. HRB400E 钢筋应满足最大力下总伸长率不小于（　　）。（2018年真题）
   A. 6%　　　　　B. 7%　　　　　C. 8%　　　　　D. 9%
   【答案】 D

17. 有关梁、板钢筋的绑扎要求，规范的做法是（　　）。
   A. 连续梁、板上部钢筋接头宜设在跨中1/3范围内，下部接头宜设在梁端1/3范围内
   B. 梁采用双层受力筋时，双排钢筋之间应垫不小于ϕ25 的短钢筋
   C. 梁的箍筋接头应交错布置
   D. 板、次梁与主梁交叉处板的钢筋在上，次梁居中，主梁在下
   E. 框架节点处钢筋十分稠密时，梁顶面主筋间的净距要有 25mm
   【答案】 ABCD
   【解析】
   （1）A 正确，钢筋接头的设置原则："设在弯矩较小处"。连续梁板上部受"负弯矩"影响，梁端弯矩最大，因此接头设在跨中1/3处；下部钢筋受正弯矩影响，跨中弯矩最大，所以设在梁端部1/3处。之所以设在"端部1/3"而非端部，是为了避开箍筋加密区。

   （2）E 错误，框架节点处钢筋十分稠密时，梁顶面主筋间的净距不小于30mm。

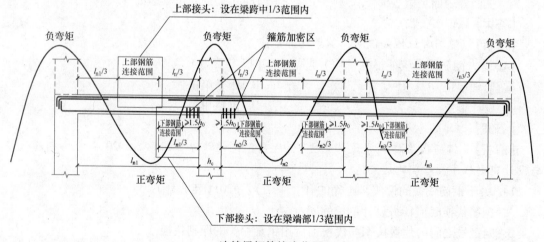

连续梁钢筋接头位置

18. 混凝土搅拌通常的投料顺序是（　　）。（2012年真题）
   A. 石子—水泥—砂子—水　　　　B. 水泥—石子—砂子—水
   C. 砂子—石子—水泥—水　　　　D. 水泥—砂子—石子—水
   【答案】 A
   【解析】 混凝土原材料的投料顺序："石泥砂水外加剂，过时考点无聊透"。

19. 冬期浇筑没有抗冻耐久性能要求的C50混凝土，其混凝土受冻临界强度不宜低于设计强度等级的（　　）。（2015年真题）
   A. 20%　　　　　　　　　　　　B. 30%
   C. 40%　　　　　　　　　　　　D. 50%
   【答案】 B

【解析】

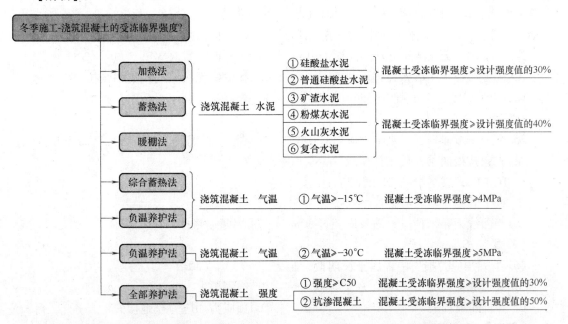

20. 配制厚大体积的普通混凝土不宜选用（ ）水泥。（2012 年真题）
   A. 矿渣 B. 粉煤灰 C. 复合 D. 硅酸盐
   【答案】 D

21. 大体积混凝土养护的温控过程中，其降温速率一般不宜大于（ ）。（2017 年真题）
   A. 1℃/天 B. 1.5℃/天 C. 2℃/天 D. 2.5℃/天
   【答案】 C
   【解析】 大体积混凝土降温速率一般不大于2℃/天，防水混凝土不大于3℃/天。

22. 关于大体积混凝土浇筑的说法，正确的是（ ）。（2018 年真题）
   A. 宜沿短边方向进行   B. 可多点同时浇筑
   C. 宜从高处开始浇筑   D. 应采用平板振捣器振捣
   【答案】 B

23. 关于预应力工程施工的方法，正确的是（ ）。（2018 年真题）
   A. 都必须使用台座   B. 都预留预应力孔道
   C. 都采用放张工艺   D. 都使用张拉设备
   【答案】 D
   【解析】
   （1）A 不对，①先张法才需要利用台座来承受预应力钢筋的张拉应力。原因是先张法是先张拉钢筋，后浇筑混凝土，因此必须用两个台座固定钢筋。②后张法是先浇筑混凝土，后张拉钢筋；张拉设备顶在梁体端部，因此不需要台座。
   （2）B 不对，①无黏结预应力筋不需预留孔道和灌浆。无黏结预应力筋是带防腐隔离层和外护套的专用预应力筋，不与混凝土直接接触，所以不需要孔道灌浆。②有黏结预应力筋才需要在张拉后尽早孔道灌浆，目的是保护预应力筋，防止预应力筋氧化锈蚀。

（3）C不对，①先张法才需要放张，后张法不需要放张。②先张法是先张拉钢筋，后浇筑混凝土，通过放松预应力筋，借助混凝土与预应力筋的黏结，对混凝土施加预应力。③后张法是先浇筑混凝土，后张拉钢筋。预应力是靠锚具传递给混凝土，不需要放张。

24. 肋梁楼盖无黏结预应力筋的张拉顺序，设计无要求时，通常是（　　）。（2011年真题）
   A. 先张拉楼板，后张拉楼面梁　　　　B. 板中的无黏结筋须集中张拉
   C. 梁中的无黏结筋须同时张拉　　　　D. 先张拉楼面梁，后张拉楼板
   【答案】 A

25. 设计无要求时，无黏结预应力筋张拉施工的做法，正确的是（　　）。（2010年真题）
   A. 先张拉楼面梁，后张拉楼板
   B. 梁中的无黏结筋可按顺序张拉
   C. 板中的无黏结筋可按顺序张拉
   D. 当曲线无黏结预应力筋长度超过30m时宜采用两端张拉
   【答案】 C

26. 下列预应力损失中，属于长期损失的是（　　）。（2017年真题）
   A. 孔道摩擦损失　　　　　　　　　　B. 锚固损失
   C. 弹性压缩损失　　　　　　　　　　D. 预应力筋应力松弛损失
   【答案】 D
   【解析】 "长期损失两形态，松弛徐变老弱态"。

27. 有抗震要求的钢筋混凝土框架结构，其楼梯施工缝宜留置在（　　）。（2016年真题）
   A. 梯段板跨度中部的1/3范围内　　　　B. 梯段与休息平台板的连接处
   C. 梯段板跨度端部的1/3范围内　　　　D. 任意部位
   【答案】 C
   【解析】

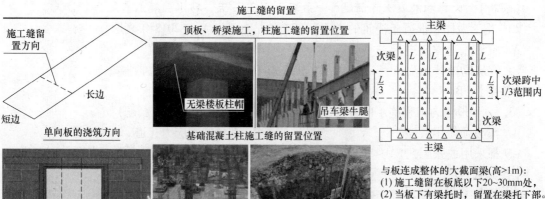

施工缝的留置

28. 对已浇筑完毕的混凝土采用自然养护，应在混凝土（　　）开始。（2012年真题）

A. 初凝前　　　　　　　　　　　　B. 终凝前

C. 终凝后　　　　　　　　　　　　D. 强度达到1.2N/mm²

【答案】　B

【解析】　混凝土的养护原则：普通混凝土终凝前养护，防水混凝土终凝后养护。

29. 大体积混凝土应分层浇筑，上层混凝土应在下层混凝土（　　）浇筑。（2012年真题）

A. 初凝前　　　　B. 初凝后　　　　C. 终凝前　　　　D. 终凝后

【答案】　A

【解析】　若在下层混凝土初凝后浇筑，就容易形成冷缝，不利于上下层混凝土的紧密粘接。

30. 下列混凝土外加剂中，不能显著改善混凝土拌和物流变性能的是（　　）。（2015年真题）

A. 减水剂　　　　B. 引气剂　　　　C. 膨胀剂　　　　D. 泵送剂

【答案】　C

31. 有关掺合料的作用说法正确的是（　　）

A. 降低温升，改善和易性，增进后期强度

B. 改善混凝土内部结构，提高耐久性

C. 可代替部分水泥，节约资源等作用

D. 抑制碱-集料反应的作用

E. 增强混凝土的早期强度

【答案】　ABCD

【解析】　E错误，应该是增强混凝土的后期强度。混凝土掺合料的主要作用是对冲水泥水化热大、水化速率快等副作用，顺便也为工业废渣找到一个良好的归宿。

32. 关于混凝土梁板浇筑的说法，下列错误的是（　　）

A. 梁和板宜同时浇筑混凝土

B. 有主次梁的楼板宜顺着主梁方向浇筑

C. 单向板宜沿板的长边方向浇筑

D. 拱和高度>1m时的梁等结构，可单独浇筑混凝土

【答案】　B

【解析】　B的说法错误，有主次梁的楼板，应顺着次梁方向浇筑，这主要是考虑到施工缝的留置。施工缝（即施工断面）的存在不利于结构的整体性，沿次梁浇筑是个两害相权取其轻的办法，施工缝留在次梁跨中1/3部位，这样既避开箍筋加密区，又避开了主梁。

33. 浇筑竖向构件时，应先在底部填以（　　）厚与混凝土内砂浆成分相同的水泥砂浆。

A. 20mm　　　　B. 30mm　　　　C. 40mm　　　　D. 50mm

【答案】　B

【解析】　这么做的目的是防止混凝土中的石子过度下沉堆积。但接浆层（无石子）多

少会影响混凝土的实际强度，而商混厂配置选用的粗集料最大粒径一般不超过 25mm，因此规范规定：混凝土浇筑前的接浆层厚度应控制在 30mm 以下。

34. 关于混凝土结构施工缝的留置，下列说法正确的是（　　）
    A. 柱的施工缝应留在基础、楼板、梁的顶面，梁和吊车梁牛腿、无梁楼板柱帽下面
    B. 与板连成整体的大截面梁，应留在板底以下 10~20mm 处；板下有梁托时，留置在梁托下部
    C. 单向板应留在平行于板的长边的任何位置
    D. 有主次梁的楼板施工缝，应留置在主梁跨中 1/3 范围内
    E. 墙体施工缝应留在门洞口过梁跨中 1/3 范围内，也可留在纵横墙的交接处
    【答案】 AE

35. 浇筑与柱和墙连成整体的梁和板时，应在柱和墙浇筑完毕后停歇（　　）h，再继续浇筑
    A. 0.5~1.0　　　B. 1.0~1.5　　　C. 1.5~2.0　　　D. 2.0~2.5
    【答案】 B
    【解析】 竖向构件（柱、墙）浇筑完毕后，停歇 1~1.5h，让混凝土拌合物初步沉实并清除浮浆杂物后，再进行后续施工。

36. 大体积混凝土施工过程中，减少或防止出现裂缝的技术措施有（　　）。（2014 年真题）
    A. 保温保湿养护　　　　　　　　　　B. 控制混凝土内部温度的降温速率
    C. 二次表面抹压　　　　　　　　　　D. 尽快降低混凝土表面温度
    E. 二次振捣
    【答案】 ABCE
    【解析】 本考点按简答题准备。

37. 混凝土的优点包括（　　）。（2017 年真题）
    A. 耐久性好　　　B. 自重轻　　　C. 耐火性好　　　D. 抗裂性好
    E. 可模性好
    【答案】 ACE
    【解析】 （1）混凝土结构优点："可模高强耐磨好，延性抗震防辐射，就地取材适用广，耐火耐久费用低。"
    （2）混凝土结构缺点："裂差重杂工期长"。

38. 为了防止外加剂对混凝土中钢筋锈蚀产生不良影响，应控制外加剂中氯离子含量，限制应满足下列要求（　　）
    A. 预应力混凝土中氯离子含量不超过 0.02kg/m³
    B. 无筋混凝土氯离子含量为 0.2~0.6kg/m³
    C. 普通钢筋混凝土中氯离子含量为 0.02~0.2kg/m³
    D. 普通通钢筋混凝土中氯离子含量为 0.2~2kg/m³
    E. 预应力混凝土中氯离子含量为 0.02~0.2kg/m³
    【答案】 ABC

【解析】

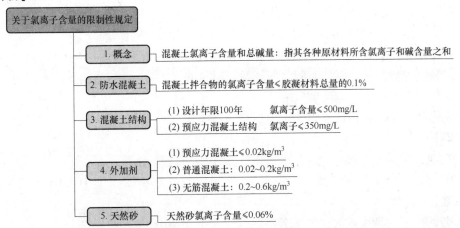

39. 关于后张预应力混凝土梁模板拆除的说法，正确的有（　　）。（2013 年真题）

A. 梁侧模应在预应力张拉前拆除　　B. 梁底模应在预应力张拉前拆除
C. 梁侧模应在预应力张拉后拆除　　D. 梁侧模达到拆除条件即可拆除
E. 梁底模应在预应力张拉后拆除

【答案】　ADE

40. 关于钢筋混凝土工程雨期施工的说法，正确的有（　　）。（2014 年真题）

A. 对水泥和掺和料应采取防水和防潮措施
B. 对粗、细集料含水率进行实时监测
C. 浇筑板、墙、柱混凝土时，可适当减小坍落度
D. 应选用具有防雨水冲刷性能的模板脱模剂
E. 钢筋焊接接头可采用雨水急速降温

【答案】　ABCD

【解析】　本题更加侧重于施工管理，要求考生按实操题准备。

41. 下列关于主体结构混凝土施工缝留置位置的说法，正确的有（　　）。（2009 年真题）

A. 柱留置在基础、楼板、梁的顶面
B. 单向板留置在平行于板的长边位置
C. 有主次梁的楼板，留置在主次梁跨中 1/3 范围内
D. 墙留置在门洞口过梁跨中 1/3 范围内
E. 与板连成整体的大截面梁（高超过 1m），留置在板底面以下 20～30mm 处

【答案】　ADE

42. 关于后浇带防水混凝土施工的说法，正确的有（　　）。（2011 年真题）

A. 两侧混凝土龄期达到 28 天再施工　　B. 混凝土养护时间不得小于 28 天
C. 混凝土强度等级不得低于两侧混凝土　　D. 混凝土采用补偿收缩混凝土
E. 混凝土必须采用普通硅酸盐水泥

【答案】　BCD

【解析】

（1）2018 年案例题，毫无争议的重要考点。

（2）A错误，后浇带混凝土的浇筑时间应根据设计要求确定；设计无要求时，默认为两侧混凝土至少保留半个月（14天），才可浇筑后浇带混凝土。

43. 关于砌体结构施工说法，正确的是（ ）。（2018年真题）
   A. 在干热条件砌筑时，应选用较小稠度值的砂浆
   B. 机械搅拌砂浆时，搅拌时间自开始投料时算起
   C. 砖柱不得采用包心砌法砌筑
   D. 先砌砖墙，后绑构造柱钢筋，最后浇筑混凝土
   【答案】 C

44. 砌筑砂浆强度等级不包括（ ）。（2017年真题）
   A. M2.5　　　B. M5　　　C. M7.5　　　D. M10
   【答案】 A

45. 普通砂浆的稠度越大，说明砂浆的（ ）。（2016年真题）
   A. 保水性越好　　B. 黏结力越强　　C. 强度越小　　D. 流动性越大
   【答案】 D
   【解析】 砂浆的稠度值用"针入度"表示；检测针进入拌合物越多，针入度越大，表示砂浆越稀。

46. 砌体工程不得在（ ）设置脚手眼。
   A. 120mm厚墙、料石墙、清水墙、独立柱、附墙柱
   B. 240mm厚墙
   C. 宽度为2m的窗间墙
   D. 过梁上与过梁成60°的三角形范围，以及过梁净跨度1/2的高度范围内
   E. 梁或梁垫下及其左右500mm范围内
   【答案】 ADE
   【解析】 脚手眼不得设置在"轻薄窄近过难看"的部位。

砌体结构不得设置脚手眼的部位

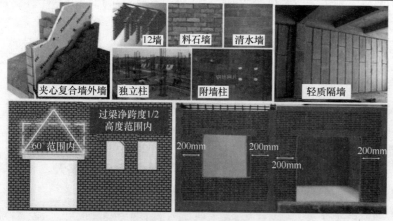

(7) 过梁上方成60°的三角形范围及过梁净跨度1/2的高度范围内
(8) 门窗洞口两侧石砌体300mm，其他砌体200mm范围内；转角处石砌体600mm，其他砌体450mm范围内

47. 关于砌筑砂浆的说法，正确的有（ ）。（2016年真题）

A. 水泥粉煤灰砂浆搅拌时间不得小于3min

B. 留置试块为边长7.07cm的正方体

C. 同盘砂浆应留置两组试件

D. 砂浆应采用机械搅拌

E. 六个试件为一组

【答案】 ABD

48. 关于砖砌体施工要点的说法，正确的是（   ）。(2015年真题)

A. 半盲孔多孔砖的封底面应朝下砌筑　　B. 多孔砖的孔洞应垂直于受压面砌筑

C. 马牙槎从每层柱脚开始应先进后退　　D. 多孔砖应饱和吸水后进行砌筑

【答案】 B

【解析】

A错误，"盲孔封底朝上砌"。

C错误，"先退后进马牙槎，确保柱脚足够大"。

D错误，"饱和吸水易走浆，干砖上墙不提倡"。

49. 关于小型空心砌块砌筑工艺的说法，正确的是（   ）。(2014年真题)

A. 上下通缝砌筑

B. 不可采用铺浆法砌筑

C. 先绑扎构造柱钢筋后砌筑，最后浇筑混凝土

D. 防潮层以下的空心小砌块砌体，应用C15混凝土灌实砌体的孔洞

【答案】 C

50. 砖砌体"三一"砌筑法的具体含义是指（   ）。(2014年真题)

A. 一个人　　　　B. 一铲灰　　　　C. 一块砖　　　　D. 一挤揉

E. 一勾缝

【答案】 BCD

51. 《砌体工程施工质量验收规范》（GB 50203—2002）规定，砌砖工程当采用铺浆法砌筑时，施工期间温度超过30℃时，铺浆长度最大不得超过（   ）mm。(2009年真题)

A. 400　　　　　B. 500　　　　　C. 600　　　　　D. 700

【答案】 B

52. 240mm厚砖砌体承重墙，每个楼层墙体上最上一皮砖的砌筑方式应采用（   ）。(2017年真题)

A. 整砖斜砌　　　B. 整砖丁砌　　　C. 半砖斜砌　　　D. 整砖顺砌

【答案】 B

【解析】 案例题考点。

53. 厕浴间蒸压加气混凝土砌块200mm高度范围内应做（   ）坎台。(2011年真题)

A. 混凝土　　　　　　　　　　　　　B. 普通透水墙

C. 多孔砖　　　　　　　　　　　　　D. 混凝土小型空心砌块

【答案】 A

54. 砖基础施工时，砖基础的转角处和交接处应同时砌筑，当不能同时砌筑时，应留置（   ）。(2009年真题)

A. 直槎 B. 凸槎 C. 凹槎 D. 斜槎

【答案】 D

55. 砌筑砂浆应随拌随用，当施工期间最高气温在30℃以内时，水泥混合砂浆最长应在（ ）h内使用完毕。（2009年真题）

A. 2 B. 3 C. 4 D. 5

【答案】 B

56. 某项目经理部质检员对正在施工的砖砌体进行了检查，并对水平灰缝厚度进行了统计，下列符合规范规定的数据有（ ）mm。（2009年真题）

A. 7 B. 9 C. 10 D. 12

E. 15

【答案】 BCD

57. 浇筑混凝土时为避免发生离析现象，混凝土自高处倾落的自由高度应满足（ ）。

A. 粗集料粒径≤25mm时，不宜超过6m
B. 粗集料粒径＞25mm时，宜≤3m
C. 当不能满足时，应加设串筒、溜管、溜槽等装置
D. 粗集料粒径≤25mm时，不宜超过3m
E. 浇筑混凝土时，必须加设串筒、溜槽等装置

【答案】 ABC

【解析】 控制混凝土浇筑高度，是为了防止混凝土拌合物产生过大的分层离析。

58. 混凝土结构子分部工程可划分为（ ）等分项工程

A. 模板、钢筋 B. 预应力
C. 混凝土 D. 现浇结构、装配式结构
E. 基础混凝土

【答案】 ABCD

【解析】 混凝土结构六分项："钢模混浇预装配"。建筑工程十大分部、地基基础、主体结构、装修工程、节能工程所包含的各子分部，以及混凝土结构的7大分项，均为考生应知应会的基础性考点，要求必须掌握。

59. 混凝土分项工程按（ ）划分为若干检验批。

A. 工作班 B. 楼层 C. 结构缝 D. 施工段
E. 楼号

【答案】 ABCD

【解析】

（1）检验批和分项没有本质性区别，只有批量大小之分，比如钢筋工程属于分项工程，具体到基础钢筋可单独作为一个检验批。

（2）本考点可考案例。

60. 关于混凝土浇水养护的施工要点，下列说法正确的是（ ）。

A. 采用硅酸盐水泥、普通水泥、矿渣硅酸盐水泥拌制的混凝土，养护时间应≥7天
B. 火山灰水泥、粉煤灰水泥拌制的混凝土，养护时间应≥14天
C. 对掺缓凝剂、掺合料或有抗渗性要求的混凝土，养护时间应≥14天

D. 混凝土养护用水与拌制用水应相同，浇水次数应能保持混凝土处于润湿状态

E. 在已浇筑的混凝土强度达到 1.0MPa 以前，不得在其上踩踏或安装模板及支架等

【答案】 ABCD

【解析】 E 错误，应该是达到 1.2MPa 之前，不得在其上踩踏或安装模板及支架。

61. 有关混凝土的浇筑与养护下列说法正确的是（　　）。
A. 混凝土的养护方法有自然养护和加热养护两类
B. 现场施工一般为自然养护
C. 自然养护又包括浇水覆盖养护、薄膜养护、养生液养护
D. 已浇筑完毕的混凝土，应在混凝土终凝前养护
E. 已浇筑完毕的混凝土通常在混凝土终凝后 8~12h 内养护

【答案】 ABCD

【解析】 E 错误，混凝土的养护时间通常是在"浇筑完毕后的 8~12h 内养护"，换句话说，是在终凝前养护。防水混凝土才是在终凝后养护。

62. 混凝土施工缝宜留在结构受（　　）较小且便于施工的部位。
A. 荷载　　　　B. 弯矩　　　　C. 剪力　　　　D. 压力

【答案】 C

【解析】 钢筋接头是留在承受弯矩较小处，施工缝则应留在受剪力较小处。

63. 冬期拌制混凝土需采用加热原材料时，应优先采用加热（　　）的方法。
A. 水泥　　　　B. 砂　　　　C. 石子　　　　D. 水

【答案】 D

【解析】 冬期施工，一般优先加热水。这个不用解释，单凭语感也能答对。

64. 下列有关石灰的熟化下列说法正确的是（　　）。
A. 生石灰熟化期不得少于 7 天
B. 磨细生石灰粉熟化期不少于 2 天
C. 抹灰用的石灰膏的熟化期应不少于 15 天
D. 配置水泥石灰砂浆时，不得采用脱水硬化的石灰膏
E. 消石灰粉可直接用于砌筑砂浆中

【答案】 ABCD

【解析】 "2715 粉灰膏"。E 错误，消石灰粉不得直接用于砌筑砂浆中。消石灰粉是未完全熟化的石灰，起不到塑化作用，同时又影响砂浆强度，故不应使用。

65. 下列砌筑工程，应当在 1~2 天前浇水湿润的砌体是（　　）。
A. 烧结普通砖　　　　　　　　B. 烧结多孔砖
C. 蒸压灰砂砖　　　　　　　　D. 蒸压粉煤灰砖
E. 薄灰法砌筑的蒸压加气块

【答案】 ABCD

66. 关于砌筑空心砖墙的说法，正确的是（　　）。
A. 空心砖墙底部宜砌 2 皮烧结普通砖
B. 空心砖孔洞应沿墙呈垂直方向

C. 拉结钢筋在空心砖墙中的长度不小于空心砖长加 200mm

D. 空心砖墙的转角、交接处应同时砌筑，不得留直槎

E. 空心砖墙的转角、交接处留斜槎时，高度不大于 1.2m

【答案】 DE

【解析】

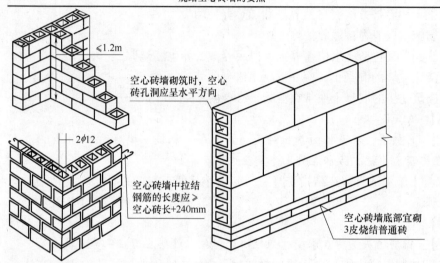

67. 施工时所用的小型空心砌块的产品龄期最小值是（ ）。

A. 12 天　　　　B. 24 天　　　　C. 28 天　　　　D. 36 天

【答案】 C

【解析】 只要涉及"混凝土"的龄期，无论是混凝土试块，还是混凝土小砌块均首选"28 天"。

68. 高强度螺栓按连接形式通常分为（ ）。

A. 摩擦连接　　B. 张拉连接　　C. 承压连接　　D. 焊接连接

E. 机械连接

【答案】 ABC

【解析】 "张承有度摩擦力"。"摩擦连接"是目前钢结构中高强度螺栓广泛采用的基本连接形式。

69. 有关高强度螺栓的安装要点说法正确的是（ ）

A. 扩孔数量应征得设计同意

B. 修整后或扩孔后的孔径应≤1.2 倍螺栓直径

C. 高强度螺栓超拧应更换，废弃的螺栓可用作普通螺栓

D. 高强度螺栓长度应以螺栓连接副终拧后外露 1~2 扣丝为标准计算

E. 高强度螺栓长度应以螺栓连接副终拧后外露 2~3 扣丝为标准计算

【答案】 ABE

【解析】

（1）B 正确，就是说你这个孔不能太大，否则会影响到密贴和紧固效果。

(2) C 不正确，高强度螺栓一般是一次性的，超拧就报废了，不得重复使用。

(3) E 正确，终拧后外露 2~3 扣丝是最合理的；拧得太紧（4 扣及以上）超过了螺栓本身承受能力，容易导致滑扣；太松显然更不行。

70. 有关高强度螺栓的施拧方法，下列说法正确的是（   ）

A. 高强度螺栓连接副施拧可采用扭矩法或转角法
B. 高强度螺栓连接副的初拧、复拧、终拧应在20h内完成
C. 高强度螺栓群应从四周向中央进行
D. 宜按先焊接后螺栓紧固的施工顺序

【答案】 A

【解析】
B 错误，高强度螺栓连接副的初拧、复拧、终拧应在 24h 内完成。
C 错误，高强度螺栓群应从中央向四周进行，应力外扩。
D 错误，宜按先螺栓紧固后焊接的施工顺序。

71. 钢结构涂装施工正确的是（   ）。

A. 施工环境温度宜为 5~30℃ 之间，相对湿度应≤80%
B. 涂装时构件表面不应有结露，涂装后 4h 内应保护免受雨淋
C. 薄涂型防火涂料 80% 及以上面积应符合耐火极限要求
D. 防火涂料最薄处厚度应不小于设计要求的 85%
E. 薄型涂层表面裂纹宽度应≤0.5mm；厚涂型防火涂料涂层应≤1mm

【答案】 BCDE

【解析】
A 错误，结构涂装的施工环境温度为"5~38℃"。
B 正确，钢结构涂装至少得 4h 才能晾干，性能才能逐渐趋于稳定。
C、D 正确，这叫"面积厚度两维度，8085 双标控"。

72. 钢结构普通螺栓作为永久性连接螺栓施工时，其施工做法错误的是（   ）。（2014年真题）

A. 在螺栓一端垫两个垫圈来调节螺栓紧固度
B. 螺母应和结构构件表面的垫圈密贴
C. 因承受动荷载而要求放置的弹簧垫圈必须设置在螺母一侧
D. 螺栓紧固度可采用锤击法检查

【答案】 A

【解析】 A 的说法错误，螺母垫圈最多一个，太多了影响紧固质量。

73. 关于钢结构高强度螺栓安装的说法，正确的有（   ）。（2013年真题）

A. 应从螺栓群中部开始向四周扩展逐个拧紧
B. 应从螺栓群四周开始向中部集中逐个拧紧
C. 应从刚度大的部位向不受约束的自由端进行
D. 应从不受约束的自由端向刚度大的部位进行
E. 同一个接头中高强度螺栓初拧、复拧、终拧应在 24h 内完成

【答案】 ACE

74. 建筑工业化主要标志是（　　）。
　　A. 建筑设计标准化　　　　　　　　　　B. 构配件生产工厂化
　　C. 施工机械化　　　　　　　　　　　　D. 组织管理科学化
　　E. 建筑设计个性化
【答案】　ABCD
【解析】　ABCD正确，E错误。有了标准化设计，才能批量（工厂）化生产。既然是工业化，那么自然是以机械施工为主，因此有了"机械化施工"。最后施工现场组织科学化的管理。

75. 预制构件吊装、运输要求：吊索水平夹角不宜小于（　　），不应小于（　　）。
　　A. 70° 45°　　　　B. 60° 45°　　　　C. 70° 50°　　　　D. 65° 40°
【答案】　B
【解析】

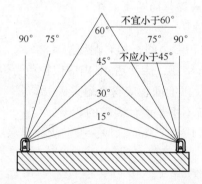

76. 装配式混凝土建筑是（　　）最重要的方式。
　　A. 建筑工业化　　　　　　　　　　　　B. 建筑标准化
　　C. 建筑个性化　　　　　　　　　　　　D. 建筑推广化
【答案】　A
【解析】　装配式混凝土结构至少对应了"标准化设计、工厂化生产、机械化施工"。至于"科学化的管理"这个在于企业管理模式、管理理念是否科学。

77. 与传统建筑相比，装配式混凝土建筑呈现出如下优势（　　）。
　　A. 保证工程质量，降低安全隐患　　　　B. 降低人力成本，提高生产效率
　　C. 节能环保，减少污染　　　　　　　　D. 模数化设计，延长建筑寿命
　　E. 降低生产成本
【答案】　ABCD
【解析】　2018年一级建造师案例简答题考点。

78. 全预制装配式结构通常采用（　　）。
　　A. 刚性连接　　　　　　　　　　　　　B. 柔性连接
　　C. 半刚性连接　　　　　　　　　　　　D. 焊接
【答案】　B

79. 预制构件钢筋可以采用（　　）等连接方式。
　　A. 套筒灌浆连接　　　　　　　　　　　B. 浆锚搭接连接

C. 焊接或螺栓连接 D. 机械连接
E. 绑扎搭接

【答案】 ABCD

【解析】 "机械套筒焊螺锚"。

80. 关于钢框架-支撑结构体系特点的说法，正确的有（　　）。（2019年真题）
A. 属于双重抗侧力结构体系 B. 钢框架部分是剪切型结构
C. 支撑部分是弯曲型的结构 D. 两者并联将增大结构底部层间位移
E. 支撑斜杆破坏后，将危及建筑物基本安全

【答案】 ABC

【解析】 本题考核钢框架-支撑结构体系的力学特点；出题具有一定的偶然性，建议考生跟着老师的节奏，掌握核心点。

考点三：装饰装修工程

1. 关于抹灰工程的施工做法，正确的有（　　）。（2010年真题）
A. 对不同材料基体交接处的加强措施进行隐蔽验收
B. 抹灰用的石灰膏的熟化期不少于7天
C. 设计无要求时，室内墙、柱面的阳角用1:2水泥砂浆做暗护角
D. 水泥砂浆抹灰层在干燥条件下养护
E. 当抹灰总厚度大于35mm时，采取加强网措施

【答案】 ACE

【解析】
（1）B错误，抹灰用的石灰膏的熟化期不应少于15天。
（2）D错误，水泥砂浆抹灰层应在湿润条件下养护，一般应在抹灰24h后进行养护。

2. 下列关于抹灰工程的说法符合《建筑装饰装修工程质量验收规范》GB 50210—2001规定的是（　　）。（2009年真题）
A. 当抹灰总厚度大于25cm时，应采取加强措施
B. 不同材料基体交接处表面的抹灰，采用加强网防裂时，加强网与各基层搭接宽度不应小于50mm
C. 室内抹灰、柱面和门洞口的阳角，当设计无要求时，应做1:2水泥砂浆护角
D. 抹灰工程应对水泥的抗压强度进行复验

【答案】 C

3. 下列抹灰工程的功能中，属于防护功能的有（　　）。（2012年真题）
A. 改善室内卫生条件 B. 增强墙体防潮、防风化能力
C. 提高墙面隔热能力 D. 保护墙体不受风雨侵蚀
E. 提高居住舒适度

【答案】 BCD

4. 下列板材内隔墙施工工艺顺序中，正确的是（　　）。（2018年真题）
A. 基层处理→放线→安装卡件→安装隔墙板→板缝处理
B. 放线→基层处理→安装卡件→安装隔墙板→板缝处理
C. 基层处理→放线→安装隔墙板→安装卡件→板缝处理

D. 放线→基层处理→安装隔墙板→安装卡件→板缝处理

【答案】 A

5. 用水泥砂浆铺贴花岗岩地面前，应对花岗岩板的背面和侧面进行的处理是（ ）。（2017年真题）

　　A. 防碱　　　　　B. 防酸　　　　　C. 防辐射　　　　　D. 钻孔、剔槽

【答案】 A

【解析】 石材铺贴前应进行"防碱背涂处理"；否则碱太大了很难看。

6. 饰面板（砖）材料进场时，现场应验收的项目有（ ）。（2013年真题）

　　A. 品种　　　　　B. 规格　　　　　C. 强度　　　　　D. 尺寸

　　E. 外观

【答案】 ABDE

【解析】 "进场检查无强度"。

7. 关于墙体瓷砖饰面施工工艺顺序的说法，正确的是（ ）。（2011年真题）

A. 排砖及弹线→基层处理→抹底层砂浆→浸砖→镶贴面砖→清理

B. 基层处理→抹底层砂浆→排砖及弹线→浸砖→镶贴面砖→清理

C. 抹底层砂浆→排砖及弹线→抹结合层砂浆→浸砖→镶贴面砖→清理

D. 基层处理→抹底层砂浆→排砖及弹线→湿润基层→镶贴面砖→清理

【答案】 B

8. 本工程采用湿作业法施工的饰面板工程中，应进行防碱背涂处理的是（ ）。（2007年真题）

　　A. 人造石　　　　B. 天然石材　　　C. 抛光砖　　　　D. 陶瓷锦砖

【答案】 B

9. 湿作业法石材墙面饰面板灌浆施工的技术要求是（ ）。（2009年真题）

A. 每层灌浆高度宜为150mm，且不超过板高的1/3

B. 下层砂浆终凝前不得灌注上层砂浆

C. 每块饰面板应一次灌浆到顶

D. 宜采用1:4水泥砂浆灌浆

【答案】 A

10. 暗龙骨吊顶工序的排序中，①安装主龙骨，②安装副龙骨，③安装水电管线，④安装压条，⑤安装罩面板，正确的是（ ）。（2016年真题）

　　A. ①③②④⑤　　　B. ①②③④⑤　　　C. ③①②⑤④　　　D. ③②①④⑤

【答案】 C

【解析】 注意，一定是先安装水电管线，再安装"主、副龙骨"。

11. 符合吊顶纸面石膏板安装技术要求的是（ ）。（2009年真题）

　　A. 从板的两边向中间固定　　　　　　B. 长边（纸包边）垂直于主龙骨安装

　　C. 短边平行于主龙骨安装　　　　　　D. 从板的中间向板的四周固定

【答案】 D

12. 根据《住宅装饰装修工程施工规范》GB 50327—2001，吊顶安装时，自重大于（ ）kg的吊灯严禁安装在吊顶工程的龙骨上，必须增设后置埋件。（2007年真题）

A. 2　　　　　　B. 3　　　　　　C. 4　　　　　　D. 5

【答案】 B

13. 关于暗龙骨吊顶纸面石膏板安装工艺的说法，正确的是（　　）。

A. 饰面板应在固定状态下固定

B. 固定次龙骨的间距，一般不应大于800mm

C. 自攻螺钉间距以150~170mm为宜

D. 纸面石膏板与龙骨固定，应从板四边向中间进行固定

【答案】 C

【解析】

A错误，饰面板是在"自由状态"下固定。

B错误，次龙骨间距不大于600mm。

D错误，饰面石膏板应在中间向四周自由状态下固定，不得多点同时作业，防止出现弯棱、凸鼓的现象。

饰面板——自攻螺钉安装要求

自攻螺钉：

1. 自攻螺钉距离纸面石膏板边部宜为：
   (1) 纸包封板边：10~15mm
   (2) 切割的板边：15~20mm

2. 自攻螺钉的间距宜为150~170mm

14. 下列地面面层中，属于整体面层的是（　　）。（2011年真题）

A. 水磨石面层　　　　　　B. 花岗石面层

C. 大理石面层　　　　　　D. 木地板面层

【答案】 A

15. 厕浴间楼板周边上翻混凝土的强度等级最低应为（　　）。（2014年真题）

A. C15　　　　B. C20　　　　C. C25　　　　D. C30

【答案】 B

16. 室内地面的水泥混凝土垫层，应设置纵向缩缝和横向缩缝，纵向缩缝间距不得大于6m，横向缩缝最大间距不得大于（　　）m。（2009年真题）

A. 3　　　　　B. 6　　　　　C. 9　　　　　D. 12

【答案】 B

【解析】 "纵横间距均6m"。

17. 地面水泥砂浆整体面层施工后，养护时间最少不应小于（　　）天。（2009年真题）

A. 3　　　　　B. 7　　　　　C. 14　　　　D. 28

【答案】 B

18. 关于建筑幕墙施工的说法，正确的是（ ）。（2017年真题）
A. 槽型预埋件应用最为广泛
B. 平板式预埋件的直锚筋与锚板不宜采用T形焊接
C. 对于工程量大、工期紧的幕墙工程，宜采用双组分硅酮结构密封胶
D. 幕墙防火层可采用铝板
【答案】 C

19. 通常情况下，玻璃幕墙上悬开启窗最大的开启角度是（ ）。（2015年真题）
A. 30° B. 40° C. 50° D. 60°
【答案】 A
【解析】 这主要是出于安全考量，防止坠落事故。

20. 关于构件式玻璃幕墙开启窗的说法，正确的是（ ）
A. 开启角度不宜大于40°，开启距离不宜大于300mm
B. 开启角度不宜大于40°，开启距离不宜大于400mm
C. 开启角度不宜大于30°，开启距离不宜大于300mm
D. 开启角度不宜大于30°，开启距离不宜大于400mm
【答案】 C
【解析】 "幕墙角距33制。"

21. 采用玻璃肋支承的点支承玻璃幕墙，其玻璃应是（ ）。（2009年真题）
A. 钢化玻璃   B. 夹层玻璃
C. 净片玻璃   D. 钢化夹层玻璃
【答案】 D

22. 下列用于建筑幕墙的材料或构配件中，通常无须考虑承载能力要求的是（ ）。（2017年真题）
A. 连接角码   B. 硅酮结构胶
C. 不锈钢螺栓   D. 防火密封胶
【答案】 D
【解析】 防火密封胶区别于结构胶，只是起到密封作用。

23. 关于玻璃幕墙的说法，正确的是（ ）。（2012年真题）
A. 防火层可以与幕墙玻璃直接接触
B. 同一玻璃幕墙单元可以跨越两个防火分区
C. 幕墙金属框架应与主体结构的防雷体系可靠连接
D. 防火层承托板可以采用铝板
【答案】 C

24. 关于建筑幕墙防雷构造要求的说法，错误的是（ ）。（2011年真题）
A. 幕墙的铝合金立柱采用柔性导线连通上、下柱
B. 幕墙压顶板与主体结构屋顶的防雷系统有效连接
C. 在有镀膜层的构件上进行防雷连接应保护好所有的镀膜层
D. 幕墙立柱预埋件用圆钢或扁钢与主体结构的均压环焊接连通

【答案】 C

25. 采用玻璃肋支承的点支承玻璃幕墙,其玻璃肋应是( )。(2009 年真题)
A. 钢化玻璃
B. 夹层玻璃
C. 净片玻璃
D. 钢化夹层玻璃

【答案】 D

26. 用于我国严寒、寒冷地区的建筑节能外窗进入现场时,应对其进行复验的性能有( )
A. 气密性
B. 中空玻璃露点
C. 水密性
D. 玻璃遮阳系数
E. 传热系数

【答案】 ABE

【解析】

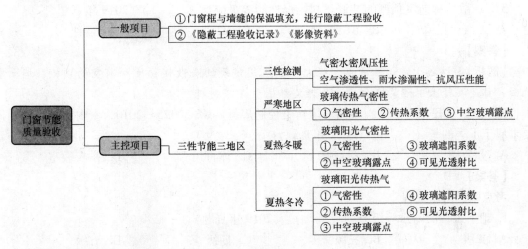

27. 民用建筑的耐火等级可分为( )级。
A. 一、二、三、四
B. 一、二、三
C. 甲、乙、丙、丁
D. 甲、乙、丙

【答案】 A

28. 装修材料按其燃烧性能划分为( )四个等级。
A. A、B1、B2、B3
B. A、B、C、D
C. A、A1、B1、B2
D. A1、B1、C1、D1

【答案】 A

29. 建筑外墙采用内保温系统时,对于人员密集场所应采用的燃烧性能为( )。
A. A
B. B1
C. B2
D. B3

【答案】 A

【解析】 对于人员密集场所,用火、燃油、燃气等具有火灾危险性的场所以及各类建筑内的疏散楼梯间、避难走道、避难间、避难层等部位,均应采用燃烧性能为 A 级的保温材料。一句话,后果越严重,防火等级越高!

30. 建筑高度 110m 的外墙保温材料的燃烧性能等级应为( )。(2017 年真题)

A. A级   B. A或B1级   C. B1级   D. B2级

【答案】 A

【解析】 超高层建筑（高度>100m）的燃烧性能等级均为A级。

31. 属于难燃性建筑材料的是（ ）。

    A. 铝合金制品   B. 纸面石膏板

    C. 木制人造板   D. 赛璐珞

【答案】 B

【解析】 铝合金是A级材料，纸面石膏板属于B1级。赛璐珞是种"遇热变软，冷却变硬"的塑料，属于易燃材料。

32. 燃烧性能等级为B1级的装修材料，其燃烧性能为（ ）。（2015年真题）

    A. 不燃   B. 难燃   C. 可燃   D. 易燃

【答案】 B

33. 疏散楼梯前室顶棚的装修材料燃烧性能等级应是（ ）。（2019年真题）

    A. A级   B. B1级   C. B2级   D. B3级

【答案】 A

【解析】 这属于常识性考点，绝大多数民用建筑的疏散楼梯间和前室的顶棚、墙面和地面，都是混凝土+砂浆抹面。这两者又都属于A级材料。

34. 根据《民用建筑工程室内环境污染控制规范》GB 50325—2010，室内环境污染控制要求属于Ⅰ类的是（ ）。（2012年真题）

    A. 办公楼   B. 图书馆   C. 体育馆   D. 学校教室

【答案】 D

考点四：防水工程

1. 地下工程的防水等级分为（ ）。（2019年真题）

    A. 二级   B. 三级   C. 四级   D. 五级

【答案】 C

【解析】 地下工程四级防水：

（1）一级防水：不许渗水，结构表面无湿渍；

（2）二级防水：不许漏水，结构表面少量湿渍；

（3）三级防水：少量漏水，无线流和漏泥沙；

（4）四级防水：有漏水点，无线流和漏泥沙。

2. 地下室外墙卷材防水层施工做法中，正确的是（ ）。（2018年真题）

    A. 卷材防水层铺设在外墙的迎水面上   B. 卷材防水层铺设在外墙的背水面上

    C. 外墙外侧卷材采用空铺法   D. 铺贴双层卷材时，两层卷材相互垂直

【答案】 A

【解析】 "无机背水，有机迎水"。

3. 防水砂浆施工时，其环境温度最低限值为（ ）。（2015年真题）

    A. 0℃   B. 5℃   C. 10℃   D. 15℃

【答案】 B

【解析】 防水施工环境温度下限通常"不低于5℃"。个别例外：

(1) 涂膜防水施工：溶剂型："0～35℃"，水乳型：5～35℃。
(2) 卷材铺贴施工：冷粘法≥5℃，热熔法≥"-10℃"。
(3) 喷涂硬泡聚氨酯：15～35℃，空气相对湿度宜小于85%。

4. 地下工程水泥砂浆防水层的养护时间至少应为（　　）。(2014年真题)
A. 7天　　　　B. 14天　　　　C. 21天　　　　D. 28天
【答案】 B
【解析】 除屋面防水找平层砂浆养护时间不小于7天以外，地面、室内防水砂浆、防水混凝土以及屋面防水混凝土养护时间均不小于14天。

5. 可以进行防水工程防水层施工的环境是（　　）。
A. 雨天　　　　B. 夜间　　　　C. 雪天　　　　D. 6级大风
【答案】 B
【解析】 5级风和6级风对应"质量"和"安全"两个方面。如：地下水泥砂浆防水层不得在5级大风条件下施工；起吊作业不得在6级大风下作业。这是很重要的选择题技巧。

6. 铺贴厚度小于3mm的地下工程改性沥青卷材时，严禁采用的施工方法是（　　）。
A. 冷粘法　　　　B. 热熔法　　　　C. 满粘法　　　　D. 空铺法
【答案】 B
【解析】 铺贴厚度小于3mm的改性沥青卷材，采用热熔法很容易就焊透了。

7. 关于防水混凝土施工缝留置技术要求的说法中，正确的有（　　）。(2009年真题)
A. 墙体水平施工缝应留在高出底板表面不小于300mm的墙体上
B. 拱（板）墙结合的水平施工缝，宜留在拱（板）墙接缝线以下150～300mm处
C. 墙体有预留洞时，施工缝距孔洞边缘不应小于300mm
D. 垂直施工缝应避开变形缝
E. 垂直施工缝应避开地下水和裂隙水较多的地段
【答案】 ABCE

8. 关于防水卷材施工说法正确的有（　　）。(2017年真题)
A. 地下室底板混凝土垫层上铺防水卷材采用满粘法
B. 地下室外墙外防外贴卷材采用点粘法
C. 基层阴阳角做成圆弧后再铺贴
D. 铺贴双层卷材时，上下两层卷材应垂直铺贴
E. 铺贴双层卷材时，上下两层卷材接缝应错开
【答案】 CE
【解析】（1）A、B说反了；底板混凝土卷材应采用空铺或点粘法，侧墙外防外贴法卷材、顶板卷材应满粘法施工。
底板采用满粘法，卷材与结构变形速率不同，卷材可能被拉裂；所以要空铺或点粘，为的是留有更多的自由变形空间。而顶板和墙面的卷材，必须满粘，否则很容易掉下来。
(2) 卷材铺贴必须平行，严禁垂直。

9. 防水混凝土试配时的抗渗等级应比设计要求提高（　　）MPa。(2016年真题)
A. 0.1　　　　B. 0.2　　　　C. 0.3　　　　D. 0.4

【答案】 B

10. 关于屋面涂膜防水层施工工艺的说法，正确的是（ ）。（2018年真题）
A. 水乳型防水涂料宜选用刮涂施工 B. 热熔型防水涂料宜选用喷涂施工
C. 反应固化型防水涂料宜选用喷涂施工 D. 聚合物水泥防水涂料宜选用滚涂施工
【答案】 C

11. 关于屋面卷材防水施工要求的说法，正确的有（ ）。（2016年真题）
A. 先施工细部，再施工大面 B. 平行屋脊搭接缝应顺流水方向
C. 大坡面铺贴应采用满粘法 D. 上下两层卷材长边搭接缝错开
E. 上下两层卷材应垂直铺贴
【答案】 ABCD

12. 有关屋面防水层施工坡度的基本要求，下列说法正确的是（ ）。
A. 防水应以防为主，以排为辅
B. 混凝土结构层宜采用结构找坡，坡度不应小于3%
C. 混凝土结构层采用材料找坡时，坡度宜为2%
D. 檐沟、天沟纵向找坡不应大于1%
E. 找坡层最薄处厚度宜≥40mm
【答案】 ABC
【解析】 A 正确，这个主要是针对平屋面。平屋面排水坡度不大，屋面排水过程中容易产生爬水和尿墙现象。
B 正确，这个主要是针对坡屋面。坡屋面就是坡度≥3%的屋面。
C 正确，材料找坡2%最合适；太小影响排水效果，太大可能影响节能效果。
D 错误，檐沟、天沟纵向找坡不应小于1%，坡度太小，容易积水。
E 错误，找坡层最薄处厚度宜≥20mm。

13. 立面铺贴防水卷材适宜采用（ ）。（2011年真题）
A. 空铺法   B. 点粘法   C. 条粘法   D. 满粘法
【答案】 D

14. 卷材防水施工中，厚度小于3mm 的高聚物改性沥青防水卷材，严禁采用（ ）施工。（2009年真题）
A. 热熔法   B. 自粘法   C. 冷粘法   D. 机械固定法
【答案】 A
【解析】 "厚度3毫禁热熔"。

15. 屋面防水设防要求为一道防水设防的建筑，其防水等级为（ ）。
A. Ⅰ级   B. Ⅱ级   C. Ⅲ级   D. Ⅴ级
【答案】 B

16. 关于屋面防水水落口做法的说法，正确的是（ ）。
A. 防水层贴入水落口杯内不应小于30mm，周围直径500mm范围内的坡度不应小于3%
B. 防水层贴入水落口杯内不应小于30mm，周围直径500mm范围内的坡度不应小于5%

C. 防水层贴入水落口杯内不应小于50mm，周围直径500mm范围内的坡度不应小于3%

D. 防水层贴入水落口杯内不应小于50mm，周围直径500mm范围内的坡度不应小于5%

【答案】 D

【解析】 "水落防水555"。

17. 屋面改性沥青防水卷材的常用铺贴方法有（　　）。
A. 热熔法　　　B. 热黏结剂法　　　C. 冷粘法　　　D. 自粘法
E. 热风焊接法

【答案】 ACD

【解析】 "冷热自粘三铺贴"。

18. 屋面卷材铺贴施工环境温度，下列说法（　　）
A. 采用冷粘法施工不应低于5℃，热熔法施工不应低于-10℃
B. 采用冷粘法施工不应低于10℃，热熔法施工不应低于-10℃
C. 采用冷粘法施工不应低于5℃，热熔法施工不应低于10℃
D. 采用冷粘法施工不应低于-5℃，热熔法施工不应低于-10℃

【答案】 A

【解析】 "热熔-10冷粘5"。

19. 关于防水混凝土施工的说法，正确的有（　　）。（2015年真题）
A. 宜采用高频机械分层振捣密实，振捣时间为10~30s
B. 应连续浇筑，少留施工缝
C. 施工缝宜留在受剪力较大的部位
D. 养护时间不得少于7天
E. 冬期施工入模温度不应低于5℃

【答案】 ABE

【解析】（1）C错误，说反了，施工缝应留在受剪力较小的部位。

（2）D错误，室内防水混凝土养护时间不小于14天。

20. 室内防水工程施工环境温度应符合防水材料的技术要求，并宜在（　　）以上。（2010年真题）
A. -5℃　　　B. 5℃　　　C. 10℃　　　D. 15℃

【答案】 B

【解析】 "防水施工5度走，热熔例外-10度"。除此之外，室内防水工程，无论是施工温度还是养护温度均不低于5℃。

21. 厨房、厕浴间防水一般采用（　　）做法。
A. 混凝土防水　　B. 水泥砂浆防水　　C. 沥青卷材防水　　D. 涂膜防水

【答案】 D

【解析】 卫生间用卷材，对于犄角旮旯不方便施工的地方，防水效果不如涂膜防水好。

22. 厕浴间、厨房防水层完工后，应做（　　）蓄水试验。
A. 8h　　　B. 12h　　　C. 24h　　　D. 48h

【答案】 C

考点五：节能工程

1. 根据《建筑工程施工质量验收统一标准》建筑节能的子分部包括下列（   ）。
   A. 围护系统节能　　　　　　　　B. 供暖空调设备及管网节能
   C. 电气动力节能　　　　　　　　D. 监控系统节能
   E. 地面节能

【答案】 ABCD

【解析】 建筑节能5个子分部："电暖监护可再生"。建筑节能工程的5个子分部中，只有"围护工程"属于建筑工程专业。

2. 围护系统节能包括（   ）等5个分项工程。
   A. 墙体节能、屋面节能　　　　　B. 幕墙节能
   C. 门窗节能　　　　　　　　　　D. 室内节能
   E. 地面节能

【答案】 ABCE

【解析】 "围护结构5分项、地顶门墙和幕墙"。

3. 屋面板状保温材料进场应检验下列（   ）等项目。
   A. 表观密度或干密度　　　　　　B. 压缩强度或抗压强度
   C. 导热系数　　　　　　　　　　D. 燃烧性能
   E. 抗拉强度

【答案】 ABCD

【解析】 无论墙体、屋面还是地面节能，其使用材料、复验项目都基本一致。墙体保温材料的复验项目少了一项"燃烧性能"，为防止掉落增加了粘接材料复验项目；为防止开裂添加了增强网复验项目。

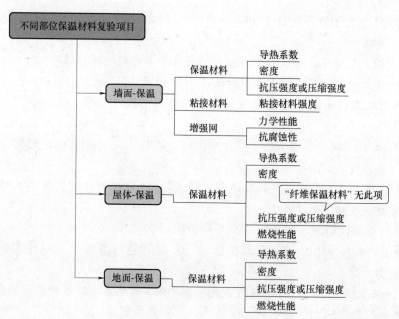

4. 倒置式屋面基本构造自下而上宜由（   ）组成。

A. 结构层、找平层、找坡层、防水层、保温层及保护层
B. 结构层、防水层、保温层、找坡层、找平层及保护层
C. 结构层、找坡层、找平层、防水层、保温层及保护层
D. 结构层、保温层、找坡层、找平层、防水层及保护层

【答案】 C

【解析】

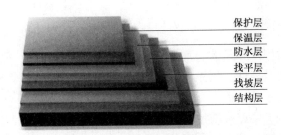

倒置式——屋面基本构造

5. 关于倒置式屋面工程施工要点下列说法错误的是（　　）。
   A. 倒置式屋面坡度不宜小于3%
   B. 倒置式屋面坡度>3%时，应采取防下滑措施
   C. 坡度>10%时，应在结构层上沿垂直于坡度方向设置防滑条
   D. 倒置式屋面坡度不得大于5%

【答案】 D

【解析】 规范规定："倒置式屋面坡度不宜小于3%（即≥3%），且当坡度>3%时，应采取防滑措施。"这是为防止倒置式屋面保温层长期积水，使积水能够顺畅排走。而坡度>3%的为坡屋面，为防止防水层、保温层、保护层下滑，需在结构层设置防滑措施。

6. 墙体保温工程的防火隔离带设置在（　　）保温材料外墙外保温系统中，按水平方向分布，采用不燃材料制成。
   A. 可燃、难燃
   B. 可燃、易燃
   C. 难燃、不燃
   D. 不燃、依然

【答案】 A

【解析】 防火隔离带，是层间防火的重要措施，其目的是阻止火灾大面积延烧。若外墙外保温系统为不燃材料，就无须设置防火隔离带。因此，防火隔离带一定是设在"可燃、难燃"材料的外墙外保温系统中。

7. 防火隔离带的保温材料，其燃烧性能应为A级，宜采用（　　）。
   A. 岩棉带
   B. 玻化微珠
   C. 膨胀珍珠岩
   D. 膨胀蛭石

【答案】 A

【解析】 大量实验表明：A级保温材料当中，岩棉带的防火隔离效果最好。

8. 门窗节能和幕墙节能使用的玻璃，在施工注意事项中错误的是（　　）。
   A. 中空玻璃应采用双道密封
   B. 第一道密封应采用丁基热熔密封胶

C. 第二道密封胶必须采用硅酮结构密封胶

D. 当低辐射镀膜玻璃加工成夹层玻璃时，膜层宜与胶片结合

【答案】 D

【解析】 （1）ABC 正确，"中空玻璃双密封，一道丁基二硅酮"。

（2）D 错误，低辐射镀膜玻璃加工成的夹层玻璃，其膜层不宜与胶片结合，否则中空玻璃的导热系数提高，会降低节能效果。

三、2020 考点预测

1. 地基基础验收的程序和条件。
2. 变形观测的办法、条件、程序。
3. 桩基工程的验收标准。
4. 地下连续墙的施工要点及质量验收。
5. 混凝土浇筑、养护、验收的顺序及技术要点。
6. 简述全装配式和装配整体式混凝土的特点。
7. 装配式混凝土结构专项方案应包括哪些内容？
8. 装配式混凝土预制构件安装前，应做好哪些准备工作？
9. 装配式混凝土结构的十大新技术包括哪些内容。
10. 室内环境污染物的类别、检测方法及处理流程。
11. 节能工程施工要点及质量验收。
12. 看图找错（地基基础、主体结构、防水工程、节能工程……）。

附录 2020年全国一级建造师执业资格考试《建筑工程管理与实务》预测模拟试卷

附录A 预测模拟试卷（一）

一、单项选择题（共20题，每题1分，每题的备选项中，只有1个最符合题意）

1. 根据《民用建筑设计通则》GB 50352—2005 之规定，下列建筑物按层高及层数的类别划分正确的是（　　）。
   A. 4~6层为低层住宅
   B. 7~9层为高层住宅
   C. 10层及以上为高层住宅
   D. 超过100层为超高层建筑

2. 碳素结构钢牌号由（　　）4部分按顺序组成。
   A. 质量等级符号→脱氧方法符号→屈服强度字母（Q）→屈服强度数值
   B. 屈服强度数值→屈服强度字母（Q）→脱氧方法符号→质量等级符号
   C. 屈服强度字母（Q）→屈服强度数值→脱氧方法符号→质量等级符号
   D. 屈服强度字母（Q）→屈服强度数值→质量等级符号→脱氧方法符号

3. 有关建筑高度计算，下列说法错误的是（　　）。
   A. 坡屋面的建筑高度 = 建筑室外设计地面 +（檐口 + 屋脊）/2
   B. 平屋面建筑高度为建筑室外设计地面高度至其屋面面层高度
   C. 有多种形式屋面的建筑，建筑高度应分别计算后取最大值
   D. 台阶式地坪应按建筑高度最大者确定该建筑的高度

4. 满足建筑物的功能要求，为人们的生产和生活创造良好的空间环境，是（　　）的首要任务。
   A. 建筑设计　　　B. 结构设计　　　C. 规划设计　　　D. 功能设计

5. 关于水泥的性能与技术要求，说法正确的是（　　）。
   A. 水泥的终凝时间是从水泥加水拌和起至水泥浆开始产生强度所需的时间
   B. 水泥的安定性和凝结时间不合格可降级使用
   C. 应采用胶砂法测定水泥7天和28天的抗压、抗折强度
   D. 普通硅酸盐水泥强度最高可达62.5MPa

6. 配置混凝土时选砂，常用（　　）。
   A. 山砂　　　　　B. 混合砂　　　　C. 河砂　　　　　D. 机制砂

7. 砖是以（　　）块判定其强度等级。
   A. 5　　　　　　B. 10　　　　　　C. 15　　　　　　D. 20

8. 有关天然石材的放射性，下列说法错误的是（   ）。
   A. 装修材料中的石材按放射性限量分 A、B、C 三类
   B. A 类产品的产销与使用范围不受限制
   C. B 类产品不可用于 I 类民用建筑的内饰面
   D. C 类产品只可用于一切建筑的外饰面

9. 阳光镀膜玻璃和低辐射镀膜玻璃可分为（   ）。
   A. 优等品、一等品、合格品   B. 优等品、合格品
   C. 优等品、一等品、二等品   D. 一等品、二等品、合格品

10. 当玻璃幕墙以玻璃肋作为支承结构时，应采用（   ）。
    A. 钢化玻璃   B. 夹层玻璃
    C. 防火玻璃   D. 钢化夹层玻璃

11. 保温材料的保温性能指标的好坏是由（   ）决定的。
    A. 材料性能   B. 温度湿度
    C. 热流方向   D. 导热系数

12. 普通环境下，引起混凝土内钢筋锈蚀的主要因素是（   ）。
    A. 混凝土硬化   B. 反复冻融
    C. 氯盐   D. 碳化

13. 厕浴间楼板四周应做混凝土翻边，其强度不应小于（   ）。
    A. C15   B. C20   C. C25   D. C30

14. 某住宅建筑的地下室内等高堆满桶装油漆，按作用面划分，该荷载属于（   ）。
    A. 分散荷载   B. 均布面荷载
    C. 垂直荷载   D. 可变荷载

15. 在内外墙做各种连续整体装修时，主要解决（   ），防止脱落和表面的开裂。
    A. 与主体结构的附着   B. 起皮、掉粉
    C. 泛碱、咬色   D. 分缝和接缝设计

16. 可直接代替烧结普通砖、烧结多孔砖作为承重的建筑墙体结构的材料是（   ）。
    A. 粉煤灰砖   B. 灰砂砖
    C. 混凝土砖   D. 烧结空心砖

17. 用来分析边坡稳定性的岩土物理力学性能指标是（   ）。
    A. 黏聚力   B. 抗剪强度
    C. 密实度   D. 内摩擦角

18. 关于砖墙留置临时施工洞口的说法，正确的是（   ）。
    A. 侧边离交接处墙面不应小于 400mm，洞口净宽不应超过 1.8m
    B. 侧边离交接处墙面不应小于 400mm，洞口净宽不应超过 1.5m
    C. 侧边离交接处墙面不应小于 500mm，洞口净宽不应超过 1.2m
    D. 侧边离交接处墙面不应小于 500mm，洞口净宽不应超过 1.0m

19. 永久性普通螺栓紧固应牢固、可靠，外露丝扣不应少于（   ）。
    A. 2 扣   B. 3 扣   C. 4 扣   D. 1 扣

20. 关于施工现场文明施工的说法，错误的是（   ）。

A. 现场宿舍必须设置开启式窗户　　　　B. 现场食堂必须办理卫生许可证
C. 施工现场必须实行封闭管理　　　　　D. 施工现场办公区与生活区必须分开设置

二、**多项选择题**（共10题，每题2分，每题的备选项中有2个或2个以上符合题意，至少有1个错项。错选，本题不得分；少选，所选的每个选项得0.5分）

21. 砌体结构房屋墙体的构造措施主要包括（　　）三个方面。
  A. 伸缩缝　　　　B. 沉降缝　　　　C. 圈梁　　　　D. 构造柱
  E. 施工缝

22. 关于抗震设防思想下列说法正确的是（　　）。
  A. 抗震设防的依据是抗震设防类别
  B. 我国抗震设计规范适用于抗震设防烈度为5、6、7、8度地区
  C. 抗震设防的基本思想是"小震不坏、中震可修、大震不倒"
  D. 建筑物的抗震设计分为甲、乙、丙、丁四个抗震设防类别
  E. 大量的建筑物属于乙类

23. 基坑变形观测分为（　　）。
  A. 支护结构变形观测　　　　　　　　B. 基坑回弹观测
  C. 场地沉降观测　　　　　　　　　　D. 斜坡位移观测
  E. 地下水观测

24. 下列不属于防水卷材柔韧性的指标是（　　）。
  A. 断裂伸长率　　　　　　　　　　　B. 柔性
  C. 柔韧性　　　　　　　　　　　　　D. 脆性温度
  E. 低温弯折性

25. 影响砌体结构允许高厚比的主要因素有（　　）。
  A. 砂浆强度　　　　　　　　　　　　B. 构件类型、砌体种类
  C. 截面形式、支承约束条件　　　　　D. 墙体开洞、承重和非承重
  E. 砌体强度

26. 有关现浇混凝土结构的特点下列说法正确的是（　　）。
  A. 强度较高、耐久性好　　　　　　　B. 可模性好、整体性好
  C. 较好的延性、防震、防辐射性　　　D. 易于就地取材，抗裂性好
  E. 工期长、施工简单、受环境影响较小

27. 下列水泥中，具有耐热性差特点的有（　　）。
  A. 硅酸盐水泥　　　　　　　　　　　B. 普通水泥
  C. 矿渣水泥　　　　　　　　　　　　D. 火山灰水泥
  E. 粉煤灰水泥

28. 施工现场临时用电配电箱的电器安装的设置，应为（　　）。
  A. N线端子板必须与金属电器安装板绝缘
  B. 必须分设N线端子板和PE线端子板
  C. 正常不带电的金属底座、外壳等必须直接与PE线做电气连接
  D. PE线端子板必须与金属电器安装板绝缘

E. PE 线端子板必须与金属电器安装板做电气连接

29. 防火涂料应具备（ ）等功能。

A. 装饰作用　　　　　　　　　　B. 保护基材

C. 隔热、阻燃　　　　　　　　　D. 耐污

E. 耐火

30. 装配式混凝土钢筋连接可采用（ ）。

A. 套筒灌浆连接　　　　　　　　B. 焊接

C. 机械连接　　　　　　　　　　D. 预留孔洞搭接连接

E. 铆接

【参考答案】

1. C	2. D	3. D	4. A	5. A	6. C	7. B	8. C	9. B	10. D
11. D	12. D	13. B	14. B	15. A	16. C	17. D	18. D	19. A	20. D
21. ABC	22. CD	23. AB	24. AD	25. ABCD	26. ABCD	27. ABDE	28. ABE	29. ABCE	30. ABCD

三、实务操作和案例分析题。共 5 题，（一）、（二）、（三）题各 20 分，（四）、（五）题各 30 分。

（一）

背景资料

某公司兴建一幢大楼，建筑面积 48000m²，框架-剪力墙结构，地下 2 层，地上 28 层，设计基础底标高为 −9.0m。土方开挖区域内为淤泥质土，施工单位采用单一土钉墙支护、成孔注浆型土钉等方式。土钉墙具体构造如图 1 所示：

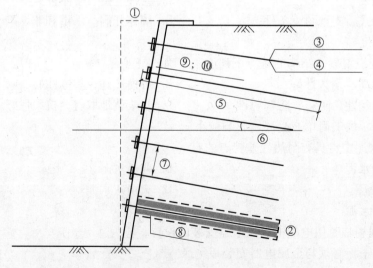

注：①墙面坡度；②成孔孔径；③土钉钢筋；④土钉直径；⑤土钉长度；
⑥土钉倾角；⑦土钉间距；⑧注浆强度；⑨面层厚度；⑩面层强度。

图 1　土钉墙设计及构造示意图

施工单位项目技术负责人组织编制了《土钉墙施工专项方案》,部分内容如下:
(1) 基坑开挖后,24h 内完成土钉安放和喷射混凝土面层。
(2) 上层土钉注浆工作完成后立即开挖下层土方;全部土钉施工完成后,应对其抗拔力进行检验。
(3) 成孔土钉采用"二次注浆"法施工。第一次注浆量为钻孔体积的 60%,终凝后进行二次注浆;二次注浆量为第一次注浆量的 40%。注浆压力为 0.4MPa。
(4) 面层应设置钢筋网和加强钢筋。钢筋网采用 HRB400 级 φ12 钢筋,上下段搭接长度为 250mm;面层加强钢筋应通长设置,且应与土钉钢筋绑扎牢固。
(5) 面层混凝土应自上而下分段、分片喷射。
监理工程师审查《土钉墙专项施工方案》时,指出包括土钉施工、面层喷射、成孔注浆等在内的多处错误,要求施工单位改正后重新上报。

问题:
1. 土钉墙支护包括哪几类?
2. 写出图 1 中编号"①~⑩"所对应的构造要求。
3. 请改正《土钉墙专项施工方案》中的错误之处。
4. 土钉墙施工过程中应检验哪些内容?

【参考答案】
1. (本小题 2.0 分)
土钉墙支护包括:
(1) 单一土钉墙; (0.5 分)
(2) 预应力锚杆土钉墙; (0.5 分)
(3) 水泥土桩复合土钉墙; (0.5 分)
(4) 微型桩复合土钉墙。 (0.5 分)
2. (本小题 8.0 分)
(1) "①" 墙面坡度不宜大于 1:0.2; (0.5 分)
(2) "②" 钻孔孔径宜为 70~120mm; (1.0 分)
(3) "③" 土钉宜选用 HRB400、HRB500 级钢筋; (1.0 分)
(4) "④" 土钉钢筋直径宜为 16~32mm; (1.0 分)
(5) "⑤" 土钉长度宜为开挖直径的 0.5~1.2 倍; (1.0 分)
(6) "⑥" 土钉与水平面夹角宜为 5°~20°; (0.5 分)
(7) "⑦" 土钉竖向间距宜为 1~2m; (0.5 分)
(8) "⑧" 孔内注浆强度不宜小于 20MPa; (1.0 分)
(9) "⑨" 面层喷射混凝土厚度宜为 80~100mm,且一般不超过 120mm; (1.0 分)
(10) "⑩" 面层喷射混凝土强度不低于 C20。 (0.5 分)
3. (本小题 6.0 分)
(1) 错误之一:"基坑开挖后,24h 内完成土钉安放和喷射混凝土面层"。 (0.5 分)
改正:在淤泥质土层中开挖时,土钉安放和面层喷射工作应在 12h 内完成。 (0.5 分)
(2) 错误之二:"上层土钉注浆工作完成后立即开挖下层土方"。 (0.5 分)
改正:上层土钉注浆完成 48h,才可开挖下层土方。 (0.5 分)

(3) 错误之三："全部土钉施工完成后,应对其抗拔力进行检验"。 (0.5分)
改正:每层土钉施工完成后,均应抽查土钉的抗拔力。 (0.5分)
(4) 错误之四："第一次注浆量为钻孔体积的60%,终凝后进行二次注浆"。 (0.5分)
改正:第一次注浆量应为钻孔体积的1.2倍,并在初凝后及时进行二次注浆。 (0.5分)
(5) 错误之五："上下段搭接长度为250mm"。 (0.5分)
改正:面层钢筋网的上下段搭接长度不应小于300mm。 (0.5分)
(6) 错误之六："且应与土钉钢筋绑扎牢固"。 (0.5分)
改正:面层加强钢筋应与土钉钢筋焊接牢固。 (0.5分)

4. (本小题4.0分)
土钉墙施工过程应检验:
(1) 放坡系数; (1.0分)
(2) 土钉位置; (1.0分)
(3) 土钉插入长度; (1.0分)
(4) 土钉应力; (1.0分)
(5) 钻孔直径; (1.0分)
(6) 钻孔的深度及角度; (1.0分)
(7) 注浆配比; (1.0分)
(8) 注浆压力及注浆量; (1.0分)
(9) 喷射混凝土厚度及强度。 (1.0分)

【评分准则:写出4项,即得4分】

(二)

背景资料

某建筑工程,施工单位(乙方)与建设单位(甲方)签订了施工总承包合同。合同约定:工期每提前(或拖后)1天,奖励(或罚款)2万元。

乙方将屋面和设备安装两项工程的劳务进行了分包,分包合同约定,若造成乙方关键工作的工期延误,每延误一天,分包方应赔偿损失1万元。主体结构混凝土施工使用的满堂脚手架采用租赁方式,租赁合同约定,脚手架到货每延误一天,供货方赔偿3万元。乙方向监理工程师提交了进度计划,并得到了监理单位和甲方的批准。网络计划示意图如图2所示。

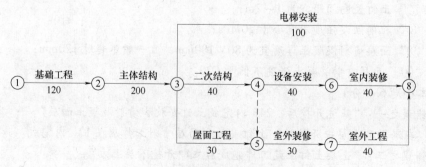

图2 施工网络进度计划图

施工过程中发生了以下事件：

事件一：土方开挖过程中，当地发生百年罕见的5级台风，导致基础工程持续时间延长10天，人员窝工和施工机械闲置造成乙方直接经济损失20万元。

事件二：主体结构施工时，脚手架逾期供货，导致乙方主体结构持续时间延长10天，直接经济损失20万元。

事件三：屋面工程施工时，劳务分包单位违反合同约定，未经验收擅自隐蔽，监理单位随即下达整改通知单，导致屋面工程持续时间延长3天，直接经济损失6万元。

事件四：中央空调设备安装过程中，甲方采购的制冷机组因质量问题退换，导致设备安装持续时间延长7天，直接费用增加4万元。

事件五：因为甲方对室外装修设计的色彩不满意，局部设计变更通过审批后，使乙方室外装修晚开工7天，直接费损失3万元。

事件六：电梯在试运行过程中发生故障，经检查，问题出在滑动轴。甲方随即通知供货方更换电梯设备，供货方称该电梯目前缺货，总公司正面临海外重组及并购等一系列事宜，故电梯到货估计需要30天。本次事件造成施工单位直接费损失60万元。

上述事件发生后，监理工程师要求乙方调整最后三项工作，将工期控制在460天内。

问题：

1. 指出乙方向甲方索赔成立的事件，并分别说明索赔内容和理由。
2. 事件一~事件六发生后的实际工期为多少天？乙方可得到甲方的工期补偿为多少天？工期奖（罚）款是多少万元？说明理由。
3. 分别指出乙方可以向脚手架供货方和屋面工程劳务分包方索赔的内容和理由。乙方可得到屋面劳务分包方和脚手架供货方的费用赔偿各是多少万元？
4. 乙方应如何调整后续三项工作？简述进度计划的调整步骤。

【参考答案】

1. （本小题6分）

（1）事件一索赔成立，索赔内容为工期。 （0.5分）

理由：按照风险承担原则，百年罕见的5级台风属于不可抗力，且基础工程为关键工作，由此导致工期拖延应由甲方承担；造成的人员窝工、机械闲置费用乙方承担。（1.0分）

（2）事件四索赔成立，索赔内容为工期及费用。 （0.5分）

理由：甲供设备质量问题退换，导致施工单位工期损失、费用增加是甲方的责任，且设备安装工程为关键工作。 （1.0分）

（3）事件五索赔成立，索赔内容为费用。 （0.5分）

理由：设计变更导致施工单位费用损失是甲方应承担的责任；但上述事件发生后，室外装修的总时差为17天，拖后7天未超出其总时差。 （1.0分）

（4）事件六索赔成立，索赔内容为工期3天及费用60万元。 （0.5分）

理由：甲供电梯故障，导致施工单位费用损失是甲方的责任；且上述事件发生后，电梯工程TF＝27天，晚到货30天，导致工期拖延30－27＝3（天）。 （1.0分）

2. （本小题4.0分）

（1）实际工期：130＋210＋130＝470（天）。 （0.5分）

（2）工期补偿：10＋7＋3＝20（天）。 （1.0分）

（3）工期奖罚：

① 原合同工期：120 + 200 + 40 + 40 + 40 = 440（天）； (0.5分)
② 新合同工期：130 + 200 + 130 = 460（天）； (0.5分)
③ 实际工期：130 + 210 + 130 = 470（天）； (0.5分)
④ 工期奖罚：(470 − 460) × 2 = 20（万元）。 (0.5分)
理由：实际工期（470天）大于新合同工期（460天），应当承担拖期罚款。 (0.5分)

3. （本小题3分）
（1）内容及理由：
① 乙方可以向脚手架供货方索赔费用。 (0.5分)
理由：脚手架供货方逾期供货，导致乙方费用损失，应依法承担违约责任。 (0.5分)
② 乙方可以向劳务分包方索赔费用。 (0.5分)
理由：劳务分包方违反合同约定，未经验收擅自隐蔽，导致乙方费用损失，应依法承担违约责任。 (0.5分)
（2）赔偿数额：
① 可得到屋面劳务分包方赔偿：6万元； (0.5分)
② 可得到脚手架供货方赔偿：3 × 10 = 30（万元）。 (0.5分)

4. （本小题7.0分）
（1）应同时压缩电梯安装工程10天、室外工程7天、室内装修工程7天。 (2.0分)
（2）调整步骤：
① 分析进度计划检查结果； (1.0分)
② 分析进度偏差的影响并确定调整的对象和目标； (1.0分)
③ 选择适当的调整方法，编制调整方案； (1.0分)
④ 对调整方案进行评价、决策和调整； (1.0分)
⑤ 确定调整后付诸实施的新施工进度计划。 (1.0分)

（三）

背景资料

某住宅工程采用装配整体式结构，标准层预制率达48%，地上整体预制率为38%，地下3层，地上18层，建筑面积26400m²。塔式起重机安装采用H3/36B-7520重型塔式起重机，地下3层至地上3层为现浇混凝土结构，以上为装配式结构。

事件一：结构施工前，项目经理组织相关人员编制了《装配式混凝土结构专项施工方案》，方案中明确的预制构件安装要点如下：
（1）水平构件安装，连续支撑为2层，且上下层错位布置。
（2）预制柱、墙正中心设置一道斜撑支撑。
（3）预制柱的安装顺序为：角柱→中柱→边柱。
（4）墙体就位后底部设置调平装置，并铺设厚度为50mm的坐浆料。
（5）钢筋套筒灌浆的浆料制备后30min内必须用完。灌浆作业时，应采用压浆法从上口灌入浆料；灌浆结束后，专职检验人员应检查灌浆质量。

事件二：6号楼二次结构施工，填充墙砌筑用水泥砂浆，设计强度为M10。项目部按要求留取了16组砂浆试块，前15组的统计情况为：抗压强度平均值为11.8MPa，其中最低的一组为 8.8MPa；最后一组的三个试块试验结果为 10.8MPa、12.6MPa、10.2MPa。

事件三：玻璃幕墙及相关材料进场后，施工单位按施工总平面图的布置要求将材料入库，并设专人对其进行管理。在监理工程师见证下对保温材料、幕墙玻璃和隔热型材进行了见证取样检测，内容包括导热系数、密度等。

问题：

1. 除工程概况、编制依据之外，危大工程专项方案还应包括哪些内容？
2. 指出事件一《装配式混凝土结构专项施工方案》中的不妥之处，并写出正确做法。
3. 装配式混凝土预制构件安装前，应做好哪些准备工作？
4. 6号楼填充墙砌体砌筑砂浆的抽样方法及数量应如何确定？分析说明验收批的砌筑砂浆抽样检测是否合格？
5. 施工单位在现场材料的保管与使用方面，还应做好哪些管理工作？幕墙保温、玻璃、隔热型材的复试项目还有哪些？

【参考答案】

1. （本小题 2.5 分）

危大工程专项方案还应包括：
(1) 施工计划； (0.5分)
(2) 施工工艺技术； (0.5分)
(3) 施工安全保证措施； (0.5分)
(4) 劳动力计划； (0.5分)
(5) 计算书及相关图纸。 (0.5分)

2. （本小题 7.0 分）

(1) 不妥之一："水平构件安装时上下层错位布置"。 (0.5分)
正确做法：水平构件安装时，上下层连续支撑应对准。 (0.5分)
(2) 不妥之二："预制柱、墙正中心设置一道斜撑支撑"。 (0.5分)
正确做法：预制柱、墙安装时应至少设置2道支撑；且支点距离底部不得小于构件高度的1/2。 (0.5分)
(3) 不妥之三："预制柱的安装顺序为：角柱→中柱→边柱"。 (0.5分)
正确做法：预制柱的安装顺序应为：角柱→边柱→中柱。 (0.5分)
(4) 不妥之四："墙体就位后底部设置调平装置"。 (0.5分)
正确做法：调平装置应在墙体就位前设置。 (0.5分)
(5) 不妥之五："并铺设厚度为 50mm 的坐浆料"。 (0.5分)
正确做法：墙体底部坐浆料的厚度不宜超过 20mm。 (0.5分)
(6) 不妥之六："灌浆作业时，应采用压浆法从上口灌入浆料"。 (0.5分)
正确做法：采用灌浆作业时，浆料应从下口灌入浆料。 (0.5分)
(7) 不妥之七："灌浆结束后，专职检验人员应检查灌浆质量"。 (0.5分)
正确做法：灌浆全过程应由专职检验人员旁站，并形成《质量检查记录》。 (0.5分)

3. （本小题 4.0 分）

(1) 检查吊装设备及吊具是否处于安全状态； (1.0分)
(2) 核实现场环境、天气、道路状况是否满足要求； (1.0分)

(3) 合理规划构件运输通道、临时堆放场地和成品保护措施; (1.0分)
(4) 进行测量放线、设置构件安装定位标识; (1.0分)
(5) 核对预制构件的混凝土强度以及构配件的型号、规格、数量; (1.0分)
(6) 核对已完结构的混凝土强度、外观质量、尺寸偏差; (1.0分)
(7) 核对构件装配位置、节点连接构造及临时支撑方案。 (1.0分)
【评分准则：写出4项，既得4分。】

4. （本小题3.5分）
(1) 确定原则：
① 砌筑砂浆应在砂浆搅拌机出料口随机取样; (0.5分)
② 每批次且≤250m³砌体的各类别、各强度等级、各台搅拌机至少抽样一次; (0.5分)
③ 同强度、同类型砂浆试块每批≥3组，每组3块，同盘砂浆只能取一组。 (0.5分)
(2) 该验收批砂浆试块合格;
理由：
① (10.8 + 12.6 + 10.2)/3 = 11.2 （MPa）; (0.5分)
② (11.2 + 11.8)/2 = 11.5 （MPa）> 11 （MPa）; (0.5分)
该组试块抗压强度平均值 > 设计强度值的1.1倍，且最小一组平均值 > 设计强度值的0.85倍。 (1.0分)

5. （本小题3.0分）
(1) 还应做好：
① 应建立材料管理台账，做好收、发、储、运等方面的管理工作; (0.5分)
② 进场材料均应有明确标识，受检材料与待检材料应标识明确、分开码放; (0.5分)
③ 保管过程中应防止材料变质、定期检查、做好记录; (0.5分)
④ 合理组织材料使用，减少材料损耗。 (0.5分)
(2) 见证取样：
① 幕墙玻璃：可见光透射比、传热系数、遮阳系数、中空玻璃露点; (0.5分)
② 隔热型材：抗拉强度、抗剪强度。 (0.5分)

（四）

背景资料

某施工单位承揽了一个住宅小区建设工程，该小区共6幢楼，地下1层，地上10层，现浇钢筋混凝土剪力墙结构。施工单位与建设单位根据《建设工程施工合同（示范文本）》签订了工程施工合同。合同约定：工程工期自2002年2月1日至2003年3月1日；合同造价中含安全防护费、文明施工费188万元。

事件一：根据项目材料采购计划和现场仓储条件，项目部确定水泥采购总量为22800t。物资部门提出三个采购方案：
① 方案1：每1个月交货一次，水泥单价（含运费）为480元/t。
② 方案2：每2个月交货一次，水泥单价（含运费）为470元/t。
③ 方案3：每3个月交货一次，水泥单价（含运费）为460元/t。

根据经验，每次催货费用为4000元；仓库保管费率为储存材料费的5%。

事件二：截至2002年8月15日，建设单位累计支付安全防护费、文明施工费共计70万元。

事件三：工程竣工结算造价为9448万元，其中工程款8880万元，利息93万元，建设单位违约金150万元。工程竣工12个月后，建设单位仍未支付剩余工程款，欠款总额为1860万元（包含利息及建设单位违约金），随后施工单位申请行使工程款优先受偿权。

事件四：工程竣工后，项目经理部按"制造成本法"核算了项目施工总成本，其构成如下：直接工程费7088.34万元，措施费1026.62万元，规费404.04万元，企业管理费456.36万元（其中施工单位总部企业管理费为301.20万元）。

问题：

1. 事件一中，项目部应根据哪些内容确定物资采购方式？除采购费外，材料费还包括哪些内容？

2. 通过计算，优选费用最低的采购方案。

3. 事件二中，建设单位支付的安全防护费、文明施工费的金额是否合理？说明理由。除安全文明施工费外，以费率形式表现的措施项目费还包括哪些？

4. 事件三中，施工单位是否可以行使工程款优先受偿权？说明理由。施工单位能够行使的工程款优先受偿权是多少万元？

5. 事件四中，按"制造成本法"列式计算项目施工直接成本、间接成本和项目施工总成本。简述项目部的成本管理程序。

【参考答案】

1. （本小题4.0分）

（1）根据：

① 物资采购的技术复杂程度； (0.5分)

② 市场竞争情况； (0.5分)

③ 采购金额； (0.5分)

④ 数量大小。 (0.5分)

（2）包括：

① 材料原价； (0.5分)

② 运杂费； (0.5分)

③ 运输损耗费； (0.5分)

④ 采购及保管费。 (0.5分)

2. （本小题8.0分）

（1）方案1：

① 采购次数为 12÷1=12（次）； (0.5分)

② 每次采购数量为 22800÷12=1900（t）； (0.5分)

③ 保管费+采购费 = 1900×480÷2×0.05+12×4000

= 22800+48000 = 70800（元）。 (1.0分)

（2）方案2：

① 采购次数为 12÷2=6（次）； (0.5分)

② 每次采购数量为 22800÷6 = 3800（t）； (0.5 分)
③ 保管费 + 采购费 = 3800 × 470 ÷ 2 × 0.05 + 6 × 4000
　　　　　　　　　 = 44650 + 24000 = 68650（元）。 (1.0 分)
（3）方案 3：
① 采购次数为 12÷3 = 4（次）； (0.5 分)
② 每次采购数量为 22800÷4 = 5700（t）； (0.5 分)
③ 保管费 + 采购费 = 5700 × 460 ÷ 2 × 0.05 + 4 × 4000
　　　　　　　　　 = 65550 + 16000 = 81150（元）。 (1.0 分)
（4）分析三个方案的总费用：
① 方案 1：70800 + 22800 × 480 = 11014800（元）； (0.5 分)
② 方案 2：68650 + 22800 × 470 = 10784650（元）； (0.5 分)
③ 方案 3：81150 + 22800 × 460 = 10569550（元）。 (0.5 分)
结论：采用方案 3，即每 3 个月采购一次。 (0.5 分)

3. （本小题 6.0 分）
（1）不合理。

理由：开工后的前 28 天，发包方至少应预付安全文明施工款：188 × 50% = 94 万元，其余部分随进度款平均支付：(188 - 94) × 6/11 = 51.27（万元）。故截至 8 月 15 日累计应支付：94 + 51.27 = 145.27（万元）。 (3.0 分)
（2）还包括：
① 二次搬运费； (0.5 分)
② 冬季施工增加费； (0.5 分)
③ 雨季施工增加费； (0.5 分)
④ 特殊地区施工增加费； (0.5 分)
⑤ 工程定位复测费； (0.5 分)
⑥ 已完工程保护费。 (0.5 分)

4. （本小题 5.0 分）
（1）不可以。

理由：自工程竣工之日起算，建设工程承包人行使优先权的期限为六个月，现已超过 12 个月，施工单位已丧失优先受偿权。
（2）若施工单位自工程竣工后 6 个月内行使优先受偿权，则可获得优先受偿款：1860 - 150 - 93 = 1617（万元）。

5. （本小题 7.0 分）
（1）成本计算：
① 直接成本：7088.34 + 1026.62 = 8114.96（万元）。 (1.0 分)
② 间接成本：456.36 - 301.20 = 155.16（万元）。 (1.0 分)
③ 施工总成本：8114.96 + 155.16 = 8270.12（万元）。 (1.0 分)
（2）成本管理程序：
① 掌握生产要素的市场价格和变动状态； (0.5 分)
② 确定项目合同价； (0.5 分)

③ 编制成本计划，确定成本实施目标； (0.5分)
④ 进行成本动态控制，实现成本实施目标； (0.5分)
⑤ 进行项目成本核算和工程价款结算，及时回收工程款； (0.5分)
⑥ 进行项目成本分析； (0.5分)
⑦ 进行项目成本考核，编制成本报告； (0.5分)
⑧ 积累项目成本资料。 (0.5分)

（五）

背景资料

某建筑工程，建筑面积35000m²，地下2层，筏形基础，地上25层，钢筋混凝土框架-剪力墙结构。施工总承包单位编制了《项目安全管理实施计划》，内容包括"项目安全管理目标""项目安全管理机构和职责""项目安全管理主要措施"等内容。

事件一： 落地式操作平台施工前，项目技术负责人根据《危大工程安全管理规定》组织编制了《落地式操作平台专项施工方案》。方案中明确了如下内容：

（1）操作平台施工荷载为5kN/m²。
（2）操作平台临边应设防护栏杆，外立面设剪刀撑，立杆下方设纵向扫地杆。
（3）单独的操作平台，设置踏步间距为600mm的扶梯。
（4）操作平台一次搭设高度为相邻连墙件以上3步。
（5）平台物料除非无法及时转运，否则不得超重、超高堆放。
（6）操作平台由下而上逐层拆除，且必要时可上下同时作业。

事件二： 安全监理王某在对2标段6号楼落地式操作平台进行验收时，发现平台上超限超载警示标志被挪至角落处；平台及支架因缺乏维护已锈迹斑斑；连墙件自2层起设置，相邻连墙件间隔5m，且未设置剪刀撑。

安全监理随即下发了《监理通知单》，要求施工单位立即整改；并向项目经理反映了上述问题。项目经理表示自己非常重视现场安全管理工作，每季度都会组织一次包括操作平台在内的现场临时设施安全检查，并安排技术员王某兼职操作平台日常维护保养工作。

事件三： 相关部门针对该单体工程运行评价开展了绿色建筑评价与等级划分。各类评价指标的得分及权重分别见表1。

表1 各类评价指标的得分及权重分

评价指标	节地与室外环境	节能与能源利用	节水与水资源利用	节材与材料资源利用	室内环境质量	施工管理	运营管理
权重	0.17	0.19	0.16	0.14	0.14	0.10	0.10
分数	80	68	78	70	90	65	80

注：该项目附加得分为15分。

问题：

1. 项目安全管理实施计划还应包括哪些内容？工程总承包单位安全管理工作应贯穿哪些阶段？
2. 指出事件一中《落地式操作平台安全专项施工方案》的错误之处，并写出正确做法。

3. 指出事件二中平台搭设以及项目经理的安全认知存在的错误之处，并写出正确做法。

4. 根据事件二，计算该绿色建筑评价的总得分。若每项指标控制项均满足要求，根据得分，该绿色建筑为几星级？说明理由。

5. 简述施工单位关于绿色施工管理职责有哪些？

【参考答案】

1. （本小题6.0分）

（1）还应包括的内容有：

① 项目危险源辨识、风险评估与控制； (1.0分)

② 对从事危险环境下作业人员的培训教育计划； (1.0分)

③ 对危险源及其风险规避的宣传与警示方式； (1.0分)

④ 项目生产安全事故应急救援预案的演练计划。 (1.0分)

（2）安全管理所涉及阶段：

① 设计阶段； (0.5分)

② 采购阶段； (0.5分)

③ 施工阶段； (0.5分)

④ 试运行阶段。 (0.5分)

2. （本小题6.0分）

（1）错误之一："操作平台施工荷载为$5kN/m^2$"。 (0.5分)

正确做法：施工操作平台的荷载不得大于$2kN/m^2$。 (0.5分)

（2）错误之二："立杆下方设纵向扫地杆"。 (0.5分)

正确做法：除设置纵向扫地杆外，还应设置横向扫地杆和垫板。 (0.5分)

（3）错误之三："单独的操作平台，设置踏步间距为600mm的扶梯"。 (0.5分)

正确做法：单独的操作平台，应设置踏步间距不超过400mm的扶梯。 (0.5分)

（4）错误之四："操作平台一次搭设高度为相邻连墙件以上3步"。 (0.5分)

正确做法：操作平台一次搭设高度不得超过相邻连墙件以上2步。 (0.5分)

（5）错误之五："平台物料除非无法及时转运，否则不得超重、超高堆放"。 (0.5分)

正确做法：操作平台上的物料应及时转运，不得超重、超高堆放。 (0.5分)

（6）错误之七："操作平台由下而上逐层拆除，必要时上下同时作业"。 (0.5分)

正确做法：操作平台必须按照由上到下的顺序拆除，且严禁上下同时作业。 (0.5分)

3. （本小题4.0分）

（1）错误之一："操作平台上超限超载警示标志被挪至平台角落处"。 (0.5分)

正确做法：操作平台上的超限超载标志应设置在醒目位置。 (0.5分)

（2）错误之二："连墙件自2层起设置，相邻连墙件间隔5m，未设剪刀撑"。 (0.5分)

正确做法：操作平台连墙件应自首层开始设置，相邻连墙件间隔不得超过4m，且应设置剪刀撑。 (0.5分)

（3）错误之三："每个季度组织一次包括操作平台在内的临时设施安全检查"。 (0.5分)

正确做法：操作平台应至少每月组织一次定期安全检查。 (0.5分)

（4）错误之四："安排技术员王某兼职操作平台的日常维护保养工作"。 (0.5分)

正确做法：应设专人负责操作平台的日常维护工作。 (0.5分)

4．（本小题4.0分）

本项目：

评分项：$0.17 \times 80 + 0.19 \times 68 + 0.16 \times 78 + 0.14 \times 70 + 0.14 \times 90 + 0.1 \times 65 + 0.1 \times 80 + 10 = 85.9$ 分 (2.0分)

结论：绿色建筑等级为三星级。 (1.0分)

理由：每项指标控制项均满足要求，且绿色建筑评分项达80分以上。 (1.0分)

5．（本小题4分）

(1) 施工单位是绿色施工的实施主体，应负责其全面实施； (1.0分)

(2) 施工单位绿色施工第一责任人为项目经理； (1.0分)

(3) 实行施工总承包的，总包单位应对绿色施工负总责； (1.0分)

(4) 专业承包单位应对承包范围的绿色施工负责； (1.0分)

(5) 总包单位应对专业承包单位的绿色施工组织管理； (1.0分)

(6) 施工前应编制《绿色施工组织设计》或《绿色施工专项方案》。 (1.0分)

【评分准则：写出4项，即得4分】

附录 B 预测模拟试卷（二）

一、单项选择题（共 20 题，每题 1 分，每题的备选项中，只有 1 个最符合题意）

1. 有关防火门的耐火极限，下列说法正确的是（　　）。
   A. 甲级 2.5h；乙级 2.0h；丙级 1.5h   B. 甲级 1.5h；乙级 1.0h；丙级 0.5h
   C. 甲级 2.0h；乙级 1.5h；丙级 0.5h   D. 甲级 2.0h；乙级 1.0h；丙级 0.5h

2. 钢筋混凝土梁截面尺寸为 300mm×500mm，受拉区配有 4 根直径 25mm 的钢筋，已知梁的保护层厚度为 25mm，则配制混凝土选用的粗集料不得大于（　　）。
   A. 25.5mm　　　　B. 32.5mm　　　　C. 37.5mm　　　　D. 40.5mm

3. 有关墙身细部构造的做法正确的是（　　）。
   A. 勒脚部位的高度不小于 500mm
   B. 勒脚应与散水、水平防潮层形成闭合防潮系统
   C. 散水与外墙之间的缝隙内应采用刚性防水材料
   D. 散水坡度不应小于 5%，且每隔 50m 设一道伸缩缝

4. 处于严寒地区水位升降范围内的混凝土，应优先选用（　　）。
   A. 硅酸盐水泥　　　　　　　　　　B. 火山灰水泥
   C. 粉煤灰水泥　　　　　　　　　　D. 普通水泥

5. 某现浇钢筋混凝土梁板跨度为 8m，其模板设计时，起拱高度宜为（　　）。
   A. 4mm　　　　B. 6mm　　　　C. 16mm　　　　D. 25mm

6. "Q235—AF" 表示（　　）。
   A. 屈服强度为 235MPa 的 A 级镇静钢
   B. 屈服强度为 235MPa 的 A 级沸腾钢
   C. 抗拉强度为 235MPa 的 A 级沸腾钢
   D. 屈服强度为 235MPa 的 A 级特殊镇静钢

7. 大理石常用于室内工程的最主要原因是（　　）。
   A. 质地较密实　　　　　　　　　　B. 抗压强度较高
   C. 吸水率低　　　　　　　　　　　D. 耐酸腐蚀性差

8. 不属于防火堵料类别的是（　　）。
   A. 有机防火堵料　　　　　　　　　B. 无机防火堵料
   C. 防火包　　　　　　　　　　　　D. 复合防火堵料

9. 在国内进行工程施工招标投标活动，投标保证金最高不得超过（　　）。
   A. 10 万元人民币　　　　　　　　　B. 80 万元人民币
   C. 投标总价的 1%　　　　　　　　　D. 投标总价的 20%

10. 有关室内地面构造要求的说法错误的是（　　）。
    A. 幼儿园的乳儿室、活动室、寝室及音体活动室宜为暖性、弹性地面
    B. 幼儿经常出入的通道应为防滑地面
    C. 卫生间要求防滑、防渗、易清洗

D. 防爆的面层采用的碎石应选用花岗石

11. 处于流动水中或同时受水中泥沙冲刷的构件，其保护层厚度宜增加（　　）。
   A. 5～10mm　　B. 10～20mm　　C. 15～20mm　　D. 5～15mm

12. 关于拱式结构的特点下列说法错误的是（　　）。
   A. 主要承受轴向压力　　　　　　　B. 分为三铰拱、两铰拱和无铰拱
   C. 工程中，两铰拱和无铰拱采用较多　　D. 主要承受轴向拉力

13. 结构荷载按随时间的变异分类，属于偶然作用的是（　　）。
   A. 混凝土收缩　　B. 爆炸力　　C. 焊接变形　　D. 安装荷载

14. 测量方便、精度较高、便于检查的平面测设方法是（　　）。
   A. 直角坐标法　　　　　　　　　　B. 极坐标法
   C. 角度前方交会法　　　　　　　　D. 方向线交会法

15. 钢筋套筒灌浆连接、浆锚连接的灌浆料试件尺寸及养护要求应满足（　　）。
   A. 40mm×40mm×160mm；标养28天　　B. 70.7mm×70.7mm×70.7mm；标养28天
   C. 100mm×100mm×100mm；标养28天　D. 150mm×150mm×150mm；标养28天

16. 防火涂料的主要施工工艺流程正确的是（　　）。
   A. 基层处理→调配涂料→涂装施工→检查验收
   B. 基层处理→涂装施工→检查验收→调配涂料
   C. 涂装施工→调配涂料→基层处理→检查验收
   D. 调配涂料→涂装施工→基层处理→检查验收

17. 有关吊顶工程，下列说法错误的是（　　）。
   A. 按施工工艺分为暗龙骨吊顶和明龙骨吊顶
   B. 暗龙骨吊顶又称隐蔽式吊顶
   C. 明龙骨吊顶又称活动式吊顶
   D. 明龙骨吊顶的龙骨必须是外露的

18. 除人员密集场所的建筑外，有空腔外墙外保温系统，关于保温材料的使用说法正确的是（　　）。
   A. 高度＞24m 的建筑，采用 A 级保温材料
   B. 高度≤24m 的建筑，采用不低于 B1 级的保温材料
   C. 高度＞24m 的建筑，采用 B1 级保温材料
   D. 高度＜24m 的建筑，采用 B3 级保温材料

19. 常用屋面有机保温材料的保温层厚度为（　　）。
   A. 25～80mm　　B. 25～60mm　　C. 30～80mm　　D. 30～60mm

20. 泥浆护壁钻孔灌注桩施工时，浆液面应高出地下水位（　　）。
   A. 1.0m　　B. 1.5m　　C. 0.5m　　D. 0.8m

二、**多项选择题**（共10题，每题2分，每题的备选项中有2个或2个以上符合题意，至少有1个错项。错选，本题不得分；少选，所选的每个选项得0.5分）

21. 在工程应用中，钢材的塑性指标包括（　　）。
   A. 伸长率　　　　　　　　　　　　B. 屈服强度

C. 强屈比 D. 抗拉强度
E. 冷弯性能

22. 建筑工业化的主要标志是（　　）。
    A. 建筑设计标准化 B. 构配件生产工厂化
    C. 施工机械化 D. 组织管理科学化
    E. 施工标准化

23. 下列水泥技术参数中，哪些属于选择性指标（　　）。
    A. 强度等级 B. 安定性 C. 细度 D. 凝结时间
    E. 碱含量

24. 正常使用极限状态包括构件在正常使用条件下产生的（　　）。
    A. 过度变形 B. 过早裂缝
    C. 裂缝过宽 D. 过大振幅
    E. 倾覆滑移

25. 土钉墙可分为（　　）。
    A. 单一土钉墙 B. 预应力锚杆复合土钉墙
    C. 水泥土桩复合土钉墙 D. 微型桩复合土钉墙
    E. 排桩土钉墙

26. 下列混凝土掺合料中，属于活性矿物掺合料的是（　　）。
    A. 沸石粉 B. 硅灰
    C. 粉煤灰 D. 粒化高炉矿渣粉
    E. 磨细石英砂

27. 有关人造砌块的特点下列说法正确的是（　　）。
    A. 表观密度小，可减轻结构自重 B. 保温隔热性能好
    C. 施工速度快 D. 能充分利用工业废料，价格便宜
    E. 广泛运用于高层建筑的承重墙

28. 有关高强度螺栓的安装环境及安装要点，说法正确的是（　　）。
    A. 环境气温不低于－10℃
    B. 当摩擦面潮湿或暴露于雨雪中时，应停止作业
    C. 拆卸后的高强度螺栓可以用作安装螺栓
    D. 高强度螺栓应自由穿入螺栓孔，不宜强行穿入
    E. 高强度螺栓不能自由穿入时，可铰刀修整或气割扩孔

29. 关于室外疏散楼梯及平台下列说法正确的是（　　）。
    A. 室外疏散楼梯及楼层平台均应采取 A 级材料
    B. 平台耐火极限不应低于 0.25h，楼梯段耐火极限不低于 1.0h
    C. 楼梯周围 2m 内的墙面上不应设置其他门窗洞口
    D. 疏散门应正对楼梯段，并不应设置门槛
    E. 疏散出口的门应采用乙级防火门，且门必须向外打开

30. 建设工程组织加快的成倍节拍流水施工的特点有（　　）。
    A. 各专业工作队在施工段上能够连续作业 B. 相邻施工过程的流水步距均相等

C. 不同施工过程的流水节拍成倍数关系　　D. 施工段之间可能有空闲时间

E. 专业工作队数大于施工过程数

【参考答案】

1. B	2. C	3. B	4. D	5. C	6. B	7. D	8. D	9. B	10. D
11. B	12. D	13. B	14. A	15. A	16. A	17. D	18. A	19. A	20. C
21. AE	22. ABCD	23. CE	24. ABCD	25. ABCD	26. ABCD	27. ABCD	28. AB	29. AE	30. ABCE

三、实务操作和案例分析题，共 5 题，（一）、（二）、（三）题各 20 分，（四）、（五）题各 30 分。

（一）

背景资料

某工程是位于市中心区域的住宅小区，小区共 10 栋楼，地下 1 层，地上 12 层，建筑面积 108000m^2。基坑深度 3.5m，檐高 33m，框架-剪力墙结构，筏形基础。

6 号楼基坑工程施工，施工单位编制了《基坑工程临边防护安全专项方案》；并上报至企业技术负责人审批。基坑工程部分临边防护示意图如图 1、图 2 所示。

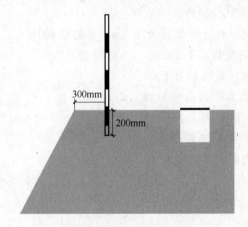

图 1　基坑临边防护侧剖图

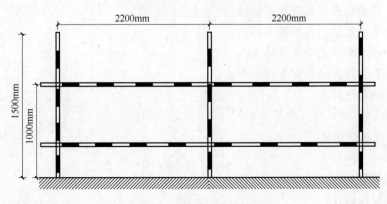

图 2　基坑临边防护图

企业技术负责人认为方案中存在诸多不妥之处，责令相关人员整改后重新报批。

工程施工至结构4层时，该地区发生了持续2h的暴雨，并伴有短时六七级大风。暴雨结束后，项目负责人组织有关人员对现场脚手架进行检查验收，排除隐患后恢复了施工生产。

问题：

1. 指出图1和图2中的错误之处，并予以纠正。
2. 简述脚手架使用过程中定期检查的内容。
3. 写出施工现场土方开挖施工常用的机械设备名称。

【参考答案】

1. （本小题12.0分）

（1）错误之一："防护栏杆打入土层深度为200mm"。 (0.5分)

纠正：基坑防护栏杆应打入土层深度500~700mm。 (1.0分)

（2）错误之二："防护栏杆距离基坑边沿为300mm"。 (0.5分)

纠正：防护栏杆距离基坑边沿不应小于500mm。 (1.0分)

（3）错误之三："防护栏杆未设置挡脚板"。 (0.5分)

纠正：防护栏杆下部应设置高度不低于180mm的挡脚板。 (1.0分)

（4）错误之四："下杆位置错误"。 (0.5分)

纠正：下杆应设置在上杆和挡脚板的中间。 (1.0分)

（5）错误之五："防护栏杆立杆高度为1.5m，未增设横杆"。 (0.5分)

纠正：防护栏杆立杆高度超过1.2m时，应增设横杆。 (1.0分)

（6）错误之六："上杆距离地面为1.0m"。 (0.5分)

纠正：防护栏杆上杆距离地面高度应为1.2m。 (1.0分)

（7）错误之七："立杆间距为2.2m"。 (0.5分)

纠正：防护栏杆的立杆间距不应超过2m。 (1.0分)

（8）错误之八："未设置密目式安全网和安全警示标志"。 (0.5分)

纠正：防护栏杆上应设置密目式安全网，周围明显处应设置安全警示标志，夜间还应设置警示灯。 (1.0分)

2. （本小题4.0分）

（1）杆件、连墙件、支撑、门洞桁架的构造是否符合要求； (1.0分)

（2）地基是否积水，底座是否松动； (1.0分)

（3）立杆是否悬空，扣件是否松动； (1.0分)

（4）立杆的沉降量及垂直度偏差； (1.0分)

（5）架体安全防护措施是否符合要求； (1.0分)

（6）是否超载使用。 (1.0分)

【评分准则：写出4项，即得4分】

3. （本小题4.0分）

（1）推土机； (1.0分)

（2）正铲挖掘机； (1.0分)

（3）反铲挖掘机； (1.0分)

（4）铲运机； (1.0分)
（5）装载机； (1.0分)
（6）平碾； (1.0分)
（7）柴油打夯机； (1.0分)
（8）振动压实机。 (1.0分)
【评分准则：写出4项，即得4分】

（二）

背景资料

某办公楼工程，建筑面积68500m²，钢筋混凝土框筒结构。承包商在工程开工前向监理工程师提交了图3所示的该单体建筑的施工进度计划，内附网络进度计划图。监理工程师审查后批准了该计划。

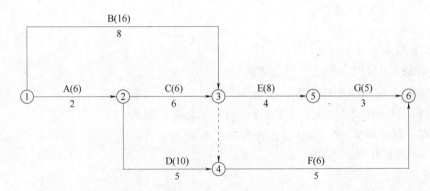

注：箭线下方为持续时间（周）；箭线上方括号外为工作名称，括号内为预算费用（万元）
图3 办公楼网络进度计划图

第6周末进度检查结果显示：工作A和工作C全部完成；工作B完成4周的工程量；工作D完成2周的工程量。经计算，第6周末的实际成本支出（ACWP）为28.5万元。

问题：

1. 请根据第6周末的检查结果，指出哪些工作产生了进度拖延？拖延了多长时间？若后续工作不做调整，该工程的工期可能会延长多少时间？

2. 指出第6周进度检查后的关键线路。分别计算工作C和工作D的最迟开始时间（LS）和最迟完成时间（LF），写出计算步骤。

3. 请计算第6周末的计划完成工作预算成本（BCWS）、已完成工作预算成本（BCWP）、成本偏差（CV）和进度偏差（SV），并说明费用和进度状况。

4. 如果要缩短工期，选择加快施工进度措施的关键工作时，应考虑哪些因素？进度计划调整的内容包括哪些？

【参考答案】

1. （本小题3.0分）

（1）工作B、D产生了进度拖延。 (1.0分)

（2）工作B拖延了2周，工作D拖延了2周。 (1.0分)

(3) 工期可能延长 2 周。 (1.0 分)

2. （本小题 5.0 分）

(1) 关键线路：B→E→G 或 ①→③→⑤→⑥。 (1.0 分)

(2)

工作 C：

① ES = 2 天；EF = 2 + 4 = 6（天）； (0.5 分)

② FF = TF = 4（天）； (0.5 分)

③ LS = 4 + 2 = 6（天）； (0.5 分)

④ LF = 4 + 6 = 10（天）。 (0.5 分)

工作 D：

① ES = 2 天，EF = 2 + 7 = 9（天）； (0.5 分)

② FF = 1 天，TF = 1 + 2 = 3（天）； (0.5 分)

③ LS = 3 + 2 = 5（天）； (0.5 分)

④ LF = 3 + 9 = 12（天）。 (0.5 分)

3. （本小题 4.0 分）

(1) BCWS：6 + 12 + 4 + 8 = 30（万元）； (1.0 分)

(2) BCWP：6 + 8 + 6 + 4 = 24（万元）。 (1.0 分)

(3) CV：24 - 28.5 = -4.5（万元）；成本超支 4.5 万元。 (1.0 分)

(4) SV：24 - 30 = -6（万元）；进度拖后 6 万元。 (1.0 分)

4. （本小题 8.0 分）

(1) 考虑因素：

① 选择对工程质量影响不大的关键工作； (1.0 分)

② 选择对工程安全影响不大的关键工作； (1.0 分)

③ 选择有充足备用资源的关键工作； (1.0 分)

④ 选择压缩单位时间增加费用相对较少的关键工作。 (1.0 分)

(2) 调整内容：

① 施工内容； (1.0 分)

② 工程量； (1.0 分)

③ 起止时间； (1.0 分)

④ 持续时间； (1.0 分)

⑤ 工作关系； (1.0 分)

⑥ 资源供应。 (1.0 分)

【评分准则：写出 4 项，即得 4 分】

（三）

背景资料

某新建高层住宅工程为 5 栋地下 1 层、地上 16 层的高层住宅，主楼为桩基承台梁和筏形基础。主体结构为装配整体式剪力墙结构，建筑面积为 10.33 万 m^2。

事件一：本工程采用泥浆护壁成孔灌注桩。现场采用旋挖钻机成孔、原土造浆等工艺，却在施工过程中频繁出现孔壁坍落现象。施工单位随即组织了相关人员对其发生原因进行分析和处理。

事件二：施工单位在施工前制定了《装配式结构专项施工方案》，并经监理单位审批通过。为方便统一管理，装配式预制构件进场后，将构件运至尚未硬化的场地上集中存放。剪力墙预埋吊件朝外侧、标识牌朝向内侧，墙板无措施立式存放；现场屋面板、阳台栏板等高堆放，上下层垫块错位设置；预制柱、梁集中靠放在闲置的靠放架上。

事件三：2号楼施工前，项目部技术负责人组织编写了项目检测试验计划，并拟定了检测计划的实施流程，报监理工程师审批通过。其后，因甲方要求替换一批预制构件，施工单位只好对原检测试验计划进行了调整。

事件四：3号楼外墙装修施工期间，电工李某独自对外墙干挂石材基底后置埋件进行焊接，结果引燃了堆放在正下方四层的方木及模板，引起火灾。所幸现场施工人员扑救及时，未造成人员伤亡。

问题：

1. 简述事件一中，可能导致泥浆护壁灌注桩孔壁坍落的原因及防治措施。
2. 指出事件二中，预制构件现场存放的不妥之处，并写出正确做法。
3. 事件三中，施工现场检测试验的技术管理程序是什么。还有哪些情况需要对材料检验试验计划进行调整？
4. 结合事件四，分析说明本次火灾发生的原因。根据本次教训，施工单位应如何加强现场动火作业管理工作？

【参考答案】

1. （本小题5.5分）
（1）原因：
① 泥浆比重不足，难以起到护壁作用； (0.5分)
② 护筒埋设太浅，导致下端塌孔； (0.5分)
③ 松散沙层中钻孔时，进尺过快，或空转时间太长； (0.5分)
④ 夯击沉渣时，冲击锥、掏渣筒倾倒，撞击孔壁； (0.5分)
⑤ 水头高度不足或孔内有承压水，降低静水压力； (0.5分)
⑥ 处理孤石、探头石时，炸药用量过大。 (0.5分)
（2）处理：
① 选用满足护壁作用要求的优质泥浆； (0.5分)
② 护筒埋设深度应满足要求； (0.5分)
③ 在松散砂层中钻孔，应控制进尺、转速； (0.5分)
④ 夯击沉渣时，冲击锥应避免撞击孔壁； (0.5分)
⑤ 处理孤石、探头石时，应严格控制炸药用量。 (0.5分)

2. （本小题3.0分）
（1）不妥之一："将构件运至尚未硬化的场地上"。
正确做法：装配式预制构件应放置在坚实、平整的场地上，并有排水措施。 (0.5分)
（2）不妥之二："将预制构件集中存放"。
正确做法：预制构件应根据产品品种、规格型号、受检状态分类存放。 (0.5分)

(3) 不妥之三:"剪力墙预埋吊件朝外侧、标识牌朝向内侧"。
正确做法:剪力墙预埋吊件应朝上,标识牌朝向外侧。 (0.5分)
(4) 不妥之四:"墙板无措施立式存放"。
正确做法:剪力墙门窗洞口应采取临时加固措施,防止变形开裂。 (0.5分)
(5) 不妥之五:"上下层垫块错位设置"。
正确做法:屋面板、阳台栏板每层构件之间的垫块应上下对齐。 (0.5分)
(6) 不妥之六:"预制柱、梁集中靠放在闲置的靠放架上"。
正确做法:预制柱、梁等细长构件应平放,且用两条垫木支撑。 (0.5分)

3. (本小题6.5分)
(1) 管理流程:制定检测试验计划→制取试样→登记台账→送检→检测试验→检测试验报告管理。 (3.5分)
(2) 计划调整:
① 施工工艺改变; (1.0分)
② 施工进度调整; (1.0分)
③ 材料、设备的规格、型号或数量变化。 (1.0分)

4. (本小题5.0分)
(1) 原因分析:
① 电工独自对焊工未焊完的后置埋件进行施焊; (0.5分)
② 施焊前未采取有效的隔离防护措施; (0.5分)
③ 施焊前未办理动火审批手续; (0.5分)
④ 施焊前未充分了解周边状况; (0.5分)
⑤ 方木及模板随意堆放,且未采取隔离保护措施。 (0.5分)
(2) 应做好下列工作:
① 焊工作业时,应取得动火证和操作证; (0.5分)
② 动火作业需配备专门的看管人员和灭火器具; (0.5分)
③ 动火前应消除周边火灾隐患,必要时设置防火隔离; (0.5分)
④ 动火作业后,应确认无火源隐患后方可离去; (0.5分)
⑤ 动火证当日当地有效,变更动火地点,需重新办理动火证。 (0.5分)

(四)

背景资料

某大型综合商场,建筑面积48500m²;地下1层,地上4层;现浇钢筋混凝土框架结构。工期自2016年3月1日至2017年12月30日;采用清单计价模式,其报价执行《建设工程工程量清单计价规范》(GB 50500—2013)。

事件一:中标人按照招标文件要求招标人提供履约保证金。随即双方签订了施工总承包合同。合同部分内容摘要如下:

(一) 协议书
签约合同价:人民币(大写)壹亿肆仟玖佰万元(¥14900万元)。
承包人项目经理:在开工前由承包人采用内部竞聘方式确定。

工程质量：甲方规定的质量标准。
（二）专用条款
1. 合同价款及其调整
本合同价款采用总价合同方式确定，除如下约定外，不得调整：
（1）当清单项目的工程量变化幅度在15%以外时，合同价款可调。
（2）当材料价格上涨超过5%时，调整相应分项工程价款。
2. 合同价款的支付
（1）工程预付款：于开工之日支付合同总价的20%作为预付款；并从工程后期进度款中扣回。
（2）工程进度款：地基基础和主体结构三层完成以及主体封顶后，分别支付合同总价的10%、20%、30%；工程基本竣工时，支付合同总价的20%。为确保如期竣工，乙方不得因甲方资金暂时不到位而停工或拖延工期。
（3）竣工结算：工程竣工验收后，进行竣工结算。结算时，按实际工程造价的3%扣留工程质量保证金；并于保修期（50年）满后，将质量保证金剩余金额及其利息一并退还给乙方。
（三）补充协议条款
继上述条款后，甲乙双方又签订了三项补充协议：补1. 木门窗均用水曲柳板包门窗套；补2. 铝合金窗90系列改用42型系列某铝合金厂产品；补3. 悬挑阳台均采用42型系列某铝合金厂铝合金窗封闭。
事件二：合同中约定，根据人工费和三项材料的价格指数对总造价按调值公式法进行调整。其中，固定权重为0.2，可调权重及基准和现行价格指数见表1。

表1 可调权重及基准和现行价格指数

	占可调权重的比例	基准日期价格指数	合同签订价格指数	结算时的价格指数
人工费	30%	101	103	106
钢 筋	20%	101	110	105
水 泥	25%	105	109	115
混凝土	25%	102	102	105

问题：
1. 工程量清单计价的规范性体现在哪些方面？
2. 该合同签订的条款有哪些不妥之处？应如何修改？
3. 工程合同实施过程中，出现哪些情况可以调整合同价款？简述出现合同价款调增事项后，承发包双方的处理程序。
4. 列式计算经调整后的实际结算款应为多少万元？（精确到小数点后2位）
【参考答案】
1. （本小题4.0分）
（1）计价方式；　　　　　　　　　　　　　　　　　　　　　　　　　　　　　　　（0.5分）
（2）计价风险；　　　　　　　　　　　　　　　　　　　　　　　　　　　　　　　（0.5分）
（3）清单编制；　　　　　　　　　　　　　　　　　　　　　　　　　　　　　　　（0.5分）

(4) 分部分项工程量清单编制； (0.5 分)
(5) 招标控制价的编制与复核； (0.5 分)
(6) 投标报价的编制与复核； (0.5 分)
(7) 合同价款调整； (0.5 分)
(8) 工程计价表的格式。 (0.5 分)

2. (本小题 14.0 分)
(1) 不妥之一："项目经理的确定方式"。 (0.5 分)
修改：按中标人的投标文件中填报的人选确定项目经理。 (0.5 分)
(2) 不妥之二："甲方规定的质量标准"。 (0.5 分)
修改：明确具体的质量标准或规范，如《施工质量验收统一标准》。 (0.5 分)
(3) 不妥之三："本合同价款采用总价合同方式确定"。 (0.5 分)
修改：本工程应采用单价合同。 (0.5 分)
(4) 不妥之四："除如下约定外，不得调整"。 (0.5 分)
修改：除合同约定外，还应执行清单计价规范中关于价款调整的其他规定。 (0.5 分)
(5) 不妥之五："工程量变化幅度在 15% 以外时，合同价款可调"。 (0.5 分)
修改：明确具体的价款调整方法或调价系数。 (0.5 分)
(6) 不妥之六："材料价格上涨超过 5% 时，调整相应分项工程价款"。 (0.5 分)
修改：约定具体的调价方法；如按价格指数调整法或按造价信息调整法调价。 (0.5 分)
(7) 不妥之七："开工之日支付合同总价的 20% 作为预付款"。 (0.5 分)
修改：约定预付款支付的具体时间；如开工前 7 天支付。 (0.5 分)
(8) 不妥之八："从工程后期进度款中扣回"。 (0.5 分)
修改：约定预付款具体的扣回时间和扣回方式。 (0.5 分)
(9) 不妥之九："工程基本竣工时，支付合同总价的 20%"。 (0.5 分)
修改：约定工程基本竣工的具体条件；如供水、供气、供电。 (0.5 分)
(10) 不妥之十："结算时，按实际工程造价的 3% 扣留工程质量保证金"。 (0.5 分)
修改：乙方已经缴纳履约保证金的，甲方不得同时扣留工程质量保证金。 (0.5 分)
(11) 不妥之十一："乙方不得因甲方资金暂时不到位而停工或拖延工期"。 (0.5 分)
修改：约定具体的资金宽限期以及相应利息的支付方式。 (0.5 分)
(12) 不妥之十二："保修期（50 年）"。 (0.5 分)
修改：执行法律法规规定的工程质量最低保修期限。 (0.5 分)
(13) 不妥之十三："质量保证金的返还时间"。 (0.5 分)
修改：约定具体的缺陷责任期，最长不得超过 24 个月；甲方应在缺陷责任期满后的 14 天内退还乙方质量剩余的保证金及相应利息。 (0.5 分)
(14) 不妥之十四："补充协议"。 (0.5 分)
修改：详细约定各项变更内容的工程量计算方法和综合单价的确定方法。 (0.5 分)

3. (本小题 8.0 分)
(1) 调整合同价款：
① 法律法规变化； (1.0 分)
② 工程变更； (1.0 分)

③ 项目特征不符； (1.0分)
④ 工程量清单缺项； (1.0分)
⑤ 工程量偏差； (1.0分)
⑥ 计日工； (1.0分)
⑦ 物价变化； (1.0分)
⑧ 暂估价； (1.0分)
⑨ 不可抗力； (1.0分)
⑩ 工期提前奖或赶工补偿； (1.0分)
⑪ 误期赔偿； (1.0分)
⑫ 索赔； (1.0分)
⑬ 现场签证； (1.0分)
⑭ 暂列金额。 (1.0分)

【评分准则：写出4项，即得4分】

(2) 处理程序：

① 价款调增事项发生后的14天内，承包人应向发包人提交《合同价款调增报告》，并附相关资料；逾期则视为承包人无价款调整请求。 (1.0分)

② 发包人自收到《合同价款调增报告》起的14天内书面确认或提出疑问；逾期则视为已经认可。 (1.0分)

③ 发包人提出协商意见的，承包人自收到协商意见后的14天内书面确认或提出异议；逾期则视为已经认可。 (1.0分)

④ 经双方确认调增款项应随工程进度款或结算款同期支付。 (1.0分)

4.（本小题4.0分）

$14900 \times [0.2 + 0.8 \times (0.30 \times 106/101 + 0.2 \times 105/101 + 0.25 \times 115/105 + 0.25 \times 105/102)] = 15542.8$（万元）。 (4.0分)

(五)

背景资料

某高校校区的新建3幢学生宿舍。该宿舍地上6层，地下1层，层高均为3.3m，建筑檐口高度19.8m。项目部在编制的"项目环境管理规划"中，提出了包括现场文化建设、保障职工安全等文明施工的工作内容。并在已经完成了现场围挡、封闭管理、材料堆放、现场防火、施工现场标牌的基础上，对其他未完成的文明施工项目要求尽快完善。

事件一： 工程开工前，市住建局安监站应邀对施工现场进行踏勘，检查至工地食堂时发现如下问题：①由于现场条件相对紧凑，食堂临时设置在了离垃圾站较近的地方。②现场食堂未办理卫生许可证，厨房间人来人往。③厨房门扇下未设挡鼠板，燃气罐和冰箱堆放在一起。④现场食堂灶台及其周边的瓷砖高度只有半米，粮食直接放在地面上。

事件二： 2号宿舍楼一层剪力墙模板拆模后，局部混凝土表面因缺少水泥砂浆而石子外露。6号楼地下室混凝土拆模后出现严重烂根和夹杂现象，部分缺陷可能影响到结构安全。监理单位将现场情况报告了建设单位。

事件三： 3号宿舍楼施工至6层，市住建局安监站根据《建筑施工安全检查标准》对本项目进行了安全质量大检查。检查结束后检查组进行了讲评，并宣布部分检查结果见表2。

表2 住宅楼施工安全管检查评分表

单位工程名称	建筑面积/m²	结构类型	总计得分(100分)	项目名称及分值								
				安全管理(10分)	文明施工(20分)	脚手架(10分)	基坑与模板(10分)	高处作业(10分)	施工用电(10分)	提升机与施工电梯(10分)	塔式起重机(10分)	起重吊装(5分)	施工机具(5分)
3号住宅楼	5886.7	框架结构					7.2		7.1	7.2	7.5	4.5	4.0

该工程《安全管理检查评分表》实得分为81分；《高处作业检查评分表》实得分为70分；《落地式脚手架评分表》实得分为74分；《悬挑式脚手架评分表》实得分为72分；《文明施工检查评分表》中"现场防火"这一项目缺项（该项应得分10分，保证项目总分60分），其他各项实得分68分。

事件四： 工程验收前，相关单位对一间240m²的公共教室选取4个检测点，进行了室内环境污染物浓度的测试，其中主要指标的检测数据见表3。

表3 教学楼工程室内环境污染物浓度限量

检测点数	1	2	3	4
苯/(mg/m³)	0.08	0.09	0.09	0.06
氨/(mg/m³)	0.22	0.16	0.24	0.18
甲醛/(mg/m³)	0.09	0.12	0.07	0.08
TOVC/(mg/m³)	0.65	0.58	0.55	0.42

问题：

1. 现场文明施工还应包含哪些工作内容？未完成的文明施工检查项目还有哪些？
2. 指出事件一存在的不妥之处，并说明正确做法。
3. 结合事件二简要分析二标段2号楼质量问题发生的原因可能有哪些。6号楼地下室框架柱外观质量出现严重缺陷，施工单位应如何处理？
4. 事件三中，安全管理、高处作业、脚手架、文明施工在汇总表中的实得分各是多少？本次安全检查的评价结果属于哪个等级？说明理由。
5. 事件四的4项指标检测值分别是多少？4项检测指标是否合格？对室内环境污染物浓度检测结果不合格的房间，应如何处理？

【参考答案】

1. （本小题4.0分）

（1）还包括：

① 规范场容，保持作业环境整洁卫生； (0.5分)

② 创造文明有序的安全生产条件； (0.5分)

③ 减少对居民和环境的不利影响； (0.5分)

(2) 还应有：
① 施工场地； (0.5 分)
② 办公与住宿； (0.5 分)
③ 综合治理； (0.5 分)
④ 生活设施； (0.5 分)
⑤ 社区服务。 (0.5 分)

2. （本小题 5.0 分）
(1) 不妥之一："食堂临时设置在了离垃圾站较近的地方"。 (0.5 分)
正确做法：食堂应设置在离垃圾站、厕所等污染源较远的地方。 (0.5 分)
(2) 不妥之二："现场食堂未办理卫生许可证，厨房间人来人往"。 (0.5 分)
正确做法：现场食堂应当办理卫生许可证，非炊事人员不得随意进入厨房。 (0.5 分)
(3) 不妥之三："厨房门扇下未设挡鼠板，燃气罐和冰箱堆放在一起"。 (0.5 分)
正确做法：厨房门扇下应设置高度不低于 0.2m 的挡鼠板，燃气罐应单独存放，且存放间应通风良好，并严禁存放其他物品。 (0.5 分)
(4) 不妥之四："现场食堂灶台及其周边的瓷砖高度只有半米"。 (0.5 分)
正确做法：现场食堂灶台及周边的瓷砖高度不应小于 1.5m。 (0.5 分)
(5) 不妥之五："粮食直接放在地面上"。 (0.5 分)
正确做法：储藏室的粮食存放台距墙和地面应不低于 0.2m。 (0.5 分)

3. （本小题 4.5 分）
(1) 原因：
① 石子公称粒径过大，混凝土配合比计量不准，石子用量大，砂石用量小。 (0.5 分)
② 钢筋保护层垫块厚度或放置间距、位置等不当。 (0.5 分)
③ 局部配筋、铁件过密，阻碍混凝土下料或无法正常振捣。 (0.5 分)
④ 混凝土坍落度、和易性不好。 (0.5 分)
⑤ 混凝土浇筑高度超过规定要求，且未采取措施，导致混凝土离析。 (0.5 分)
⑥ 漏振或振捣不实。 (0.5 分)
(2) 框架柱缺陷处理：
① 由施工单位编写《技术处理方案》； (0.5 分)
②《技术处理方案》经监理单位、设计单位认可后处理。 (0.5 分)
③ 对经处理的部位，应重新检查验收。 (0.5 分)

4. （本小题 6.5 分）
(1) 安全管理：$81/100 \times 10 = 8.1$ 分； (1.0 分)
(2) 高处作业：$70/100 \times 10 = 7.0$ 分； (1.0 分)
(3) 脚手架：$(7.4 + 7.2) \div 2 = 7.3$ 分； (1.0 分)
(4) 安全文明施工：$68 \div (100 - 10) = 7.6$ 分
$7.6 \times 2 = 15.2$ 分。 (1.0 分)

汇总表得分 $7.2 + 7.1 + 7.2 + 7.5 + 4.5 + 4.0 + 7.0 + 7.3 + 8.1 + 15.2 = 75.1$ 分 > 70 分；且分项检查评分表无 0 分。 (1.5 分)

答：本次检查结果为合格。 (1.0 分)

5. (本小题 11 分)
(1) 检测值：
① 苯：$(0.08+0.09+0.09+0.06)/4=0.08$（mg/m³）； (0.5 分)
② 氨：$(0.22+0.16+0.24+0.18)/4=0.2$（mg/m³）； (0.5 分)
③ 甲醛：$(0.09+0.12+0.07+0.08)/4=0.09$（mg/m³）； (0.5 分)
④ TOVC：$(0.65+0.58+0.55+0.42)/4=0.55$（mg/m³）。 (0.5 分)
(2) 判断：
① 苯浓度合格。
理由：Ⅰ类民用建筑工程甲醛浓度限量≤0.09mg/m³。 (1.0 分)
② 氨浓度合格。
理由：Ⅰ类民用建筑工程氨浓度限量≤0.2mg/m³。 (1.0 分)
③ 甲醛浓度不合格。
理由：Ⅰ类民用建筑工程甲醛浓度限量≤0.08mg/m³。 (1.0 分)
④ TOVC 浓度不合格。
理由：Ⅰ类民用建筑工程 TOVC 浓度限量≤0.5mg/m³。 (1.0 分)
(3) 处理方法：
① 查找原因并采取措施进行处理； (1.0 分)
② 处理后的工程，对不合格项进行再次检测； (1.0 分)
③ 再次检测时，抽检量应增加 1 倍，并应包含同类型房间及原不合格房间； (1.0 分)
④ 再次检测结果全部符合要求时，应判定为室内环境质量合格。 (1.0 分)
⑤ 室内环境质量验收不合格的民用建筑工程，严禁投入使用。 (1.0 分)

附录C 预测模拟试卷（三）

一、**单项选择题**（共20题，每题1分，每题的备选项中，只有1个最符合题意）

1. 连续梁的内力计算中，在框架结构的框架内力计算中都要考虑活荷载作用位置的（ ）。
   A. 不利组合　　　　　　　　　B. 有利组合
   C. 最大荷载　　　　　　　　　D. 最小荷载

2. 下列关于有明显流幅与无明显流幅钢筋的特性说法错误的是（   ）。
   A. 有明显流幅钢筋的含碳量低、塑性好、伸长率大
   B. 无明显流幅钢筋的含碳量高、塑性差、伸长率小
   C. 无明显流幅钢筋强度高、易脆性破坏、无屈服台阶
   D. 有明显流幅钢筋的含碳量多、强度高、伸长率小

3. 关于六大常用水泥特性的说法正确的是（   ）。
   A. 硅酸盐水泥水化热大、耐蚀性和耐热性差
   B. 粉煤灰水泥的抗裂性好，矿渣水泥不耐热
   C. 硅酸盐水泥和普通水泥的通性是干缩性较大
   D. 矿渣水泥耐蚀性、抗冻性较好

4. 有关混凝土和易性下列说法错误的是（   ）。
   A. 混凝土的工作性就是混凝土的和易性
   B. 流动性是指混凝土能产生流动，并均匀密实地填满模板的性能
   C. 保水性是指混凝土在施工过程中不致发生泌水现象的性能
   D. 保水性是指混凝土在施工过程中不致产生严重分层离析现象的性能

5. 在含水饱和的条件下，混凝土砌块的最低强度等级为（   ）。
   A. MU10　　　B. MU15　　　C. MU20　　　D. MU25

6. 湿胀可造成木材（   ）。
   A. 翘曲　　　B. 开裂　　　C. 接榫松动　　　D. 表面鼓凸

7. 有关墙身细部构造的做法错误的是（   ）。
   A. 窗洞过梁和外窗台要做好滴水，滴水凸出墙身不小于60mm
   B. 女儿墙与屋顶交接处应做泛水，高度不小于250mm
   C. 女儿墙压檐板上表面应向屋顶方向倾斜10%，并出挑不小于60mm
   D. 墙体与窗框连接处，必须用塑性材料嵌缝

8. 有关建筑门窗的建筑构造说法错误的是（   ）。
   A. 窗扇的开启形式应方便使用、安全、易于清洁
   B. 高层建筑宜采用推拉窗，当采用外开窗时应有牢固窗扇的措施
   C. 开向公共走道的窗扇，其底面高度应不小于1m
   D. 窗台低于0.8m时，应采取防护措施

9. 关于连续梁、板的受力特点说法正确的是（   ）。

A. 主梁按塑性理论计算
B. 次梁和板可考虑按弹性变形内力重分布的方法计算
C. 连续梁、板的受力特点是跨中有负弯矩，支座有正弯矩
D. 连续梁、板的受力特点是跨中有正弯矩，支座有负弯矩

10. 对于高层建筑，其主要荷载为（　　）。
A. 结构自重　　　　　　　B. 水平荷载
C. 活荷载　　　　　　　　D. 雪荷载

11. 在软土地区基坑开挖深度超过（　　）时，一般就要用井点降水。
A. 3m　　　　B. 5m　　　　C. 8m　　　　D. 10m

12. 预制构件采用靠放架立式运输时，构件与地面倾斜角应大于（　　）每侧不大于（　　）层；构件应对称靠放。
A. 80°；2 层　　B. 85°；2 层　　C. 80°；3 层　　D. 85°；3 层

13. 水泥砂浆抹灰层应在湿润条件下养护，一般应在抹灰（　　）后进行养护。
A. 24h　　　　B. 36h　　　　C. 48h　　　　D. 72h

14. 可安装在吊顶龙骨上的是（　　）。
A. 烟感器　　　B. 大型吊灯　　　C. 电扇　　　D. 投影仪

15. 幕墙的填充材料可采用岩棉或矿棉，其厚度不应小于（　　）。
A. 20mm　　　B. 50mm　　　C. 100mm　　　D. 200mm

16. 钢筋工程机械连接接头试验时发现有 1 个试件的抗拉强度不符合要求，这时应再取（　　）个试件进行复检。
A. 3　　　　B. 4　　　　C. 5　　　　D. 6

17. 建设工程组织流水施工时，某施工过程（专业工作队）在单位时间内完成的工程量为（　　）。
A. 流水节拍　　B. 流水步距　　C. 流水节奏　　D. 流水强度

18. 关于工作总时差、自由时差及相邻两工作间隔时间关系的说法，正确的有（　　）。
A. 工作的自由时差一定不超过其相应的总时差
B. 工作的自由时差一定不超过其紧后工作的总时差
C. 工作的总时差一定不超过其紧后工作的自由时差
D. 工作的总时差一定不超过其与紧后工作之间的间隔时间

19. 预制桩采用静力法压桩施工时，其接桩桩头宜高出地面（　　）m。
A. 0.5～1.0　　B. 0.8～1.5　　C. 1.0～2.0　　D. 0.5～2.0

20. 关于施工缝处继续浇筑混凝土的说法，正确的是（　　）。
A. 已浇筑的混凝土，其抗压强度不应小于 1.0N/mm²
B. 清除硬化混凝土表面水泥薄膜和松动石子以及软弱混凝土层
C. 硬化混凝土表面应干燥，无积水
D. 浇筑混凝土前，宜先在施工缝铺一层混合砂浆

二、多项选择题（共 10 题，每题 2 分，每题的备选项中有 2 个或 2 个以上符合题意，至少有 1 个错项。错选，本题不得分；少选，所选的每个选项得 0.5 分）

21. 有关钢材元素对其本身性能的影响，下列说法正确的是（　　）。

A. 碳的质量分数超过 0.8% 时，钢材的焊接性显著降低
B. 碳会增加钢筋抵抗大气锈蚀的性能
C. 锰能消减硫和氧引起的热脆性，改善钢材的加工性能
D. 磷可提高钢材的塑形、韧性、抗蚀性以及耐磨性
E. 硫会让钢材在焊接时产生热裂纹，形成热脆现象

22. 有抗渗要求的混凝土，应优先选用（　　）。
    A. 矿渣水泥　　　B. 火山灰水泥　　　C. 普通水泥　　　D. 复合水泥
    E. 硅酸盐水泥

23. 改善混凝土耐久性的外加剂包括（　　）。
    A. 引气剂　　　B. 防水剂　　　C. 阻锈剂　　　D. 减水剂
    E. 早强剂

24. 有关防火玻璃说法正确的是（　　）。
    A. 防火玻璃分隔热型以及非隔热型　　B. 防火玻璃耐火极限为 0.5～3.0h
    C. 非隔热型防火玻璃也叫耐火玻璃　　D. 耐火玻璃有良好的隔热效果
    E. 灌浆型防火玻璃为我国首创

25. 下列有关防水卷材的说法正确的是（　　）。
    A. 刚性防水在建筑防水中占主导地位
    B. 防水涂料在我国防水材料的应用中，处于主导地位
    C. 防水卷材在我国防水材料的应用中，处于主导地位
    D. 沥青防水卷材是新型建筑防水卷材的重要组成部分
    E. SBS 属于弹性体卷材，APP 属于塑性体卷材

26. 软土场地可采用（　　）等方法对局部或整个基坑底土进行加固，或采用降水措施提高基坑内侧被动抗力。
    A. 深层搅拌　　　B. 注浆　　　C. 间隔　　　D. 全部加固
    E. 打桩

27. 有关纵向受力钢筋弯折的弯弧内径的规范性做法，下列说法正确的是（　　）。
    A. 光圆钢筋的弯弧内径不应小于钢筋直径的 2.5 倍
    B. 钢筋末端做 135°弯钩时，HRB335、HRB400 钢筋的弯弧内径不小于钢筋直径的 4 倍
    C. 直径<φ28mm 的 500MPa 级带肋钢筋，弯弧内径不小于钢筋直径的 6 倍
    D. 直径≥φ28mm 的 500MPa 级带肋钢筋，弯弧内径不小于钢筋直径的 8 倍
    E. 光圆钢筋末端做 180°弯钩，弯钩平直长度不小于钢筋直径的 3 倍

28. 框架结构的抗震措施包括（　　）。
    A. 设计成延性框架　　　　　　　　B. 强柱强梁、强节点、强锚固
    C. 加强短柱、避免角柱　　　　　　D. 控制最小配筋率，限制配筋最小直径
    E. 节点处箍筋适当加密

29. 关于钢结构受拉、受压构件的受力特点，下列说法正确的是（　　）。
    A. 受拉、受压构件均存在轴心、偏心两种形式
    B. 通过限制长细比确保轴心受拉构件的刚度
    C. 偏心受拉构件应用较多

D. 受压构件有实腹式和格构式两种

E. 柱、桁架的压杆等都是常见的受压构件

30. 下列做法符合涂饰工程基层处理要求的是（   ）。

A. 新建筑物的混凝土基层在涂饰涂料后，涂刷抗碱封闭底漆

B. 旧墙面装修前应清除旧装饰层，涂刷界面剂

C. 混凝土基层采用溶剂型涂料时，含水率不大于10%

D. 厨房、卫生间墙面必须使用耐水腻子

E. 水性涂料施工环境温度为5～30℃

【参考答案】

1. A	2. D	3. A	4. D	5. B	6. D	7. D	8. C	9. D	10. B
11. A	12. A	13. A	14. A	15. C	16. D	17. D	18. A	19. A	20. B
21. BE	22. BC	23. ABCD	24. ABCE	25. BE	26. ABCD	27. ABCE	28. ADE	29. ABDE	30. BD

三、实务操作和案例分析题，共 5 题，（一）、（二）、（三）题各 20 分，（四）、（五）题各 30 分。

（一）

背景资料

某建筑位于繁华市区，建筑面积205000m²，框架-剪力墙结构，筏形基础，地下3层，地上12层。基坑开挖深度12.5m，地下水位于基坑底以上2m；基坑土质为黏性土，渗透系数为0.8m/天；基坑南侧距基坑边10m处有一栋住宅楼。施工方案中要求采用喷射井点降水的方式，且具体布置如图1所示。

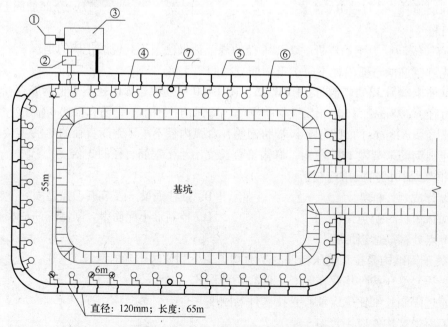

图1 喷射井点降水施工布置图

问题：

1. 写出图 1 中编号①~⑦的具体名称。
2. 指出喷射井点降水布置图中的不妥之处，并予以纠正。
3. 本工程基坑降水方案的编制依据包括哪些？本工程基坑最小降水深度应为多少？
4. 地下水控制方法包括哪几类？除喷射井点外，常用的基坑降水方式还包括哪些？

【参考答案】

1.（本小题 7 分）

具体名称：

①——低压水泵；	(1.0 分)
②——高压水泵；	(1.0 分)
③——集水池；	(1.0 分)
④——集水总管；	(1.0 分)
⑤——排水总管；	(1.0 分)
⑥——喷射井点；	(1.0 分)
⑦——水位观测井。	(1.0 分)

2.（本小题 5.0 分）

(1) 不妥之一："喷射井点水平间距为 6m"。	(0.5 分)
纠正：喷射井点水平间距宜为 2~4m。	(0.5 分)
(2) 不妥之二："喷射井点管排距为 55m"。	(0.5 分)
纠正：喷射井点管排距不宜大于 40m。	(0.5 分)
(3) 不妥之三："喷射井点总管直径为 120mm，长度为 65m"。	(1.0 分)
纠正：喷射井点总管直径不宜小于 150mm，长度不宜大于 60m。	(1.0 分)
(4) 不妥之四："水位观测井设置在基坑两侧边中间处"。	(0.5 分)
纠正：水位监测点宜布置在基坑中央和周边拐角处。	(0.5 分)

3.（本小题 3.5 分）

(1) 编制依据：

① 工程地质；	(0.5 分)
② 水文地质；	(0.5 分)
③ 周边环境条件；	(0.5 分)
④ 基坑支护设计；	(0.5 分)
⑤ 降水设计。	(0.5 分)
(2) 最小降水深度为：12.5 + 0.5 = 13（m）。	(1.0 分)

4.（本小题 4.5 分）

(1) 地下水控制方法包括：

① 集水明排；	(0.5 分)
② 截水；	(0.5 分)
③ 井点降水；	(0.5 分)
④ 地下水回灌。	(0.5 分)

(2) 常用的基坑降水方式还包括：

① 单级轻型井点；　　　　　　　　　　　　　　　　　　　　　　　（0.5分）
② 多级轻型井点；　　　　　　　　　　　　　　　　　　　　　　　（0.5分）
③ 真空降水管井；　　　　　　　　　　　　　　　　　　　　　　　（0.5分）
④ 电渗井点；　　　　　　　　　　　　　　　　　　　　　　　　　（0.5分）
⑤ 降水管井。　　　　　　　　　　　　　　　　　　　　　　　　　（0.5分）

（二）

背景资料

某大学科研楼工程，地上6层，建筑高度22.8m，建筑面积约32000m²，型钢混凝土框筒结构。工程开工前，项目部编制了科研楼基础工程施工进度计划（见表1）以及相匹配的材料、机械以及劳动力配置计划。

表1　某大学科研楼工作内容、逻辑关系及持续时间表

工作内容	紧前工作	持续时间/天
施工准备	—	7
物资采购	—	20
科研楼地基基础	施工准备	25
塔式起重机基础	施工准备	10
主体结构	物资采购、科研楼基础	45
市政基础设施	物资采购、科研楼基础	20
装饰装修	塔式起重机基础、主体结构	30
电气安装	主体结构、市政基础设施	15
竣工验收	装饰装修、电气安装	7

事件一：合同履行过程中：因主体结构设计变更，导致其持续时间拖后6天，费用增加40万元；因甲方采购的配电柜未按时到场导致电气安装工程持续时间拖后9天，费用增加16万元。施工总承包单位针对上述情况向建设单位提出工期及费用索赔。

事件二：总承包单位将工程主体劳务分包给当地某劳务公司，双方签订了劳务分包合同。劳务分包单位进场后，总承包单位要求劳务分包单位将劳务施工人员的身份证、花名册等资料的复印件上报备案；并对花名册上的劳务人员采取了一系列劳务实名制管理措施。

事件三：监理工程师对钢柱进行质量检查时，发现对焊焊缝存在焊瘤、夹渣、表面气孔、弧坑裂纹等质量缺陷，随即向施工总承包单位提出了整改要求。

问题：

1. 简述施工总进度计划的编制步骤。根据表1绘制本工程双代号网络进度计划，并计算总工期。

2. 事件一中，施工单位提出的索赔是否成立？请说明理由。

3. 劳动力配置计划的编制方法有哪些？总包单位可采取哪些实名制管理措施？施工劳动力结构的特点有哪些？

4. 钢柱焊缝应满足几级焊缝质量等级要求？除事件三出现的质量缺陷外，钢柱拼接的焊缝质量还不得有哪些缺陷？

附录 2020年全国一级建造师执业资格考试《建筑工程管理与实务》预测模拟试卷

【参考答案】

1．(本小题 8.0 分)

(1) 基本编制步骤：

① 根据独立交工系统的先后顺序，明确划分建设工程项目的施工阶段； (1.0 分)

② 分解单项工程，列出每个单项工程的单位工程及每个单位工程的分部工程；

(1.0 分)

③ 计算每个单项工程、单位工程和分部工程的工程量； (1.0 分)

④ 确定单项工程、单位工程和分部工程的持续时间； (1.0 分)

⑤ 编制初始施工总进度计划； (1.0 分)

⑥ 进行综合平衡后，绘制正式施工总进度计划图。 (1.0 分)

【评分准则：写出4项，即得4分】

(2) 绘图： (3.0 分)

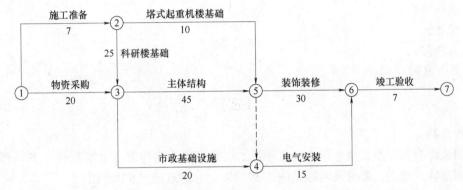

(3) 总工期：7+25+45+30+7=114（天）。 (1.0 分)

2．(本小题 2.0 分)

(1) "主体结构持续时间拖后6天"工期及费用索赔均成立。 (0.5 分)

理由：设计变更导致施工单位工期拖延，费用损失是建设单位应承担的责任；且主体结构为关键工作。 (0.5 分)

(2) "电气安装工程持续时间拖后9天"费用索赔成立，工期索赔不成立。 (0.5 分)

理由：甲方采购的配电柜未按时到场，导致施工总包单位费用增加是建设单位应承担的责任；但电气安装工程的总时差为15天，拖后9天未超出其总时差。 (0.5 分)

3．(本小题 7.0 分)

(1) 劳动力配置计划的编制方法如下：

① 按设备计算定员； (0.5 分)

② 按劳动定额定员； (0.5 分)

③ 按岗位计算定员； (0.5 分)

④ 按劳动效率计算定员； (0.5 分)

⑤ 按组织机构职责范围定员； (0.5 分)

⑥ 按比例计算定员。 (0.5 分)

(2) 可采取的实名制管理措施如下：

① 工资管理； (0.5 分)

② 考勤管理； (0.5 分)
③ 门禁管理； (0.5 分)
④ 售饭管理。 (0.5 分)
(3) 施工劳动力结构的特点如下：
① 女工人数少，男工人数多； (0.5 分)
② 技术工少，普通工多； (0.5 分)
③ 长工期少，短工期多； (0.5 分)
④ 青年工人少，中老年工人多。 (0.5 分)
4. （本小题 3.0 分）
(1) 应满足一级焊缝质量等级要求。 (0.5 分)
(2) 还不得有：
① 裂纹； (0.5 分)
② 电弧擦伤； (0.5 分)
③ 咬边； (0.5 分)
④ 未焊满； (0.5 分)
⑤ 根部收缩。 (0.5 分)

（三）

背景资料

某商业综合体项目，由 5 层大型商业及二层地下停车库与三栋 4 层商业（塔）楼组成；采用装配整体式施工，装配式实施比例达 39.3%，总建筑面积 87189m²。

事件一：结构施工前，项目经理组织相关人员编制了《装配式混凝土结构专项施工方案》。预制构件进场前，建设单位组织施工单位、监理单位清点了进场构件的数量，并对其外观质量和相关证明资料进行了查验。由于预制构件造价昂贵，施工单位对该批构件组织了合并验收。对部分数量稀少的预制构件，在取得可靠证明文件和征得建设单位同意后予以免检。

事件二：为满足装配式预制构件吊装需要，施工单位租用了一台 H3/36B-7520 重型塔式起重机，并将塔式起重机安装工程依法委托给当地一家安装公司。安装完成后，施工单位、监理单位共同验收了该塔式起重机，合格后投入使用，并在 2 个月内到市住建局安监站进行了登记。

施工过程中，突然现场全面停电。此时，塔式起重机仍处于调运状态，施工单位立即启动应急预案，并及时与甲方取得联系，要求甲方协调办理，尽快恢复供电。

事件三：地下室底板及外墙均采用 P8 防水混凝土，并附加两层 3mm 的 SBS 卷材防水层，采用外防外贴法施工。

事件四：3 号楼主体结构封顶后，进行二次结构施工。二次结构填充墙砌体为蒸压加气混凝土砌块，采用专用粘接砂浆和"薄灰法"工艺砌筑。

问题：

1. 装配式混凝土结构专项方案应包括哪些内容？
2. 装配式混凝土预制构件进场前，施工单位应检查哪些书面资料？预制构件的免检应满足哪些必要条件?

3. 指出事件二中塔式起重机验收中的不妥之处,并说明理由。面对突如其来的全场停电,施工单位应采取哪些措施?

4. 地下工程防水分为几级? 一级防水标准是什么? 简述外防外贴法防水施工要点。

5. 加气混凝土砌块墙如无切实有效措施,不得用于哪些部位?

【参考答案】

1. (本小题 6.0 分)

内容包括:

① 工程概况; (1.0 分)
② 编制依据; (1.0 分)
③ 进度计划; (1.0 分)
④ 质量管理; (1.0 分)
⑤ 安全管理; (1.0 分)
⑥ 应急预案管理; (1.0 分)
⑦ 信息化管理; (1.0 分)
⑧ 绿色施工; (1.0 分)
⑨ 施工场地布置; (1.0 分)
⑩ 预制构件运输与存放处; (1.0 分)
⑪ 安装与连接施工。 (1.0 分)

【评分准则:写出 6 项,即得 6 分】

2. (本小题 3.0 分)

(1) 进场前应检查的书面资料有:

① 产品标准; (0.5 分)
② 产品合格证; (0.5 分)
③ 质量保证书; (0.5 分)
④ 使用说明书。 (0.5 分)

(2) 预制构件的免检条件:

① 数量较少,且能够提供可靠质量证明; (0.5 分)
② 施工单位或监理单位代表驻厂监督整个生产过程。 (0.5 分)

3. (本小题 5.5 分)

(1) 不妥之处:

① 不妥之一:"塔式起重机安装完成后即组织验收"。 (0.5 分)

理由:塔式起重机安装完成后,安装单位应先自检合格,出具《自检合格证书》;并向施工单位进行技术交底。 (0.5 分)

② 不妥之二:"施工单位组织监理单位对该塔式起重机共同进行了验收"。 (0.5 分)

理由:除组织监理单位,施工单位还应组织塔式起重机安装单位、塔式起重机租赁单位共同对塔式起重机进行验收。 (0.5 分)

③ 不妥之三:"并在 2 个月内到市住建局安监站进行了登记"。 (0.5 分)

理由:使用单位应当自塔式起重机安装验收合格之日起 30 日内,按规定向当地住建局

安监站办理建筑起重机械使用登记。 (0.5分)
④不妥之四:"将安监站发放的登记标志归档保存"。 (0.5分)
理由:登记标志应放置在该设备的显著位置。 (0.5分)
(2)施工单位应采取的措施有:
①立即将控制器移到零位; (0.5分)
②立即断开电源; (0.5分)
③采取措施将被吊物转移至地面,严禁起吊重物长时间悬空。 (0.5分)

4.(本小题3.5分)
(1)地下工程防水分为四级。 (0.5分)
(2)一级防水标准:不允许渗水,结构表面无湿渍。 (0.5分)
(3)外防外贴法防水的施工要点如下:
①先铺平面、后铺立面,交接处交叉搭接; (0.5分)
②临时性保护墙宜用石灰砂浆砌筑,内表面宜做找平层; (0.5分)
③从底面折向立面的卷材,固定在永久性保护墙的部位应采用空铺法施工; (0.5分)
④卷材顶端应采用临时性保护墙固定; (0.5分)
⑤地下室完成并铺贴立面卷材时,应先将接槎处的各层卷材揭开,清理干净表面,如卷材损伤应及时修补。 (0.5分)

5.(本小题2.0分)
不得用于:
①建筑物防潮层以下部位; (0.5分)
②长期浸水或化学侵蚀环境; (0.5分)
③砌块表面经常处于80℃以上的高温环境; (0.5分)
④长期处于有振动源环境的墙体。 (0.5分)

(四)

背景资料

某工程项目由A、B、C三个分项工程组成,招标文件的工程量清单中列出了材料暂估价。招标文件发售后,在投标截止日期前20天,该市工程造价管理部门发布了人工单价及规费调整的有关文件。2个月后,承发包双方按《建设工程工程量清单计价规范》采用工程量清单招标确定中标人,合同工期5个月。

事件一:B施工单位中标后第8天,双方签订了项目工程施工承包合同,规定了双方的权利、义务和责任。施工单位拟定了各月计划完成工程量及全费用综合单价(见表2)。

表2 各月计划完成工程量及全费用综合单价表

分项工程名称	月度工程量/m²					全费用综合单价/(元/m²)
	1月	2月	3月	4月	5月	
A	500	600				180
B		750	800			480
C			950	1100	1000	375

(1) 工程开工前，发包方向承包方支付分部分项工程费的20%作为材料预付款，预付款从第2个月起，分3个月均摊抵扣。

(2) 工程进度款逐月结算，发包方每月支付承包方应得工程款的90%。

(3) 措施项目工程款在开工前和开工后第1个月末分两次平均支付。

(4) 分项工程累计实际完成工程量超出计划完成工程量的10%时，该分项工程工程量超出部分的结算单价调整系数为0.95。

(5) 措施项目费以分部分项工程费的5%计取，其他项目费20.86万元，规费费率为4%，增值税销项税率为9%。

事件二： 实施过程中，承包方发现天棚吊顶的项目特征描述（龙骨规格和中距）与设计图纸要求不一致。承包方及时就该事件提出了费用索赔。

事件三： 基础工程施工前，承包人发现按实际施工图完成的基础混凝土工程量比招标工程量清单中的混凝土工程量有较大的增加。承包方及时就该事件提出了工期和费用索赔。

问题：

1. 清单计价规范对涉及材料暂估价的分部分项工程价款做了哪些规定？

2. 市造价管理部门发布价格调整文件后，发包方是否应当修改招标控制价？说明理由。本工程施工承包合同中，B施工单位应承担哪些主要义务？

3. 根据事件二，确定该工程合同价（单位：万元）、材料预付款，以及开工前承包商应得的措施项目工程款（计算结果保留两位小数）。

4. 根据表3计算1月、2月造价工程师应确认的工程进度款各为多少万元？（计算结果保留两位小数）

表3　第1月、2月、3月实际完成工程量表　　　　　　　（单位：m²）

分项工程名称	1月	2月	3月
A	630	600	
B		750	1000
C			950

5. 分别指出发包方对事件二、事件三应如何处理？并说明理由。简述承发包双方对工程施工阶段的风险分摊原则。

【参考答案】

1. （本小题6分）

规定如下：

(1) 招标阶段　　　　　　　　　　　　　　　　　　　　　　　　　　　　(3.0分)

① 招标人编制招标控制价时，应将材料暂估价计入相应分部分项工程综合单价中；

② 投标人编制投标报价时，也应将材料暂估价计入相应的分部分项工程综合单价中；

③ 列入其他项目清单的材料暂估价，在招标阶段，投标人不得做任何变动。

(2) 结算阶段　　　　　　　　　　　　　　　　　　　　　　　　　　　　(3.0分)

① 工程价款计算时，按发包方的确认价取代暂估价计入相应分部分项工程综合单价；

② 暂估价的材料依法需招标采购的，应按照招投标法律法规的规定，依法确定材料单价；

③ 依法可以不招标的，应由发承包双方共同确认材料单价。

2. (本小题 6 分)

(1) 发包方应及时修改招标控制价。

理由：以投标截止时间前第 28 天为基准日，其后发生的法律、法规、规章、政策变化导致费用增加，是发包方应承担的风险。 (2.0 分)

(2) 施工单位应承担的义务有：

① 完成合同及设计文件要求的各项内容； (1.0 分)
② 完成缺陷责任期内的修复责任； (1.0 分)
③ 完成工程保修期内的保修责任； (1.0 分)
④ 按照招标文件要求提交履约担保； (1.0 分)
⑤ 向监理工程师提交开工报审表； (1.0 分)
⑥ 提交施工组织设计、专项施工方案、隐蔽工程验收申请等技术资料； (1.0 分)
⑦ 提交工程款支付申请、工程结算资料； (1.0 分)
⑧ 确保现场安全及已完工程的质量。 (1.0 分)

【评分准则：写出 4 项，即得 4 分】

3. (本小题 4.5 分)

(1) 合同价：

① [(500 + 600) × 180 + (750 + 800) × 480 + (950 + 1100 + 1000) × 375]/10000 = 208.58（万元）； (1.0 分)
② 208.58 × 5% = 10.43（万元）； (0.5 分)
③ 20.86 万元； (0.5 分)
④ 合同价：208.58 + 10.43 + 20.86 = 239.87（万元）。 (1.0 分)

(2) 材料预付款：208.58 × 20% = 41.72（万元）； (1.0 分)

(3) 措施项目工程款：10.43 × 1/2 × 90% = 4.69（万元）； (0.5 分)

4. (本小题 6.5 分)

(1) 1 月：

① 630 × 180/10000 = 11.34（万元）； (0.5 分)
② 10.43 × 1/2 = 5.22（万元）； (0.5 分)
③ 11.34 + 5.22 = 16.56（万元）； (0.5 分)
④ 16.56 × 90% = 14.90（万元）； (0.5 分)

1 月进度款：14.90 万元； (0.5 分)

(2) 2 月：

① A 分项（630 + 600）/(500 + 600) − 1 = 11.82% > 10%； (0.5 分)
② 超出部分价格调整为：180 × 0.95 = 171.00（元/m³）； (0.5 分)
③ 新价量：1230 − 1100 × 1.10 = 20（m³）； (0.5 分)
④ [20 × 171 + (600 − 20) × 180 + 750 × 480]/10000 = 46.78（万元）； (1.0 分)
⑤ 46.78 × 90% − 41.6/3 = 28.24（万元）； (1.0 分)

2 月进度款：28.24 万元。 (0.5 分)

5. (本小题 7.0 分)

(1) 处理方法：

① 事件二：发包方应批准承包方提出的费用索赔。 (0.5分)
理由：项目特征描述与设计图纸不符是发包人应承担的责任事件，由此增加的费用由发包人承担。 (0.5分)
② 事件三：发包人应批准承包人提出的工期和费用索赔。 (0.5分)
理由：基础工程量增加是发包人应承担的责任，且基础混凝土为关键工作。 (0.5分)
（2）分摊原则：
① 市场价格波动导致的价格风险，发承包双方合理分摊； (1.0分)
② 不可抗力导致的风险，承发包双方各自承担本方损失； (1.0分)
③ 法律、法规引发的人工费、规费、税金方面的变化，发包人承担； (1.0分)
④ 场外停水、停电、勘察失真、设计变更等风险发包人承担； (1.0分)
⑤ 技术、管理、经营状况等能够自主控制的风险，承包人承担。 (1.0分)

（五）

背景资料

某高层钢结构工程，建筑面积28000m²，地下1层，地上20层，外围护结构为玻璃幕墙和石材幕墙，外墙保温材料为新型材料。

事件一： 工程开工前，项目技术负责人编制了《临时用电施工组织设计》，并经项目负责人和现场监理工程师批准后实施。施工现场采用专用变压器和TN-S供电保护系统、三相五线制接线，其构造详图如图2所示。

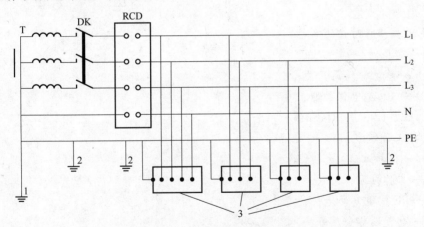

图2 专用变压器供电时TN-S接零保护系统示意图

事件二： 本工程采用外墙外保温施工工艺，墙体采用某新型保温材料，按规定进行了评审、鉴定和备案。施工过程中，施工单位对外墙与各层楼板间的防火隔离带进行了检查；对幕墙及硅酮结构胶等有关安全和功能检测项目进行了见证取样和抽样检测。

事件三： 结构施工至12层后，项目经理部按计划设置了外用电梯，相关部门根据《建筑施工安全检查标准》JGJ 59—2011中《施工电梯检查评分表》的安全装置、限位装置、防护设施、附墙架、安拆、验收与使用等内容逐项进行检查，并通过验收，准许使用。

事件四： 工程完工后，总监理工程师在检查工程竣工验收条件时，确认施工总承包单位已经完成建设工程设计和合同约定的各项内容，有完整的技术档案与施工管理资料，以及勘察、设计、施工、监理等参建单位分别签署的质量合格文件且符合要求。

在竣工验收时,建设单位要求施工总承包单位和装饰装修工程分包单位将各自的工程资料向项目监理机构移交,由项目监理机构汇总后,再向建设单位移交。

问题:

1. 指出事件一的不妥之处和正确做法。写出图2中各编号所对应的内容。
2. 简述外墙外保温防火隔离带的设置要点。事件二中,外墙新型保温材料使用前,施工单位还应做好哪些程序性工作?
3. 玻璃幕墙硅酮结构胶的检测项目有哪些?进口硅酮结构胶使用前应提供哪些质量证明文件和报告?
4. 《施工电梯检查评分表》项目还包括哪些内容?
5. 事件四中,工程竣工验收还应具备哪些条件?建设单位对工程资料移交的要求是否妥当?并写出正确的做法。

【参考答案】

1. (本小题7.0分)
(1) 不妥之处:
① 不妥之一:"项目技术负责人编制了《临时用电施工组织设计》"。 (0.5分)
正确做法:应由电气工程技术人员编制。 (0.5分)
② 不妥之二:"经项目负责人和现场监理工程师批准后实施"。 (0.5分)
正确做法:应由相关部门审核,并经具有法人资格企业的技术负责人批准,现场监理签认后实施。 (1.0分)

(2) 图2编号所对应的名称:
① T——变压器; (0.5分)
② DK——总电源隔离开关; (0.5分)
③ RCD——总漏电保护器; (0.5分)
④ L1、L2、L3——三根相线; (0.5分)
⑤ N——工作零线; (0.5分)
⑥ PE——保护零线; (0.5分)
⑦ 1——工作接地; (0.5分)
⑧ 2——PE线重复接地; (0.5分)
⑨ 3——电气设备金属外壳。 (0.5分)

2. (本小题9.0分)
(1) 设置要点:
① 建筑物每层均应设置水平防火隔离带; (1.0分)
② 施工前,应编制专项方案; (1.0分)
③ 高度≥24m的外墙外保温系统使用B1级保温材料时,应设置防火隔离带; (1.0分)
④ 防火隔离带的宽度宜为300mm,防火棉密度为100kg/m³; (1.0分)
⑤ 隔离带应采用界面剂或界面砂浆进行表面处理,也可采用玻璃纤维网格聚合物砂浆抹面处理。 (1.0分)

(2) 还应做好下列程序性工作:

① 对新的或首次采用的施工工艺进行评价； (1.0 分)
② 制定专门的施工技术方案； (1.0 分)
③ 编制建筑节能工程施工方案，并经监理单位审查批准； (1.0 分)
④ 对从事建筑节能工程施工作业的人员进行技术交底和必要的实际操作培训。 (1.0 分)

3. （本小题 4.5 分）
（1）检测项目如下：
① 相容性； (0.5 分)
② 剥离黏结性试验； (0.5 分)
③ 邵氏硬度； (0.5 分)
④ 标准状态拉伸黏结性能。 (0.5 分)
（2）需要提供的质量证明文件和报告如下：
①《出厂合格证》； (0.5 分)
②《性能检测报告》； (0.5 分)
③《中文说明书》； (0.5 分)
④ 定型产品和《型式检验报告》； (0.5 分)
⑤ 进口商品《商检报告》。 (0.5 分)

4. （本小题 3.0 分）
包括如下内容：
① 钢丝绳； (0.5 分)
② 滑轮与对重； (0.5 分)
③ 导轨架； (0.5 分)
④ 基础； (0.5 分)
⑤ 电气安全； (0.5 分)
⑥ 通信装置。 (0.5 分)

5. （本小题 6.5 分）
（1）工程竣工验收还应具备如下条件：
① 完成工程设计和合同约定的各项内容； (0.5 分)
② 通过竣工预验收，依法向建设单位提交工程竣工报告； (0.5 分)
③ 具有完整的监理资料，监理单位依法提交的工程质量评估报告； (0.5 分)
④ 主要建筑材料、建筑构配件和设备的进场试验报告，以及工程质量检测和功能性试验资料。 (0.5 分)
⑤ 建设单位已按合同约定支付工程款； (0.5 分)
⑥ 由施工单位签署的工程质量保修书； (0.5 分)
⑦ 相关主管部门责令整改的问题全部整改完毕。 (0.5 分)
（2）不妥当。 (1.0 分)
正确做法：分包单位向施工总承包单位移交分包工程资料；施工总承包单位汇总后向建设单位移交全部的施工资料；监理单位向建设单位移交监理资料；建设单位将全部资料汇总后依法向城建档案管理部门移交。 (2.0 分)